초등 5-1

비아에듀
ViaEducation

먼저 읽어보고 다양한 의견을 준 학생들 덕분에 『수학의 미래』가 세상에 나올 수 있었습니다.

강소을	서울공진초등학교	**김대현**	광명가림초등학교	**김동혁**	김포금빛초등학교
김지성	서울이수초등학교	**김채윤**	서울당산초등학교	**김하율**	김포금빛초등학교
박진서	서울북가좌초등학교	**변예림**	서울신용산초등학교	**성민준**	서울이수초등학교
심재민	서울하늘숲초등학교	**오 현**	서울청덕초등학교	**유하영**	일산 홈스쿨링
윤소윤	서울갈산초등학교	**이보림**	김포가현초등학교	**이서현**	서울경동초등학교
이소은	서울서강초등학교	**이윤건**	서울신도초등학교	**이준석**	서울이수초등학교
이하은	서울신용산초등학교	**이호림**	김포가현초등학교	**장윤서**	서울신용산초등학교
장윤수	서울보광초등학교	**정초비**	안양희성초등학교	**천강혁**	서울이수초등학교
최유현	고양동산초등학교	**한보윤**	서울신용산초등학교	**한소윤**	서울서강초등학교
황서영	서울대명초등학교				

그밖에 서울금산초등학교, 서울남산초등학교, 서울대광초등학교, 서울덕암초등학교,
서울목원초등학교, 서울서강초등학교, 서울은천초등학교, 서울자양초등학교,
세종온빛초등학교, 인천계양초등학교 학생 여러분께 감사드립니다.

1 '수학의 시대'에 필요한 진짜 수학

여러분은 새로운 시대에 살고 있습니다. 인류의 삶 전반에 큰 변화를 가져올 '제4차 산업혁명'의 시대 말입니다. 새로운 시대에는 시험 문제로만 만났던 '수학'이 우리 일상의 중심이 될 것입니다. 영국 총리 직속 연구위원회는 "수학이 인공 지능, 첨단 의학, 스마트 시티, 자율 주행 자동차, 항공 우주 등 제4차 산업혁명의 심장이 되었다. 21세기 산업은 수학이 좌우할 것"이라는 내용의 보고서를 발표하기도 했습니다. 여기서 말하는 '수학'은 주어진 문제를 풀고 답을 내는 수동적인 '수학'이 아닙니다. 이런 역할은 기계나 인공 지능이 더 잘합니다. 제4차 산업혁명에서 중요하게 말하는 수학은 일상에서 발생하는 여러 사건과 상황을 수학적으로 사고하고 수학 문제로 바꾸어 해결할 수 있는 능력, 즉 일상의 언어를 수학의 언어로 전환하는 능력입니다. 주어진 문제를 푸는 수동적 역할에서 벗어나 지식의 소유자, 능동적 발견자가 되어야 합니다.

『수학의 미래』는 미래에 필요한 수학적인 능력을 키워 줄 것입니다. 하나뿐인 정답을 찾는 것이 아니라 문제를 해결하는 다양한 생각을 끌어내고 새로운 문제를 만들 수 있는 능력을 말입니다. 물론 새 교육과정과 핵심 역량도 충실히 반영되어 있습니다.

2 학생의 자존감 향상과 성장을 돕는 책

수학 때문에 마음에 상처를 받은 경험이 누구에게나 있을 것입니다. 시험 성적에 자존심이 상하고, 너무 많은 훈련에 지치기도 하고, 하고 싶은 일이나 갖고 싶은 직업이 있는데 수학 점수가 가로막는 것 같아 수학이 미워지고 자신감을 잃기도 합니다.

이런 수학이 좋아지는 최고의 방법은 수학 개념을 연결하는 경험을 해 보는 것입니다. 개념과 개념을 연결하는 방법을 터득하는 순간 수학은 놀랄 만큼 재미있어집니다. 개념을 연결하지 않고 따로따로 공부하면 공부할 양이 많게 느껴지지만 새로운 개념을 이전 개념에 차근차근 연결해 나가면 머릿속에서 개념이 오히려 압축되는 것을 느낄 수 있습니다.

이전 개념과 연결하는 비결은 수학 개념을 친구나 부모님에게 설명하고 표현하는 것입니다. 이 과정을 통해 여러분 내면에 수학 개념이 차곡차곡 축적됩니다. 탄탄하게 개념을 쌓았으므로 어

떤 문제 앞에서도 당황하지 않고 해결할 수 있는 자신감이 생깁니다.

『수학의 미래』는 수학 개념을 외우고 문제를 푸는 단순한 학습서가 아닙니다. 여러분은 여기서 새로운 수학 개념을 발견하고 연결하는 주인공 역할을 해야 합니다. 그렇게 발견한 수학 개념을 주변 사람들에게나 자신에게 항상 소리 내어 설명할 수 있어야 합니다. 설명하는 표현학습을 통해 수학 지식은 선생님의 것이나 교과서 속에 있는 것이 아니라 여러분의 것이 됩니다. 자신의 것으로 소화하게 된다는 말이지요. 『수학의 미래』는 여러분이 수학적 역량을 키워 사회에 공헌할 수 있는 인격체로 성장할 수 있게 도와줄 것입니다.

3 스스로 수학을 발견하는 기쁨

수학 개념은 처음 공부할 때가 가장 중요합니다. 처음부터 남에게 배운 것은 자기 것으로 소화하기가 어렵습니다. 아직 소화하지도 못했는데 문제를 풀려 들면 공식을 억지로 암기할 수밖에 없습니다. 좋은 결과를 기대할 수 없지요.

『수학의 미래』는 누가 가르치는 책이 아닙니다. 자기 주도적으로 학습해야만 이 책의 목적을 달성할 수 있습니다. 전문가에게 빨리 배우는 것보다 조금은 미숙하고 늦더라도 혼자 힘으로 천천히 소화해 가는 것이 결과적으로는 더 빠릅니다. 친구와 함께할 수 있다면 더욱 좋고요.

『수학의 미래』는 예습용입니다. 학교 공부보다 2주 정도 먼저 이 책을 펼치고 스스로 할 수 있는 데까지 해냅니다. 너무 일찍 예습을 하면 실제로 배울 때는 기억이 사라져 별 효과가 없는 경우가 많습니다. 2주 정도의 기간을 가지고 한 단원을 천천히 예습할 때 가장 효과가 큽니다. 그리고 부족한 부분은 학교에서 배우며 보완합니다. 이 책을 가지고 예습하다 보면 의문점도 많이 생길 것입니다. 그 의문을 가지고 수업에 임하면 수업에 집중할 수 있고 확실히 깨닫게 되어 수학을 발견하는 기쁨을 누리게 될 것입니다.

전국수학교사모임 미래수학교과서팀을 대표하여
최수일 씀

복잡하고 어려워 보이는 수학이지만 개념의 연결고리를 찾을 수 있다면 쉽고 재미있게 접근할 수 있어요. 멋지고 튼튼한 집을 짓기 위해서 치밀한 설계도가 필요한 것처럼 여러분 머릿속에 수학의 개념이라는 큰 집이 자리 잡기 위해서는 체계적인 공부 설계가 필요하답니다. 개념이 어떻게 적용되고 연결되며 확장되는지 여러분 스스로 발견할 수 있도록 선생님들이 꼼꼼하게 설계했어요!

단원 시작

수학 학습을 시작하기 전에 무엇을 배울지 확인하고 나에게 맞는 공부 계획을 세워 보아요. 선생님들이 표준 일정을 제시해 주지만, 속도는 목표가 될 수 없습니다. 자신에게 맞는 공부 계획을 세우고, 실천해 보아요.

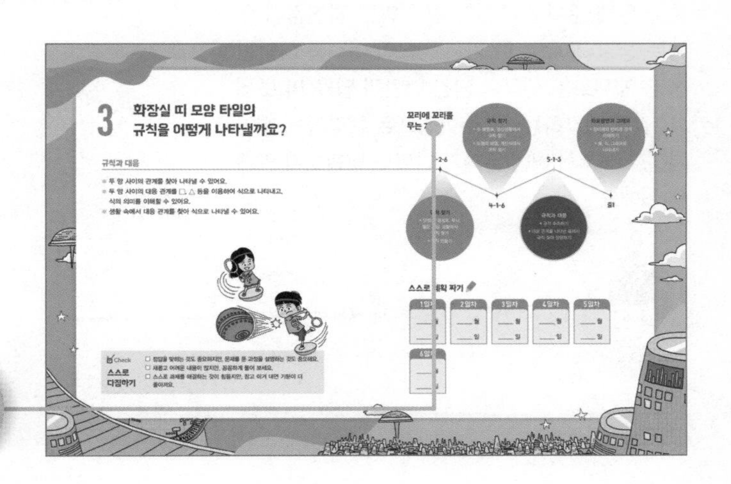

복습과 예습을 한눈에 확인해요!

기억하기

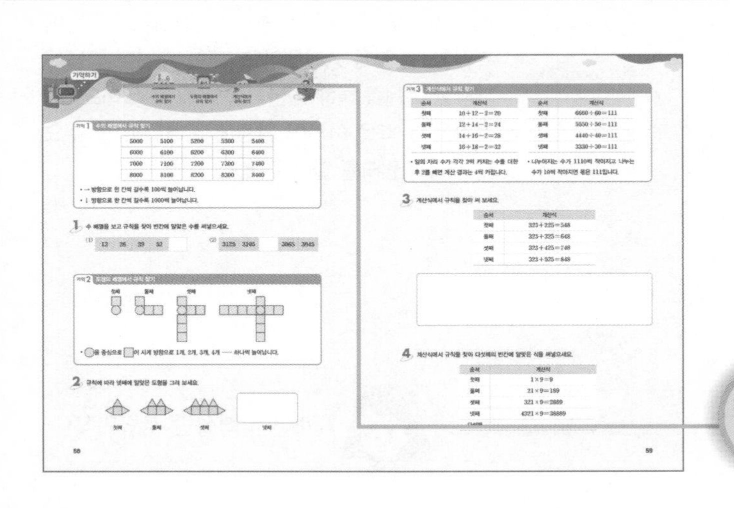

새로운 개념을 공부하기 전에 이전에 배웠던 '연결된 개념'을 꼭 확인해요. 아는 내용이라고 지나치지 말고 내가 제대로 이해했는지 확인해 보세요. 새로운 개념을 공부할 때마다 어떤 개념에서 나왔는지 확인하는 습관을 가져 보세요. 앞으로 공부할 내용들이 쉽게 느껴질 거예요.

배웠다고 만만하게 보면 안 돼요!

생각열기

새로운 개념과 만나기 전에 탐구하고 생각해야 풀 수 있는 '열린 질문'으로 이루어져 있어요. 처음에는 생각해 내기 어려울 수 있지만 개념 연결과 추론을 통해 문제를 해결할 수 있다면 자신감이 두 배는 생길 거예요. 한 가지 정답이 아니라 다양한 생각, 자유로운 생각이 담긴 나만의 답을 써 보세요. 깊게 생각하는 힘, 수학적으로 생각하는 힘이 저절로 커져서 어떤 문제가 나와도 당황하지 않게 될 거예요.

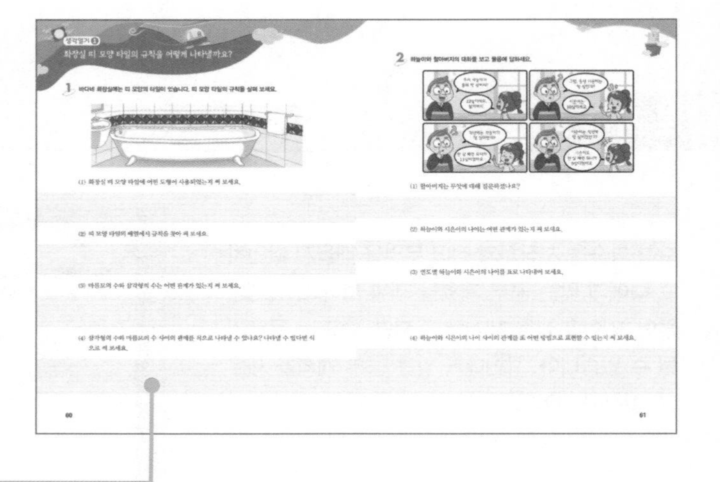

내 생각을 자유롭게 써 보아요!

개념활용

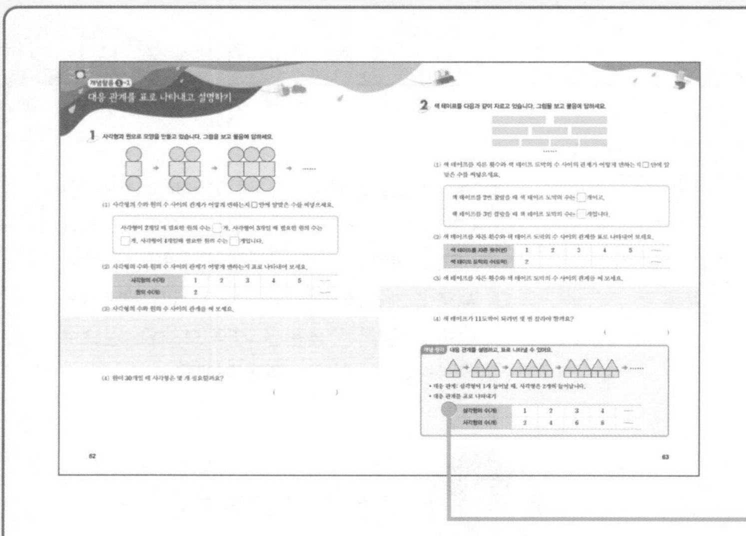

'생각열기'에서 나온 개념이나 정의 등을 한눈에 확인할 수 있게 정리했어요. 또한 개념이 적용된 다양한 예제를 통해 기본기를 다질 수 있어요. '생각열기'와 짝을 이루어 단원에서 배워야 할 주요한 개념과 원리를 알려 주어요.

개념의 핵심만 추렸어요!

표현하기·선생님 놀이

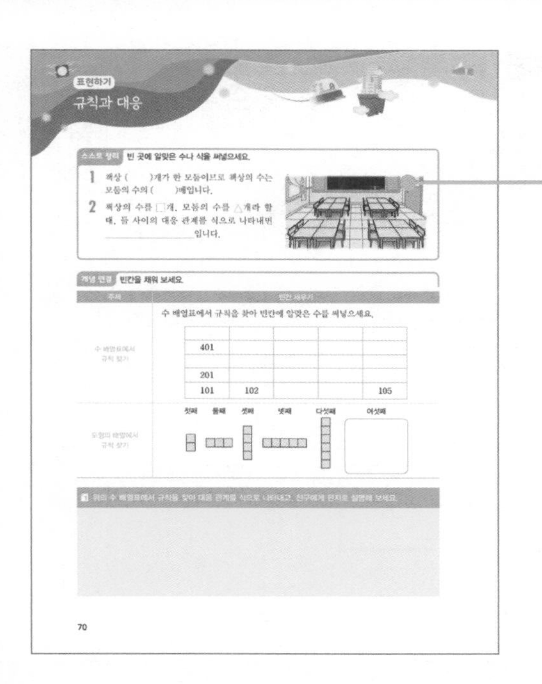

표현하기

규칙과 대응

스스로 정리 빈 곳에 알맞은 수나 식을 써넣으세요.

1 책상 ( )개가 한 모둠이므로 책상의 수는 모둠의 수의 ( )배입니다.

2 책상의 수를 □개, 모둠의 수를 △개라 할 때, 둘 사이의 대응 관계를 식으로 나타내면 ________ 입니다.

개념 연결 빈칸을 채워 보세요.

수 배열표에서 규칙을 찾아 빈칸에 알맞은 수를 써넣으세요.

401				
201				
101	102			105

첫째 둘째 셋째 넷째 다섯째 여섯째

70

새로 배운 개념을 혼자 힘으로 정리하고, 관련된 이전 개념을 연결해요. 수학 개념은 모두 연결되어 있어서 그 연결고리를 찾아가다 보면 '아, 그렇구나!' 하는, 공부의 재미를 느끼는 순간이 찾아올 거예요.

선생님 놀이

1 잠자리는 다리가 6개입니다. 잠자리 수에 따라 다리 수가 어떻게 변하는지 알아보려고 합니다. 표의 빈칸을 채우고 잠자리 수를 △, 다리 수를 □라고 할 때 두 수 사이의 대응 관계를 식으로 나타내고 다른 사람에게 설명해 보세요.

잠자리 수(마리)	1	2	3	5		......
다리 수(개)	6	12			60	......

2 소리는 공기 중에서 1초에 약 340 m를 움직입니다. 소리가 움직인 시간을 □, 거리를 △라고 할 때, 두 수 사이의 대응 관계를 식으로 나타내고 다른 사람에게 설명해 보세요.

규칙과 대응은 이렇게 연결돼요

71

문제를 모두 풀었다고 해도 설명을 할 수 없으면 이해하지 못한 거예요. '선생님 놀이'에서 말로 설명을 하다 보면 내가 무엇을 모르는지, 어디서 실수했는지를 스스로 발견하고 대비할 수 있어요.

단원평가

개념을 완벽히 이해했다면 실제 시험에 대비하여 문제를 풀어 보아요. 다양한 문제에 대처할 수 있도록 난이도와 문제의 형식에 따라 '기본'과 '심화'로 나누었어요. '기본'에서는 개념을 복습하고 확인해요. '심화'는 한 단계 나아간 문제로, 일상에서 벌어지는 다양한 상황이 문장제로 나와요. 생활 속에서 일어나는 상황을 수학적으로 이해하고 식으로 써서 답을 내는 과정을 거치다 보면 내가 왜 수학을 배우는지, 내 삶과 수학이 어떻게 연결되는지 알 수 있을 거예요.

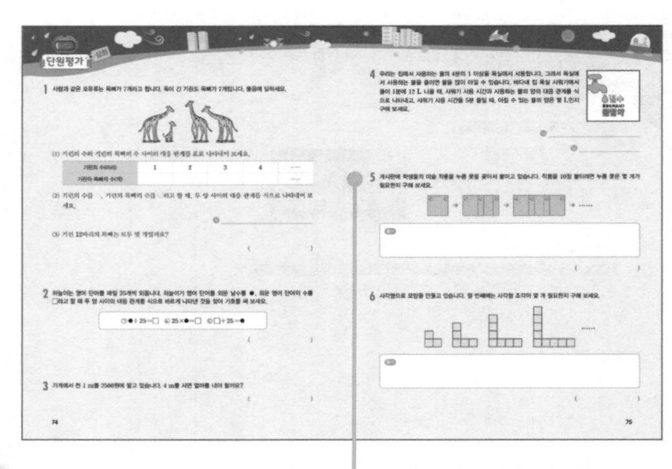

문장제까지 해결하면 자신감이 쑥쑥!

해설

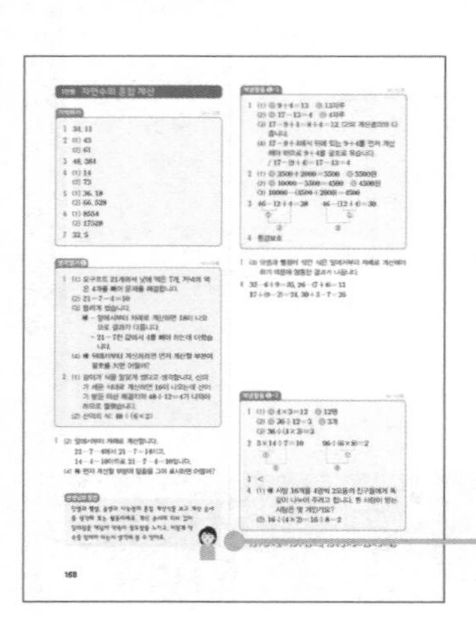

『수학의 미래』는 혼자서 개념을 익히고 적용할 수 있도록 설계되었기 때문에 해설을 잘 활용해야 해요. 문제를 푼 후에 답과 해설을 확인하여 여러분의 생각과 비교하고 수정해보세요. 그리고 '선생님의 참견'에서는 선생님이 문제를 낸 의도를 친절하게 설명했어요. 의도를 알면 문제의 핵심을 알 수 있어서 쉽게 잊히지 않아요.

문제의 숨은 뜻을 꼭 확인해요!

차례

1 냉장고에 남아있는 요구르트는 몇 개일까요?

자연수의 혼합 계산

- 괄호가 없는 덧셈, 뺄셈, 곱셈, 나눗셈이 섞여 있는 식을 계산할 수 있어요.
- 괄호가 있는 덧셈, 뺄셈, 곱셈, 나눗셈이 섞여 있는 식을 계산할 수 있어요.

Check 스스로 다짐하기

- ☐ 정답을 맞히는 것도 중요하지만, 문제를 푼 과정을 설명하는 것도 중요해요.
- ☐ 새롭고 어려운 내용이 많지만, 꼼꼼하게 풀어 보세요.
- ☐ 스스로 과제를 해결하는 것이 힘들지만, 참고 이겨 내면 기분이 더 좋아져요.

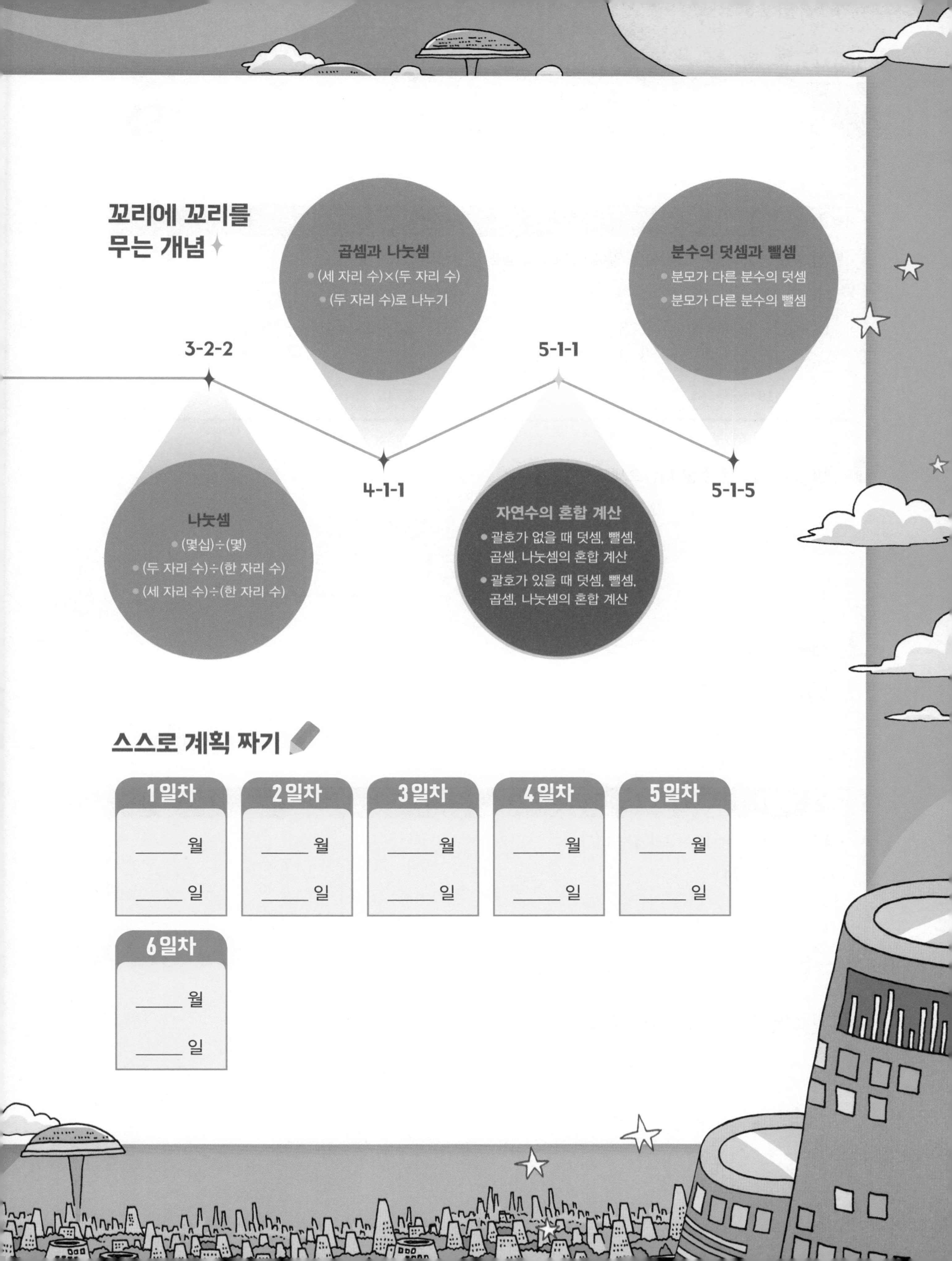

꼬리에 꼬리를 무는 개념

3-2-2
나눗셈
- (몇십)÷(몇)
- (두 자리 수)÷(한 자리 수)
- (세 자리 수)÷(한 자리 수)

4-1-1
곱셈과 나눗셈
- (세 자리 수)×(두 자리 수)
- (두 자리 수)로 나누기

5-1-1
자연수의 혼합 계산
- 괄호가 없을 때 덧셈, 뺄셈, 곱셈, 나눗셈의 혼합 계산
- 괄호가 있을 때 덧셈, 뺄셈, 곱셈, 나눗셈의 혼합 계산

5-1-5
분수의 덧셈과 뺄셈
- 분모가 다른 분수의 덧셈
- 분모가 다른 분수의 뺄셈

스스로 계획 짜기

1일차	2일차	3일차	4일차	5일차	6일차
____ 월	____ 월	____ 월	____ 월	____ 월	____ 월
____ 일	____ 일	____ 일	____ 일	____ 일	____ 일

기억 1 세 수의 계산

덧셈과 뺄셈이 섞여 있는 식은 앞에서부터 차례로 계산합니다.

• 더하고 빼기

$13+32-26=19$

① 45

② 19

$$\begin{array}{r} 13 \\ +\ 32 \\ \hline ①\ 45 \end{array} \quad \begin{array}{r} 45 \\ -\ 26 \\ \hline ②\ 19 \end{array}$$

• 빼고 더하기

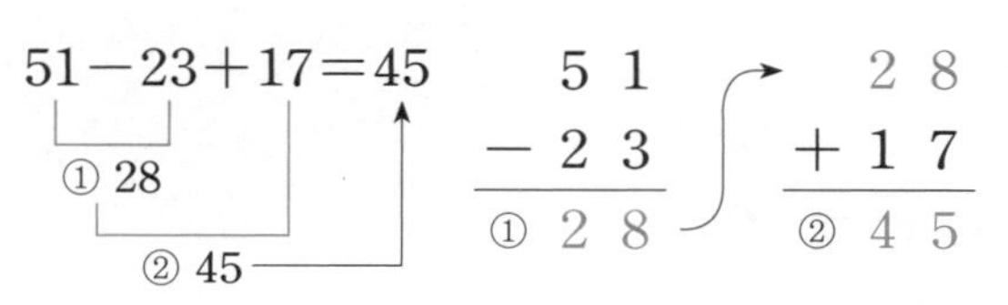

$51-23+17=45$

① 28

② 45

$$\begin{array}{r} 51 \\ -\ 23 \\ \hline ①\ 28 \end{array} \quad \begin{array}{r} 28 \\ +\ 17 \\ \hline ②\ 45 \end{array}$$

1 빈 곳에 알맞은 수를 써넣으세요.

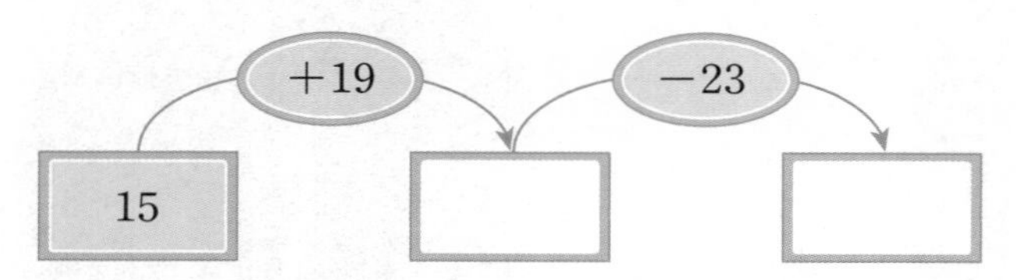

2 계산해 보세요.

(1) $72+16-45$

(2) $96-77+42$

기억 2 곱셈

• $47+47+47=47\times3$과 같습니다.

➡ $47\times3=141$

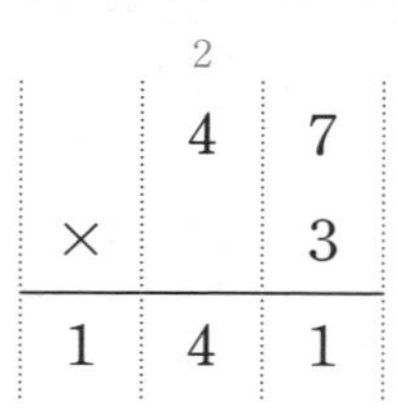

	4 (2)	7
×		3
1	4	1

3 빈 곳에 알맞은 수를 써넣으세요.

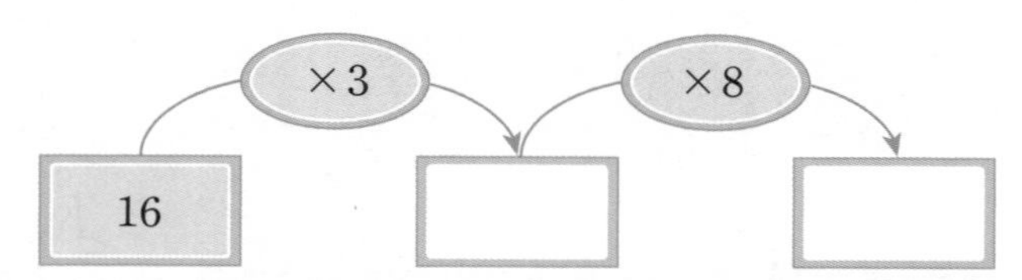

기억 3 나눗셈

• (몇십몇)÷(몇)

$$\begin{array}{r} 17 \\ 4\overline{)68} \\ 40 \\ \hline 28 \\ 28 \\ \hline 0 \end{array}$$

• (세 자리 수)÷(한 자리 수)

$$\begin{array}{r} 44 \\ 9\overline{)396} \\ 360 \\ \hline 36 \\ 36 \\ \hline 0 \end{array}$$

계산해 보세요.

(1) $84 \div 6$

(2) $584 \div 8$

빈 곳에 알맞은 수를 써넣으세요.

(1)

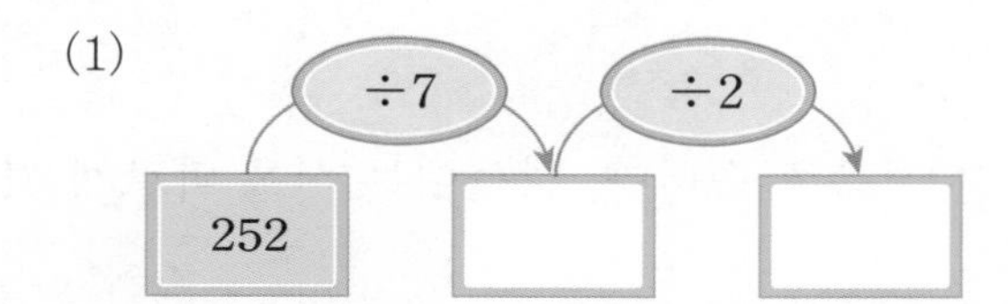

(2)

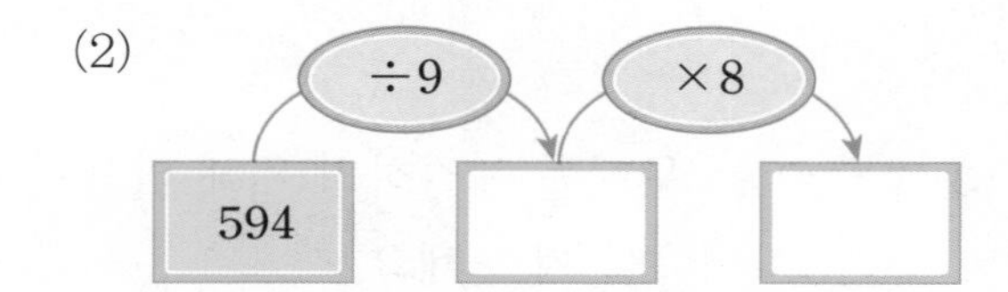

기억 4 곱셈과 나눗셈

• (세 자리 수)×(두 자리 수)

$$\begin{array}{r} 624 \\ \times \quad 57 \\ \hline 4368 \\ 31200 \\ \hline 35568 \end{array} \quad \begin{array}{l} \\ \\ \leftarrow 624\times 7 \\ \leftarrow 624\times 50 \\ \\ \end{array}$$

• (세 자리 수)÷(두 자리 수)

$$\begin{array}{r} 19 \\ 38\overline{)723} \\ 380 \\ \hline 343 \\ 342 \\ \hline 1 \end{array} \quad \begin{array}{l} \leftarrow 10+9 \text{ (몫)} \\ \\ \leftarrow 38\times 10 \\ \leftarrow 723-380 \\ \leftarrow 38\times 9 \\ \leftarrow 343-342 \text{ (나머지)} \end{array}$$

계산해 보세요.

(1) 182×47

(2) 626×28

나눗셈을 계산하고 몫과 나머지를 구해 보세요.

$869 \div 27$

몫 (　　　　　　　　), 나머지 (　　　　　　　　)

생각열기 ①

냉장고에 남아 있는 요구르트는 몇 개일까요?

1 냉장고에 요구르트가 21개 있었는데 낮에 친구들과 함께 7개를 먹고, 저녁에 가족들과 함께 4개를 먹었습니다. 지금 냉장고에 남아 있는 요구르트는 몇 개인지 알아보세요.

(1) 문제를 어떻게 해결하면 좋을지 써 보세요.

(2) 문제를 해결하기 위한 식을 쓰고 계산해 보세요.

(3) 하늘이는 문제를 해결하기 위해 다음과 같은 식을 썼습니다. 하늘이는 식을 바르게 썼나요? 그 이유를 써 보세요.

$$21-7+4$$

(4) 바다와 하늘이의 대화를 완성해 보세요.

바다: 하늘아, 네가 쓴 식 $21-7+4$를 계산하면 $21-7=14$, $14+4=18$이야. 실제 남은 요구르트는 10개인데…

하늘: 나는 오늘 먹은 요구르트의 수를 먼저 계산하고 싶어. $21-7+4$에서 $7+4$를 먼저 계산하면 $7+4=11$이니까 $21-11=10$이야.

바다: 세 수의 계산은 앞에서부터 차례로 해야 돼. 너처럼 계산하려면 계산 순서를 약속해서 정하는 게 좋겠는데…. 어떻게 하면 좋을까?

하늘:

2 수학 체험 학습에 참여한 강이와 산이는 아래와 같은 미션 해결지를 받아 식을 세웠습니다. 그런데 자세히 보니 강이와 산이의 식이 똑같았어요.

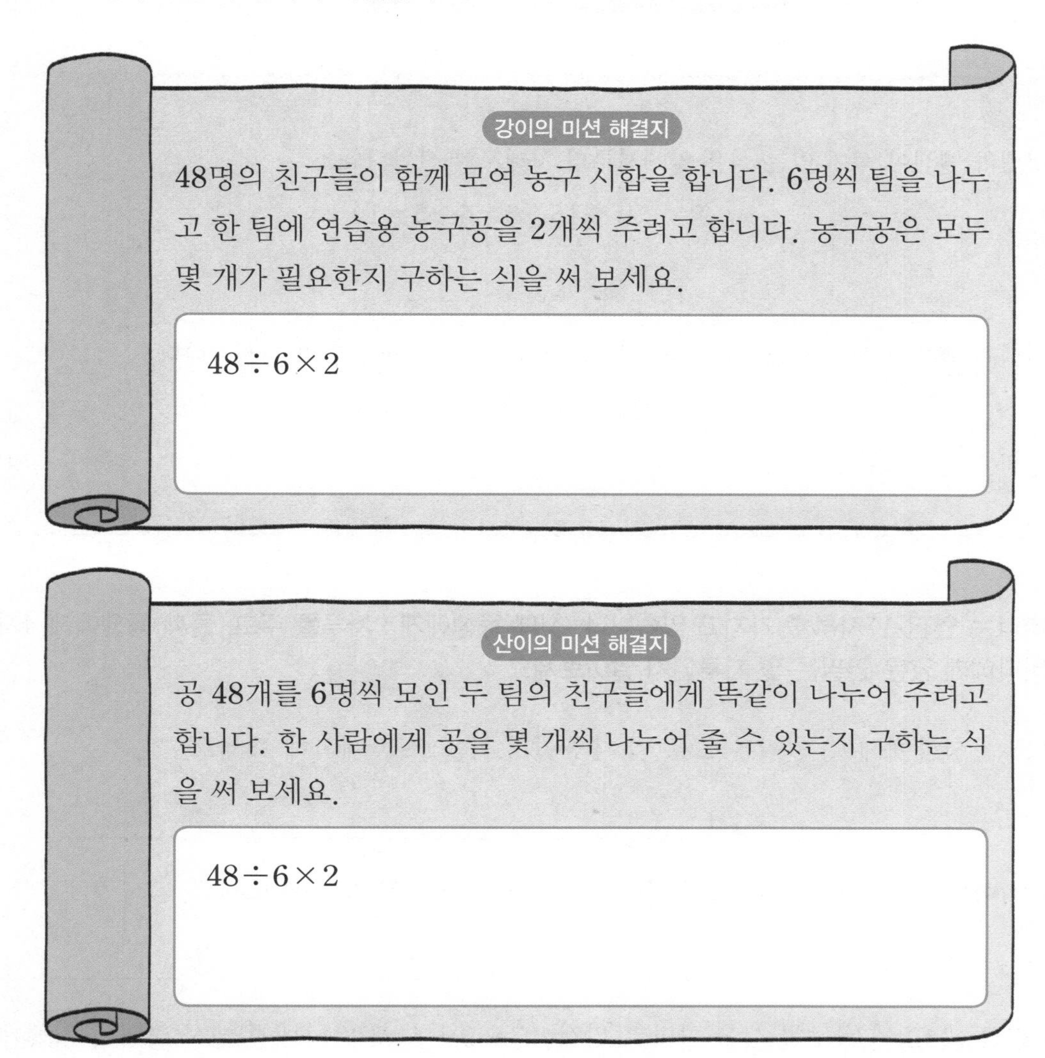

강이의 미션 해결지

48명의 친구들이 함께 모여 농구 시합을 합니다. 6명씩 팀을 나누고 한 팀에 연습용 농구공을 2개씩 주려고 합니다. 농구공은 모두 몇 개가 필요한지 구하는 식을 써 보세요.

$48 \div 6 \times 2$

산이의 미션 해결지

공 48개를 6명씩 모인 두 팀의 친구들에게 똑같이 나누어 주려고 합니다. 한 사람에게 공을 몇 개씩 나누어 줄 수 있는지 구하는 식을 써 보세요.

$48 \div 6 \times 2$

(1) 강이와 산이 중 식을 알맞게 쓴 친구는 누구라고 생각하나요? 그 이유는 무엇인가요?

(2) 식을 잘못 쓴 친구의 식을 바르게 고쳐 보세요.

개념활용 ❶-1

덧셈, 뺄셈, 괄호가 섞인 식의 계산 순서

개념 정리

- 덧셈과 뺄셈이 섞여 있는 식은 앞에서부터 차례로 계산합니다.

$$21-16+5=5+5=10$$

①, ②

- 덧셈과 뺄셈이 섞여 있고 ( )가 있는 식에서는 ( ) 안을 먼저 계산합니다.

$$21-(16+5)=21-21=0$$

①, ②

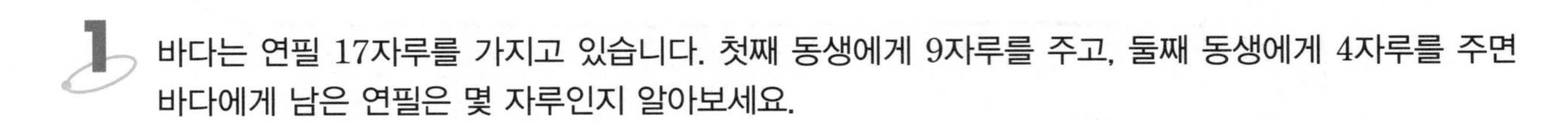

1 바다는 연필 17자루를 가지고 있습니다. 첫째 동생에게 9자루를 주고, 둘째 동생에게 4자루를 주면 바다에게 남은 연필은 몇 자루인지 알아보세요.

(1) 동생들에게 준 연필은 모두 몇 자루인지 식을 쓰고 계산해 보세요.

식 ____________________ 답 ______________

(2) 바다에게 남은 연필은 모두 몇 자루인지 식을 쓰고 계산해 보세요.

식 ____________________ 답 ______________

(3) (1)과 (2)에서 구한 식을 하나로 써서 $\boxed{17-9+4}$ 로 나타내면 계산 결과가 어떻게 되나요?

(4) 바다에게 남은 연필의 수를 구하려면 $17-9+4$를 어떻게 고쳐야 할까요? 식을 쓰고 계산해 보세요.

2 산이는 용돈 10000원을 받아서 3500원짜리 김밥과 2000원짜리 떡볶이를 사 먹었습니다. 남은 용돈은 얼마인지 알아보세요.

(1) 산이가 분식집에서 사용한 용돈을 구하는 식을 쓰고 계산해 보세요.

식 ______________________ 답 ______________

(2) 산이가 분식집에서 사용한 후 남은 용돈을 구하는 식을 쓰고 계산해 보세요.

식 ______________________ 답 ______________

(3) (　　　)를 사용하여 (1)과 (2)에서 구한 식을 하나의 식으로 나타내고 계산해 보세요.

3 계산 순서를 나타내고 순서에 맞게 계산해 보세요.

$46-12+4$	$46-(12+4)$

4 계산 결과가 큰 것부터 순서대로 글자를 써서 단어를 완성해 보세요.

환 $32-6+9$	호 $26-(7+8)$
보 $17+(9-2)$	경 $30+3-7$

(　　　　　　　　)

개념활용 ①-2

곱셈, 나눗셈, 괄호가 섞인 식의 계산 순서

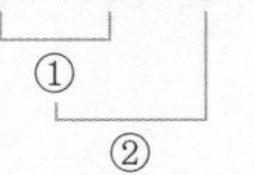

개념 정리

- 곱셈과 나눗셈이 섞여 있는 식은 앞에서부터 차례로 계산합니다.

$$60 \div 6 \times 5 = 10 \times 5 = 50$$

① $60 \div 6$, ② 10×5

- 곱셈과 나눗셈이 섞여 있고 (　)가 있는 식에서는 (　) 안을 먼저 계산합니다.

$$60 \div (6 \times 5) = 60 \div 30 = 2$$

① 6×5, ② $60 \div 30$

1 사과 36개를 4명씩 3모둠의 친구들에게 똑같이 나누어 주려고 해요.

(1) 친구들은 모두 몇 명인지 식을 쓰고 계산해 보세요.

식 ______________________ 답 ______________

(2) 한 사람이 받는 사과는 몇 개인지 식을 쓰고 계산해 보세요.

식 ______________________ 답 ______________

(3) (　　)를 사용하여 (1)과 (2)에서 구한 식을 하나의 식으로 나타내고 계산해 보세요.

2 계산 순서를 나타내고 순서에 맞게 계산해 보세요.

$5\times14\div7$	$96\div(6\times8)$

3 계산 결과를 비교하여 ○ 안에 >, =, <를 알맞게 써넣으세요.

$75\div(5\times3)$ ○ $75\div5\times3$

4 문제를 만들고 계산해 보세요.

$16\div(4\times2)$

(1) 식을 이용하는 문제를 만들어 보세요.

(2) 순서에 맞게 계산해 보세요.

생각열기 ②

하늘이에게 남은 복주머니는 몇 개일까요?

1 하늘이는 지구촌 축제에 참가하면서 외국인 친구들의 선물로 복주머니 20개를 준비하여 4명에게 3개씩 선물하고 어머니에게 6개를 더 받았어요.

(1) 바다는 하늘이에게 남은 복주머니의 수를 구하기 위해 다음과 같은 식을 썼습니다. 이 식에는 (　　)가 없기 때문에 바다는 앞에서부터 차례대로 계산하기로 했습니다. 앞에서부터 차례대로 계산하고 그 결과를 써 보세요.

$20-4\times3+6$

(2) 바다는 식을 바르게 계산했나요? 틀렸다면 그 이유는 무엇인가요?

(3) 식을 바르게 계산하려면 어떻게 해야 할까요?

(4) 문제를 해결하며 알게 된 것을 설명해 보세요.

2 하늘이는 지구촌 축제에서 외국인 친구 나타샤와 함께 계산하기 이벤트에 참여했습니다. 다음은 하늘이와 나타샤가 '$12+8\times5\div4-7$'을 계산한 값이에요.

하늘

$$\begin{aligned}12+8\times5\div4-7&=20\times5\div4-7\\&=100\div4-7\\&=25-7=18\end{aligned}$$

나타샤

$$\begin{aligned}12+8\times5\div4-7&=12+40\div4-7\\&=12+10-7\\&=22-7=15\end{aligned}$$

(1) 하늘이와 나타샤는 각각 어떤 순서로 계산했나요?

(2) 누가 바르게 계산했다고 생각하나요? 그 이유는 무엇인가요?

3 하늘이는 지구촌 축제의 기념품을 사러 갔습니다. 2000원짜리 공책 3권과 10개에 6000원인 지우개 5개를 사고 10000원을 냈다면 거슬러 받은 돈은 얼마인지 알아보세요.

(1) 하늘이가 거슬러 받은 돈을 구하기 위한 식입니다. 계산 순서를 나타내고 순서에 맞게 계산해 보세요.

$$10000-(2000\times3+6000\div10\times5)$$

(2) 위의 계산을 보고 혼합 계산에서의 계산 순서를 정리하여 써 보세요.

개념활용 ❷-1

사칙 계산과 괄호가 섞인 식의 계산 순서

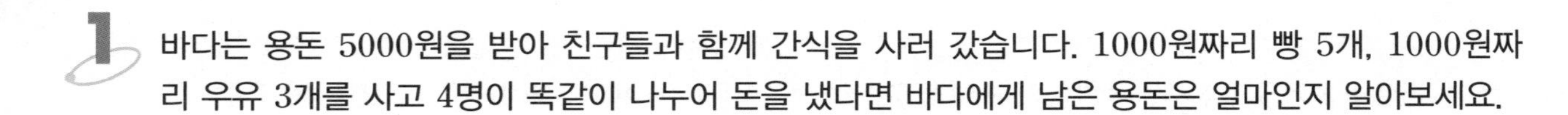

1 바다는 용돈 5000원을 받아 친구들과 함께 간식을 사러 갔습니다. 1000원짜리 빵 5개, 1000원짜리 우유 3개를 사고 4명이 똑같이 나누어 돈을 냈다면 바다에게 남은 용돈은 얼마인지 알아보세요.

(1) 1000원짜리 빵 5개와 1000원짜리 우유 3개의 가격을 구하는 식을 써 보세요.

(2) 4명이 똑같이 나누어 계산했을 때 한 명이 낸 돈을 구하는 식을 써 보세요.

(3) 바다에게 남은 돈은 얼마인지 하나의 식으로 나타내고 계산 순서를 표시해 구해 보세요.

개념 정리

덧셈, 뺄셈, 곱셈, 나눗셈이 섞여 있는 식은 곱셈과 나눗셈을 먼저 앞에서부터 차례로 계산합니다.

(　)가 있으면 (　) 안을 가장 먼저 계산합니다.

$84 \div 4 - (3+6) \times 2$ (① $3+6$, ② $84 \div 4$, ③ 9×2, ④ $21-18$)

$= 84 \div 4 - 9 \times 2$

$= 21 - 9 \times 2$

$= 21 - 18$

$= 3$

2 하늘이와 바다가 $16+3\times8\div2-9$를 계산한 값이에요.

하늘

$$\begin{aligned}16+3\times8\div2-9&=19\times8\div2-9\\&=152\div2-9\\&=76-9\\&=67\end{aligned}$$

바다

$$\begin{aligned}12+8\times5\div4-7&=12+40\div4-7\\&=12+10-7\\&=22-7=15\end{aligned}$$

(1) 순서에 맞게 계산한 사람은 누구인가요?

( )

(2) 하늘이처럼 계산하려면 식을 어떻게 고쳐야 할까요?

3 계산 순서를 나타내고 계산해 보세요.

(1) $300\div10+15-4\times8$

(2) $300\div10+(15-4)\times8$

4 답을 구하는 식을 하나로 나타내고 계산해 보세요.

(1) 도화지를 각 모둠 책상에 3장씩 올려놓은 다음, 24명을 6모둠으로 나누고 한 사람당 도화지를 2장씩 나누어 주었습니다. 한 모둠에는 도화지가 모두 몇 장 있나요?

식 ________________ 답 ________

(2) 떡볶이는 1인분에 2000원, 김밥은 1줄에 3000원입니다. 산이는 친구들과 함께 떡볶이 2인분과 김밥 3줄을 먹고 1000원 할인 쿠폰을 냈습니다. 4명이 똑같이 나누어 돈을 내려면 한 사람이 얼마씩 내야 할까요?

식 ________________ 답 ________

표현하기

자연수의 혼합 계산

스스로 정리 덧셈, 뺄셈, 곱셈, 나눗셈이 섞여 있고 (　　)가 있는 식의 계산 순서를 정리해 보세요.

개념 연결 문제를 해결해 보세요.

주제	설명하기
세 수의 덧셈과 뺄셈	순서에 맞게 계산하고 계산 순서를 설명해 보세요. (1) $12+9+23$　　(2) $75-12-9$
곱셈과 나눗셈	(1) $3\times4=12$인 이유를 설명해 보세요. (2) $15\div5=3$인 이유를 설명해 보세요.

1 다음 식을 이용하는 문제를 만들고, 곱셈을 덧셈보다 먼저 계산해야 하는 이유를 곱셈의 뜻을 이용하여 친구에게 편지로 설명해 보세요.

$$10+3\times7=10+21=31$$

1 다음 식을 이용하는 문제를 만들고 다른 사람에게 설명해 보세요.

$$52-(4+6)\times 3$$

2 수 카드 2, 3, 8 을 한 번씩 사용하여 다음과 같은 식을 만들었습니다. 계산 결과가 가장 큰 수는 얼마인지 구하고 다른 사람에게 설명해 보세요.

$$48\div(\square\times\square)\times\square$$

자연수의 혼합 계산은 이렇게 연결돼요

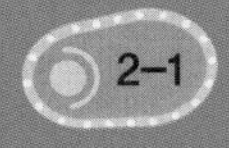

세 수의 계산

자연수의 혼합 계산

정수와 유리수의 사칙 계산

정수와 유리수의 혼합 계산

단원평가 기본

1 보기 와 같이 계산 순서를 나타내고 계산해 보세요.

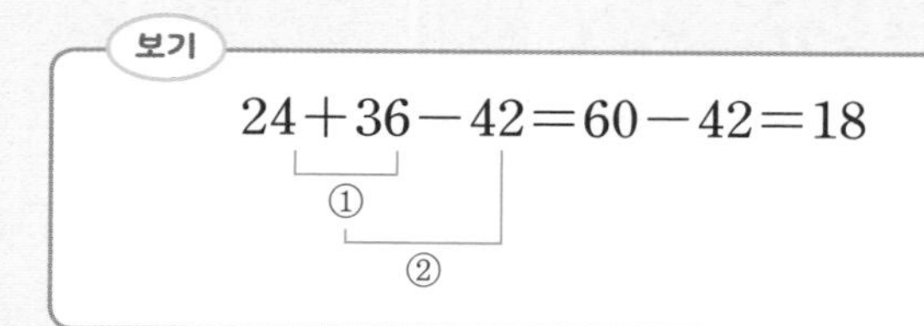

(1) $52-13+9$

(2) $36-(12+7)$

2 보기 와 같이 두 개의 식을 하나로 나타내어 보세요.

보기

$3\times9=27$, $62-27=35$

➡ $62-3\times9=35$

$35\div7=5$, $47-5=42$

➡ ______

3 하나의 식으로 나타내고 답을 구해 보세요.

126을 6과 3의 곱으로 나눈 몫

식 ______

답 ______

4 자연수 혼합 계산의 순서를 잘못 이야기한 친구를 찾아 이름을 쓰고 잘못된 부분을 바르게 고쳐 보세요.

덧셈과 뺄셈의 혼합 계산은 앞에서부터 차례대로 계산해야 해.

괄호가 있는 식은 괄호를 가장 먼저 계산해야 해.

덧셈, 뺄셈, 곱셈의 혼합 계산은 곱셈을 가장 먼저 계산해야 해.

덧셈, 뺄셈, 곱셈, 나눗셈의 혼합 계산은 나눗셈을 가장 먼저 계산해야 해.

이름 ______

바르게 고친 문장 ______

5 계산 순서에 맞게 기호를 차례대로 써 보세요.

$41 + 8 \div 4 \times 9 - 22$

(+ ㉠, ÷ ㉡, × ㉢, − ㉣)

(　　　　　　)

6 $3\times(8+7)-10$에 대한 설명 중 틀린 것을 모두 고르세요. (   )

① 가장 먼저 $8+7$을 계산합니다.
② 두 번째로 $15-10$을 계산합니다.
③ $3\times8+7-10$과 계산 결과가 같습니다.
④ 계산 결과는 15입니다.
⑤ 계산 결과는 35입니다.

7 계산 결과가 큰 순서대로 기호를 써 보세요.

㉠ $17+13-9$	㉡ $17-(13-9)$
㉢ $17+3\times2$	㉣ $(17+13)\div3$

(   )

8 계산해 보세요.

(1) $27+7\times3-11$

(2) $5\times(4+8)\div15$

(3) $65+6\times(7-2)\div3$

(4) $12\times(2+6)-25\div5\times7$

9 □ 안에 알맞은 수를 써넣으세요.

(1) $(32+\square)\div8=6$

(2) $5\times(\square\div6)=25$

(3) $12+4\times\square=24$

10 승현이네 반은 남학생이 11명, 여학생이 13명입니다. 연필 160자루를 한 사람에게 6자루씩 나누어 주면 남는 연필이 몇 자루인지 하나의 식으로 나타내고 답을 구해 보세요.

식 ____________________

답 ____________________

11 $17+21-13$을 이용하는 문제를 만들고 계산해 보세요.

문제

풀이

답 ____________________

단원평가 심화

1 계산 순서를 나타내고 계산해 보세요.

(1) $5\times7-3\times(2+8)+11$

(2) $(6+15)\times3-(5+9)\div2$

2 계산 결과를 비교하여 ○ 안에 $>$, $=$, $<$를 알맞게 써넣으세요.

$$(7+5)\times4\div6 \bigcirc 63\div3-5\times4+6$$

3 사랑 약국에 마스크가 50장씩 15상자 있었는데 3장씩 45명에게 팔렸고, 희망 약국에는 마스크가 30장씩 21상자 있었는데 4장씩 38명에게 팔렸습니다. 마스크가 어느 약국에 몇 장 더 많이 남아 있는지 구해 보세요.

(,)

4 어떤 수에 3을 더한 후 7을 곱하고 5를 빼야 할 것을 잘못하여 어떤 수에서 3을 뺀 후 7을 곱하고 5를 더했더니 19가 되었습니다. 바르게 계산한 값은 얼마인지 구해 보세요.

풀이

( )

5 □ 안에 $+$, $-$, $\times$, $\div$ 중 알맞은 기호를 써넣어 식을 완성해 보세요.

$$36-5\times(3\ \square\ 2)+16\ \square\ 4=15$$

6 1부터 9까지의 자연수 중에서 □ 안에 들어갈 수 있는 수를 모두 구해 보세요.

$$32\div(7-3)+5\times3>9+4\times\square$$

( )

7 혜수네 집에서 할아버지 집까지의 거리는 263 km입니다. 시속 62 km로 3시간을 가다가 휴게소에 들렀고, 이후 시속 50 km로 30분을 갔으면 할아버지 집까지 몇 km가 남았는지 하나의 식으로 나타내고 계산해 보세요.

식 ______________________

답 ______________

8 다음 식을 이용하는 문제를 만들고 계산해 보세요.

$$(16+24)\times3\div4$$

문제	풀이

답 ______________

2 가장 큰 타일은 얼마만 한가요?

약수와 배수

- 약수와 배수를 알고 구할 수 있어요.
- 공약수와 최대공약수를 알고 구할 수 있어요.
- 공배수와 최소공배수를 알고 구할 수 있어요.

Check 스스로 다짐하기

- ☐ 정답을 맞히는 것도 중요하지만, 문제를 푼 과정을 설명하는 것도 중요해요.
- ☐ 새롭고 어려운 내용이 많지만, 꼼꼼하게 풀어 보세요.
- ☐ 스스로 과제를 해결하는 것이 힘들지만, 참고 이겨 내면 기분이 더 좋아져요.

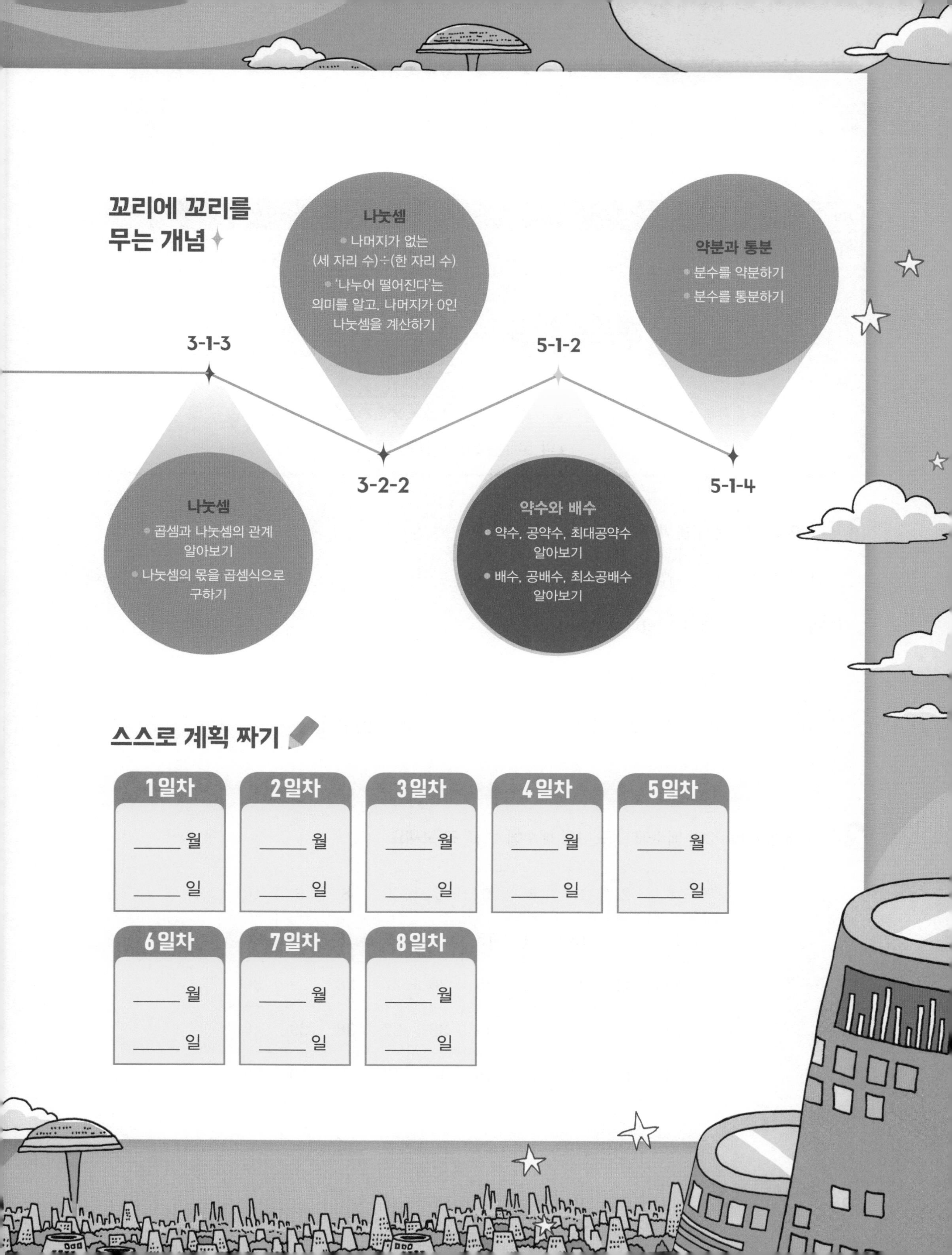

꼬리에 꼬리를 무는 개념

3-1-3

나눗셈
- 곱셈과 나눗셈의 관계 알아보기
- 나눗셈의 몫을 곱셈식으로 구하기

3-2-2

나눗셈
- 나머지가 없는 (세 자리 수)÷(한 자리 수)
- '나누어 떨어진다'는 의미를 알고, 나머지가 0인 나눗셈을 계산하기

5-1-2

약수와 배수
- 약수, 공약수, 최대공약수 알아보기
- 배수, 공배수, 최소공배수 알아보기

5-1-4

약분과 통분
- 분수를 약분하기
- 분수를 통분하기

스스로 계획 짜기

1일차	2일차	3일차	4일차	5일차
____ 월 ____ 일	____ 월 ____ 일	____ 월 ____ 일	____ 월 ____ 일	____ 월 ____ 일

6일차	7일차	8일차
____ 월 ____ 일	____ 월 ____ 일	____ 월 ____ 일

기억 1 몇의 몇 배

4의 5배는 20입니다.

1 □ 안에 알맞은 수를 써넣으세요.

(1) 7의 2배는 □입니다.

(2) 3의 □배는 12입니다.

(3) □의 5배는 35입니다.

(4) □의 □배는 27입니다. 또는 □의 □배는 27입니다.

2 수 배열표에서 2의 배수에 ○표, 4의 배수에 △표 해 보세요.

1	2	3	4	5	6	7	8	9	10
11	12	13	14	15	16	17	18	19	20
21	22	23	24	25	26	27	28	29	30
31	32	33	34	35	36	37	38	39	40
41	42	43	44	45	46	47	48	49	50

기억 2 곱셈과 나눗셈의 관계

구슬을 보고 만들 수 있는 곱셈식과 나눗셈식은 다음과 같습니다.

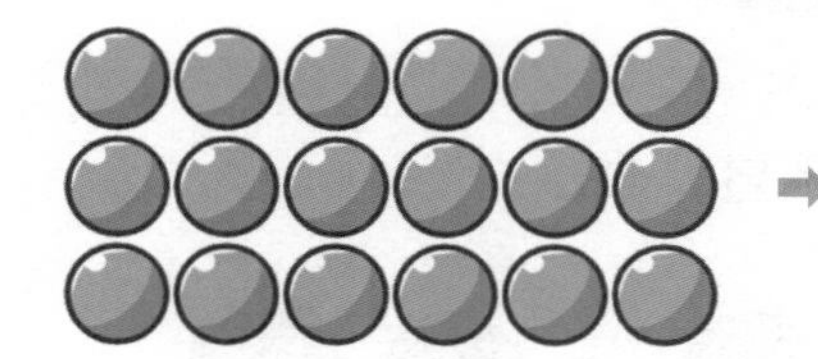

➡

곱셈식	나눗셈식
$3 \times 6 = 18$	$18 \div 3 = 6$
$6 \times 3 = 18$	$18 \div 6 = 3$

3 그림을 보고 곱셈식과 나눗셈식을 만들어 보세요.

➡

곱셈식	나눗셈식

기억 3 '나누어떨어진다'

$$\begin{array}{r} 3 \\ 6\overline{)\,18} \\ 18 \\ \hline 0 \end{array}$$

3 → 몫

나누는 수 ← 6

18 → 나누어지는 수

0 → 나머지

나누어지는 수 몫

$18 \div 6 = 3 \cdots 0$

나누는 수 나머지

18을 6으로 나누었을 때 몫은 3이고 나머지는 0입니다. 이와 같이 나머지가 0일 때, '18은 6으로 나누어떨어진다'라고 합니다.

4 다음 중 나누어떨어지는 나눗셈식을 찾아 ○표 해 보세요.

$148 \div 12$	$216 \div 36$	$120 \div 15$
$178 \div 89$	$459 \div 19$	$830 \div 3$

생각열기 ①

쿠키를 남김없이 포장하려면?

쿠키 20개를 포장하려고 합니다. 그림을 보고 물음에 답하세요.

(1) 3개씩 묶으면 모두 몇 묶음인가요?

( )

(2) 쿠키를 남김없이 똑같은 개수로 포장할 수 있는 모든 방법을 찾아 식으로 나타내어 보세요.

캐러멜 24개를 상자에 담아 친구들에게 나누어 주려고 합니다. 그림을 보고 물음에 답하세요.

(1) 캐러멜 24개를 남김없이 다양한 크기의 직사각형으로 배열한 그림을 3가지 그려 보세요.

(2) (1)에서 배열한 직사각형 모양을 보고 곱셈식과 나눗셈식으로 나타내어 보세요.

	곱셈식	나눗셈식
방법 1		
방법 2		
방법 3		

산이는 직업 체험 과제에 필요한 세발자전거의 바퀴를 사러 타이어 공장에 갔어요.

(1) 세발자전거 1대를 만들려면 바퀴를 몇 개 사야 할까요?

( )

(2) 산이는 세발자전거를 여러 대 만들려고 합니다. 남는 바퀴가 없으려면 바퀴를 몇 개 사면 되는지 3가지 경우를 생각하여 표를 완성해 보세요.

만들 세발자전거의 수(대)	필요한 바퀴의 수(개)

개념활용 ❶-1

약수

1 보드게임을 하려고 합니다. 카드 8장을 카드를 참가자에게 남김없이 똑같이 나누어 주어야 게임을 시작할 수 있어요.

(1) 참가자 수가 2명일 때 보드게임을 시작할 수 있나요? 어떻게 확인할 수 있을까요?

(2) 참가자 수에 따라 한 명이 가지게 되는 카드는 몇 장인지 구해 보세요.

참가자 수(명)	나눗셈식	한 명이 가지게 되는 카드 수(장)	남는 카드 수(장)
1			
2			
3			
4			
5			
6			
7			
8			

(3) (2)의 표에서 게임을 시작할 수 없는 참가자 수를 찾아 쓰고 그 이유를 써 보세요.

(4) (2)의 표를 보고 게임을 시작할 수 있는 참가자 수를 모두 찾아 써 보세요.

(5) 8을 나누어떨어지게 하는 수에 ○표 해 보세요.

1	2	3	4	5	6	7	8

개념 정리

어떤 수를 나누어떨어지게 하는 수를 그 수의 약수라고 합니다.

8을 나누어떨어지게 하는 수는 1, 2, 4, 8입니다. 1, 2, 4, 8은 8의 약수입니다.
8의 약수는 4개

2 1부터 10까지의 수 카드가 있어요.

1	2	3	4	5	6	7	8	9	10

(1) 수 카드를 10의 약수인 수와 10의 약수가 아닌 수로 나누어 보세요.

10의 약수인 수	10의 약수가 아닌 수

(2) 10의 약수인 수 카드 2개를 이용하여 곱이 10인 식을 모두 만들어 보세요.

(3) 약수를 구하는 방법을 설명해 보세요.

3 곱셈식을 보고 물음에 답하세요.

$6\times3=18$	$3\times3=9$	$7\times2=14$
$8\times3=24$	$4\times5=20$	$1\times20=20$

(1) 20의 약수를 구하는 데 필요한 곱셈식을 찾아 ○표 해 보세요.

(2) 곱했을 때 20이 되는 식 중에서 위에 나와 있지 않은 식을 써 보세요.

(3) 20의 약수를 모두 써 보세요.

개념활용 ❶-2

배수

개념 정리

어떤 수를 1배, 2배, 3배……한 수를 그 수의 배수라고 합니다.

8의 배수는 8, 16, 24, 32……입니다.

→ 어떤 수의 배수는 끝없이 많습니다.

1 다음 물음에 답하세요.

(1) 5의 4배는 몇인가요?

(　　　　　　　　)

(2) 1부터 100까지의 수에는 5의 몇 배부터 몇 배까지 있나요?

(3) 1부터 100까지의 수 중에서 5의 배수는 몇 개인가요?

(4) 100이 넘는 수 중에는 5의 배수가 몇 개 있나요?

2 체육 시간에 잰 기록을 보고 분을 초로 바꾸어 계산하려고 해요.

(1) 1분은 몇 초인가요?

(　　　　　　　　)

(2) 3분은 몇 초인지 구하고 어떻게 구했는지 배수를 이용하여 설명해 보세요.

(3) 60의 배수를 2개 쓰고 60을 몇 배 한 수인지 곱셈식으로 나타내어 보세요.

3 곱셈식을 보고 물음에 답하세요.

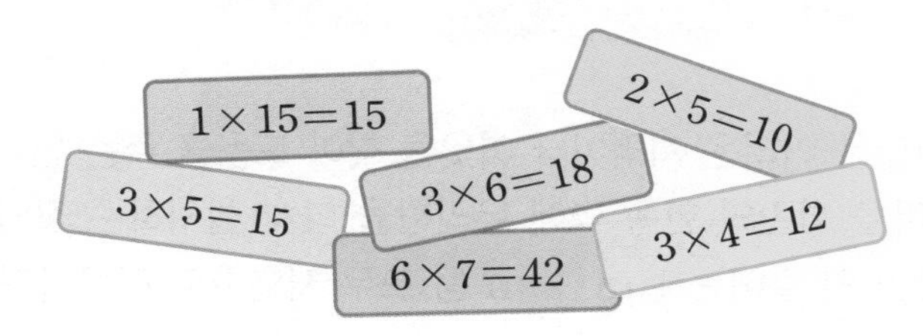

(1) 15의 약수를 구하기 위해 필요한 식을 모두 고르고 15의 약수를 써 보세요.

(2) (1)에서 고른 식을 이용하여 15는 어떤 수의 배수인지 써 보세요.

(3) 위의 곱셈식 중 하나를 골라 약수와 배수의 관계를 설명해 보세요.

4 28을 두 수의 곱으로 나타내었습니다. 물음에 답하세요.

$28=1\times28$	$28=2\times14$	$28=4\times7$

(1) 곱했을 때 28이 되는 두 수가 더 있는지 찾아보세요.

(2) 28의 약수를 구해 보세요.

(3) 28은 어떤 수의 배수인지 모두 써 보세요.

생각열기 ②

가장 큰 타일은 얼마만 한가요?

1 사랑의 집수리 봉사단은 어려운 지역이나 이웃을 찾아 도움을 주는 단체입니다. 강이는 가족과 함께 봉사 활동을 가서 마을 회관의 한쪽 벽에 유리창을 다시 설치하는 작업을 돕기로 했습니다. 유리창은 정사각형이고 한 변의 길이는 1 m, 2 m 등 모두 자연수로 이루어져 있어요.

(1) 유리창의 크기가 모두 똑같을 때, 유리창의 가로가 될 수 있는 길이를 모두 구해 보세요.

( )

(2) 유리창의 크기가 모두 똑같을 때, 유리창의 세로가 될 수 있는 길이를 모두 구해 보세요.

( )

(3) 유리창이 정사각형 모양일 때, 유리창의 한 변으로 가능한 길이를 모두 구해 보세요.

( )

(4) 유리창이 정사각형 모양일 때, 노동력과 비용을 아끼기 위해서 개수를 최대한 줄이려면 한 변의 길이가 몇 m인 유리창을 골라야 할까요?

( )

2 바다네 반 친구들은 '가족의 소중함'이라는 주제로 협동 작품을 만들기 위해서 각자 세로가 10 cm, 가로가 15 cm인 가족사진 10장을 준비했어요.

(1) 사진 10장을 겹치지 않고 빈틈없이 가로로 늘어놓으면 협동 작품의 가로의 길이는 몇 cm가 되는지 □ 안에 알맞은 수를 써넣으세요.

(2) 사진 10장을 겹치지 않고 빈틈없이 세로로 늘어놓으면 협동 작품의 세로의 길이는 몇 cm가 되는지 □ 안에 알맞은 수를 써넣으세요.

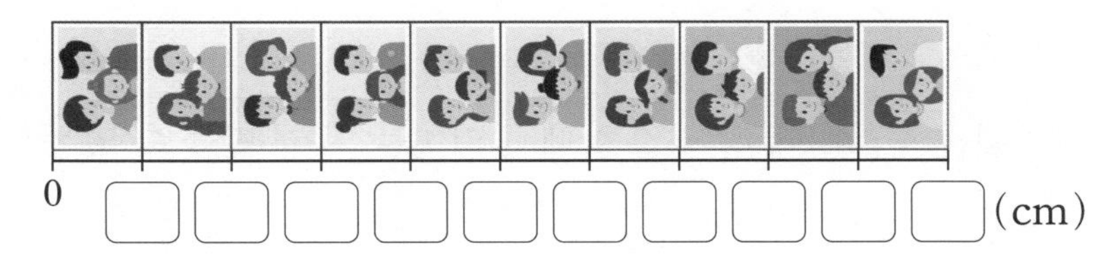

(3) 사진을 몇 장씩 나누어 겹치지 않고 빈틈없이 정사각형 모양으로 이어 붙이려고 합니다. 만들 수 있는 정사각형의 한 변의 길이는 몇 cm인지 3가지를 찾아 써 보세요.

(4) 사진으로 정사각형 모양의 액자를 채울 때 가장 작은 액자의 한 변의 길이는 몇 cm이고 몇 장의 사진이 필요한지 구해 보세요.

개념활용 ❷-1

공약수와 최대공약수

1 하늘이는 벼룩시장에 내놓기 위해서 연필 20자루와 형광펜 15자루를 몇 자루씩 나누어 꾸러미를 만들려고 해요.

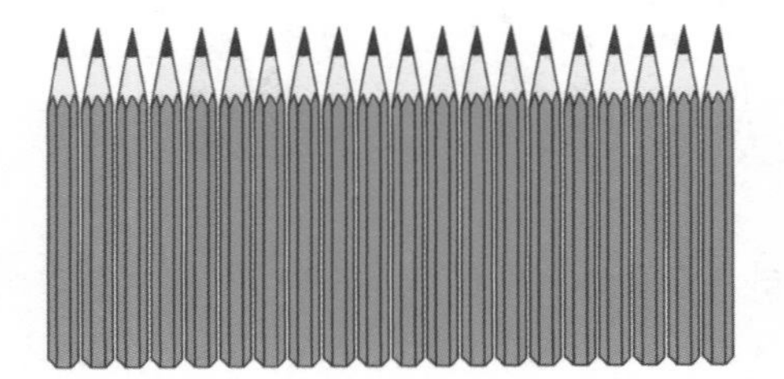

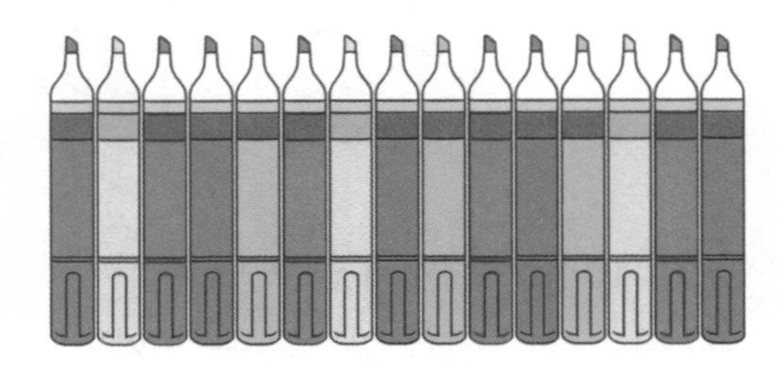

(1) 남는 연필이 없도록 똑같이 나누면 꾸러미를 몇 개 만들 수 있는지 모두 구해 보세요.

(2) 남는 형광펜이 없도록 똑같이 나누면 꾸러미를 몇 개 만들 수 있는지 모두 구해 보세요.

(3) 연필과 형광펜을 꾸러미에 같이 넣을 때 꾸러미를 몇 개 만들 수 있는지 모두 구해 보세요.

(4) 꾸러미를 최대한 많이 만들 때 모두 몇 개까지 만들 수 있나요?

개념 정리

- 어떤 수들의 공약수는 어떤 수들의 공통된 약수입니다.

  8의 약수는 1, 2, 4, 8이고, 12의 약수는 1, 2, 3, 4, 6, 12이므로 공통된 약수는 1, 2, 4입니다.

  따라서 8과 12의 공약수는 1, 2, 4입니다.

- 공약수 중에서 가장 큰 공약수를 최대공약수라고 합니다.

  따라서 8과 12의 최대공약수는 4입니다.

2 30과 45의 공약수와 최대공약수를 구하려고 합니다. 물음에 답하세요.

(1) 30과 45의 약수를 모두 적어 보세요

30의 약수	
45의 약수	

(2) 30과 45의 공약수를 모두 찾아 ○표 해 보세요.

(3) 30과 45의 최대공약수는 얼마인가요?

( )

3 12와 35의 공약수와 최대공약수를 구하려고 합니다. 물음에 답하세요.

(1) 12의 약수를 구해 보세요.

( )

(2) 35의 약수를 구해 보세요.

( )

(3) 12와 35의 공약수는 얼마인가요?

( )

(4) 12와 35의 최대공약수는 얼마인가요?

( )

4 잘못 설명한 사람을 찾고 그 이유를 설명해 보세요.

큰 수일수록 약수가 더 많아.

하늘

4와 5의 공약수는 한 개뿐이야.

산

두 수의 크기가 커지면 공약수도 더 많아져.

바다

어떤 두 수의 공약수 중 가장 작은 수는 1이야.

강

( )

개념활용 ❷-2

최대공약수 구하기

1 8과 12의 최대공약수를 곱셈식을 이용하여 구하려고 합니다. 물음에 답하세요.

(1) 8과 12를 각각 두 수의 곱으로 모두 나타내어 보세요.

8	12

(2) 곱셈식이 더 없다는 것을 어떻게 알 수 있나요?

(3) 8과 12의 공약수와 최대공약수를 구해 보세요.

공약수 ( ), 최대공약수 ( )

2 8과 12의 최대공약수를 나눗셈식을 이용하여 구하려고 합니다. 물음에 답하세요.

(1) 주어진 계산에서 8과 12의 최대공약수를 구해 보세요.

```
2) 8   12
2) 4    6
   2    3
```

최대공약수 ( )

```
4) 8   12
   2    3
```

최대공약수 ( )

(2) (1)에서 구한 최대공약수보다 더 큰 공약수가 없는 이유를 써 보세요.

개념 정리

최대공약수는 공약수 중 가장 큰 수입니다. 즉, 어떤 수들을 동시에 나누어떨어지게 하는 가장 큰 수입니다. 따라서 최대공약수는 다음 2가지 방법으로도 구할 수 있습니다.

방법1 두 약수의 곱으로 나타낸 곱셈식에 공통으로 들어 있는 가장 큰 수 찾기

$18=1\times18=2\times9=3\times6$

$12=1\times12=2\times6=3\times4$

공통된 가장 큰 수는 6이므로 18과 12의 최대공약수는 6입니다.

방법2 동시에 나누어떨어지게 하는 가장 큰 수 찾기

$$\begin{array}{r|rr} 3 & 18 & 12 \\ \hline 2 & 6 & 4 \\ \hline & 3 & 2 \end{array} \quad \text{또는} \quad \begin{array}{r|rr} 6 & 18 & 12 \\ \hline & 3 & 2 \end{array}$$

동시에 나누어떨어지게 하는 가장 큰 수는 $3\times2=6$이므로 18과 12의 최대공약수는 6입니다.

3 두 수의 최대공약수를 주어진 방법으로 구해 보세요.

(1) 30과 18의 최대공약수를 여러 두 약수의 곱으로 나타내어 구해 보세요.

30의 약수	
18의 약수	

최대공약수 (　　　　　　　)

(2) 28과 32의 최대공약수를 공통된 수로 나누어 구해 보세요.

$$\begin{array}{r|rr} & 28 & 32 \\ \hline \end{array}$$

최대공약수 (　　　　　　　)

(3) 17과 23의 최대공약수를 공통된 수로 나누어 구해 보세요.

$$\begin{array}{r|rr} & 17 & 23 \\ \hline \end{array}$$

최대공약수 (　　　　　　　)

개념활용 ②-3

공배수와 최소공배수

1 차고지에서 1124번 버스와 1135번 버스가 6시에 동시 출발합니다. 배차 간격이 1124번 버스가 10분, 1135번 버스는 15분일 때, 그림을 보고 물음에 답하세요.

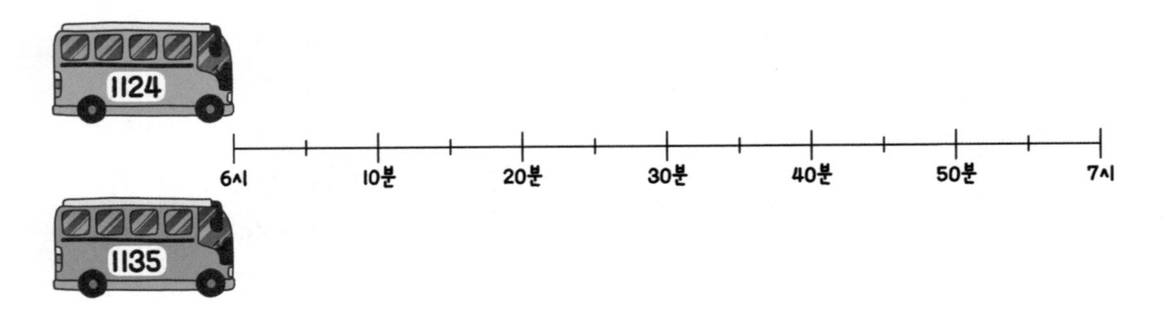

(1) 1124번 버스가 차고지에서 출발하는 시각을 수직선 위쪽에 ↓로 표시해 보세요.

(2) 1135번 버스가 차고지에서 출발하는 시각을 수직선 아래쪽에 ↑로 표시해 보세요.

(3) 6시 이후 두 버스가 동시에 차고지에서 출발하는 시각을 모두 써 보세요.

(4) 하늘이는 1124번, 강이는 1135번 버스를 타기 위해서 6시 5분에 차고지 정류장에 도착했습니다. 둘이 동시에 버스를 탈 수 있는 가장 빠른 시각을 구해 보세요.

( )

개념 정리

- 어떤 수들의 공배수는 어떤 수들의 공통된 배수입니다.

  4의 배수는 4, 8, 12, 16, 20, 24, 28, 32, 36, 40, 44, 48, 52……입니다.

  6의 배수는 6, 12, 18, 24, 30, 36, 42, 48, 54……입니다.

  4와 6의 공배수는 12, 24, 36, 48……입니다. 공배수는 끝없이 많습니다.

- 공배수 중 가장(최最) 작은(소小) 공배수를 최소공배수라고 합니다.

  4와 6의 최소공배수는 12입니다.

2 8과 12의 최소공배수를 구하려고 합니다. 물음에 답하세요.

(1) 8과 12의 배수를 가장 작은 수부터 차례로 10개씩 써 보세요.

8의 배수	
12의 배수	

(2) 8과 12의 공배수를 모두 찾아 ○표 해 보세요.

(3) 8과 12의 최소공배수를 구해 보세요.

( )

(4) 8과 12의 최소공배수는 8의 ☐배, 12의 ☐배입니다.

3 3과 9의 배수를 나열하여 두 수의 최소공배수를 구하고 그 특징을 설명해 보세요.

4 7과 15의 배수를 나열하여 두 수의 최소공배수를 구하려고 합니다. 물음에 답하세요.

(1) 7과 15의 배수를 나열하여 최소공배수를 구하고 그 특징을 설명해 보세요.

(2) 두 수의 배수를 나열하여 최소공배수를 구하는 방법의 불편한 점을 써 보세요.

최소공배수 구하기

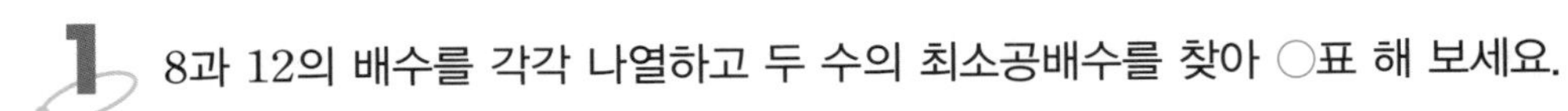

1 8과 12의 배수를 각각 나열하고 두 수의 최소공배수를 찾아 ○표 해 보세요.

8의 배수	
12의 배수	

2 12와 8을 각각 두 수의 곱으로 나타내었습니다. 물음에 답하세요.

$12=1\times2$ $12=2\times6$ $12=3\times4$

$8=1\times8$ $8=2\times4$

(1) $8=2\times\boxed{4}$, $12=3\times\boxed{4}$에서 4가 최대공약수인 이유를 설명해 보세요.

(2) 최대공약수를 포함한 두 곱셈식 $8=2\times\boxed{4}$, $12=3\times\boxed{4}$를 살펴보고, $2\times3\times\boxed{4}=24$가 8와 12의 최소공배수인 이유를 설명해 보세요.

3 나눗셈으로 8과 12의 최소공배수를 구하려고 합니다. 물음에 답하세요.

(1) 다음 계산에서 8과 12의 최대공약수가 4인 이유를 설명해 보세요.

$$\begin{array}{r|rr} 4 & 8 & 12 \\ \hline & 2 & 3 \end{array}$$

(2) $4\times2\times3=24$가 두 수 8과 12의 최소공배수인 이유를 설명해 보세요.

개념 정리

최소공배수는 공배수 중 가장 작은 수입니다. 즉, 어떤 수들의 공통된 배수 중 가장 작은 수입니다.
따라서 최소공배수는 다음 2가지 방법으로도 구할 수 있습니다.

방법1 두 수의 최대공약수와 약수의 곱

$18=6\times 3$ (6: 최대공약수)

$24=6\times 4$ (6: 최대공약수)

최대공약수 ➡ 6

18과 24의 최소공배수

➡ $6\times 3\times 4=72$

방법2 최대공약수로 나누었을 때의 몫과 최대공약수의 곱

$$\begin{array}{r|rr} 3 & 18 & 24 \\ \hline 2 & 6 & 8 \\ \hline & 3 & 4 \end{array} \quad \text{또는} \quad \begin{array}{r|rr} 6 & 18 & 24 \\ \hline & 3 & 4 \end{array}$$

최대공약수 ➡ $3\times 2=6$

최대공약수로 나누었을 때의 몫은 각각 3, 4이므로 18과 24의 최소공배수는 $6\times 3\times 4=72$입니다.

4 두 수의 최대공약수와 최소공배수를 구해 보세요.

(1) 12와 18을 공통된 수로 나누어 최대공약수와 최소공배수를 구해 보세요.

$$\begin{array}{r|rr} & 12 & 18 \\ \hline \end{array}$$

최대공약수 (　　　　　　), 최소공배수 (　　　　　　)

(2) 15와 20을 최대공약수를 포함한 두 수의 곱으로 나타내어 최대공약수와 최소공배수를 구해 보세요.

15	
20	

최대공약수 (　　　　　　), 최소공배수 (　　　　　　)

(3) 9와 13의 최대공약수와 최소공배수를 구해 보세요.

표현하기

약수와 배수

스스로 정리 뜻을 써 보세요.

1 약수:

공약수:

최대공약수:

2 배수:

공배수:

최소공배수:

개념 연결 문제를 해결해 보세요.

주제	문제 해결
곱셈과 나머지	(1) 6보다 작은 자연수로 6을 나눈 나머지를 각각 구해 보세요. (2) 36을 두 자연수의 곱으로 모두 나타내어 보세요.
곱셈과 나눗셈의 관계	□×△=◎일 때 ( ) 안에 □, △, ◎를 알맞게 써넣으세요. △×( )=◎, ◎÷( )=( ), ◎÷( )=( )

1 다음 계산에서 5×3=15가 두 수 45와 75의 최대공약수인 이유를 친구에게 편지로 설명해 보세요.

```
5) 45  75
3)  9  15
    3   5
```

1 가로 30 m, 세로 12 m인 직사각형 모양의 농장이 있습니다. 동물의 출입을 막기 위해 농장의 가장자리를 따라 일정한 간격으로 말뚝을 설치하여 울타리를 만들려고 합니다. 말뚝은 최소한 몇 개가 필요한지 구하고, 다른 사람에게 설명해 보세요. (단, 네 모퉁이에는 반드시 말뚝을 설치해야 합니다.)

2 강이는 독서 동아리와 봉사 동아리에 가입했습니다. 독서 동아리는 16일마다, 봉사 동아리는 24일마다 정기 모임을 합니다. 오늘 두 동아리의 정기 모임이 있다고 할 때, 처음으로 다시 두 동아리가 같은 날에 정기 모임을 하는 날은 며칠 후인지 구하고, 다른 사람에게 설명해 보세요.

약수와 배수는
이렇게 연결돼요

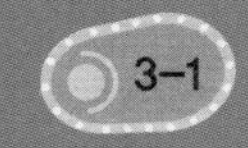

곱셈과 나눗셈의 관계

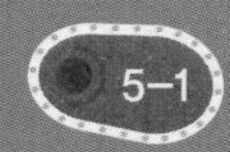

약수와 배수

약분과 통분

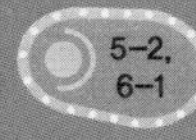

분수의 사칙 계산

단원평가 기본

1 주어진 식을 보고 4는 14의 약수인지 아닌지 설명해 보세요.

$14 \div 4 = 3 \cdots 2$

설명

2 50부터 70까지의 수 중에서 4의 배수는 모두 몇 개인지 구해 보세요.

(　　　　　　　　)

3 곱셈식을 보고 □ 안에 알맞은 수를 써넣으세요.

$3 \times 4 = 12$

(1) □은(는) □의 약수입니다.

(2) □은(는) □의 배수입니다.

4 두 수의 곱으로 40을 나타내고, 약수를 모두 구해 보세요.

두 수의 곱

약수 (　　　　　　　　)

5 7과 10의 공약수를 구하고, 구하는 과정을 설명해 보세요.

설명

(　　　　　　　　)

6 16과 12의 최대공약수를 구하려고 합니다. 물음에 답하세요.

(1) 16과 12를 두 수의 곱으로 나타내어 보세요.

16	12

(2) 최대공약수를 가지고 있는 식에 ○표 하고 최대공약수를 구해 보세요.

최대공약수 (　　　　　　　　)

7 8과 14의 최소공배수를 구하려고 합니다. 물음에 답하세요.

(1) 8과 14를 두 수의 곱으로 나타내어 보세요.

8	14

(2) 최소공배수를 구하기 위해 필요한 식에 ○표 하고 최소공배수를 구해 보세요.

최소공배수 (　　　　　　　　)

8 버스 정류장에 있는 시간표입니다. 1124번 버스는 오후 4시부터 8분 간격으로 오고, 1135번 버스는 오후 4시부터 12분 간격으로 옵니다. 산이와 강이가 각각 1124번 버스와 1135번 버스를 타기 위하여 4시 5분에 버스 정류장에 도착했을 때, 최대한 빨리 동시에 버스를 타는 시각을 구해 보세요.

버스 시간표	
1124번	1135번
4시	4시
4시 8분	4시 12분
…	…

( )

9 가로가 2 m, 세로가 1.2 m인 교실 게시판을 정사각형 종이로 겹치지 않게 빈틈없이 덮으려고 합니다. 사용할 수 있는 가장 큰 정사각형 종이의 한 변은 몇 cm인지 구해 보세요.

( )

10 만두가 한 봉지에 8개 들어 있습니다. 6명의 친구들이 남김없이 똑같이 나누어 먹으려면 최소한 몇 봉지를 사야 하는지 구해 보세요.

( )

11 식목일을 맞이하여 가로가 50 m, 세로가 30 m인 직사각형 모양 정원의 둘레에 일정한 간격으로 꽃을 심으려고 합니다. 꽃의 간격을 최대한 넓게 하려면 몇 m 간격으로 꽃을 심어야 할까요? (단, 직사각형의 네 꼭짓점에는 반드시 꽃을 심습니다.)

( )

12 하늘이가 최대공약수와 최소공배수를 구한 방법입니다. 잘못된 곳을 찾아 바르게 고쳐 보세요.

$$\begin{array}{r|rr} 3 & 18 & 30 \\ \hline & 6 & 10 \end{array}$$

18과 30은 둘 다 3으로 나누어 떨어지니까, 18과 30의 최대공약수는 3이야. 그리고 18과 30의 최소공배수는 $3\times6\times10=180$이야.

잘못된 부분 ____________________

바르게 고치기 ____________________

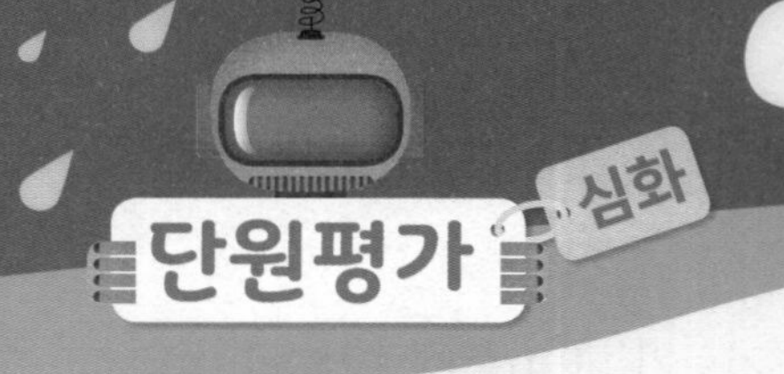

1 톱니가 16개인 톱니바퀴와 24개인 톱니바퀴가 맞물려 돌고 있습니다. 빨간색과 파란색 톱니가 그림과 같이 다시 만나려면 톱니가 16개인 톱니바퀴는 몇 바퀴를 돌아야 할까요?

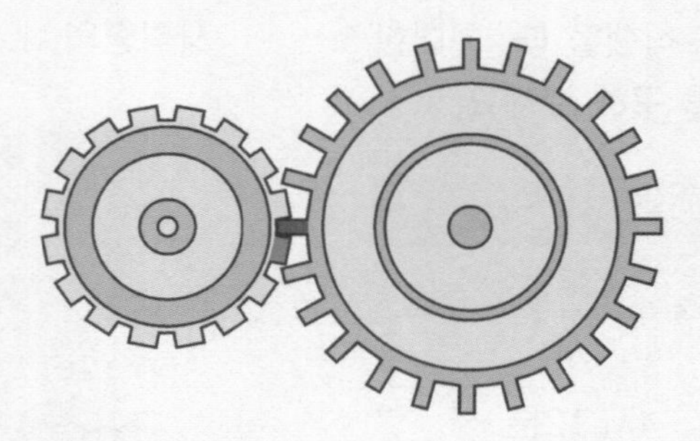

풀이

(　　　　　　　　)

2 바다는 급식 꾸러미를 나누어 주는 봉사 활동에 참여했습니다. 방울토마토 323개와 딸기 490개를 최대한 많은 사람이 똑같이 나누어 받도록 계산했더니 방울토마토는 23개가 남았고, 딸기는 10개가 부족해서 더 채워 넣었습니다. 급식 꾸러미를 받을 수 있는 사람은 모두 몇 명이고, 방울토마토와 딸기를 한 봉지에 각각 몇 개씩 담아야 할까요?

풀이

(　　　　　　　　)

3 같은 모양의 블록으로 빈칸을 맞추는 퍼즐 게임을 하고 있습니다. 14칸을 모두 채우려면 몇 칸짜리 블록이 몇 개 필요한지 각각 구해 보세요.

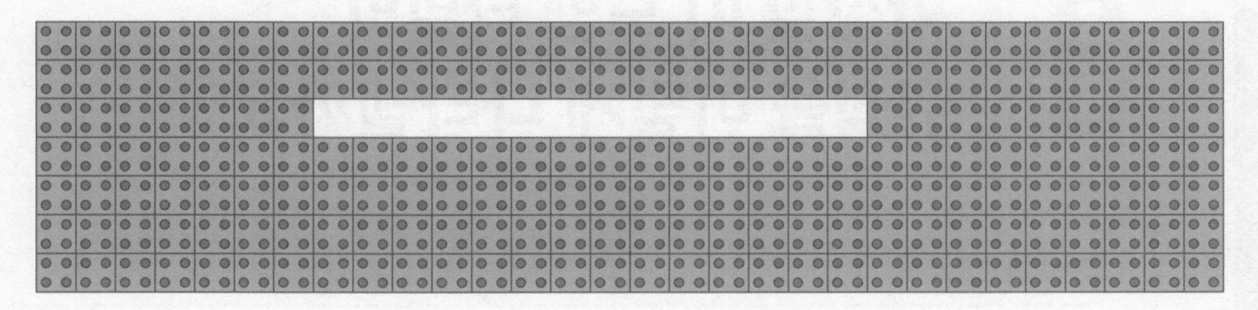

풀이

( )

4 주어진 조건을 보고 어떤 수와 20의 최소공배수를 구해 보세요.

- 어떤 수와 20의 최대공약수는 4입니다.
- 어떤 수는 15보다 크고 20보다 작은 수입니다.

풀이

( )

5 볼링공을 각 줄마다 규칙에 따라 정리했습니다. 몇 번째 공일 때 주황색 공 2개가 두 번째로 나란히 놓이는지 구해 보세요.

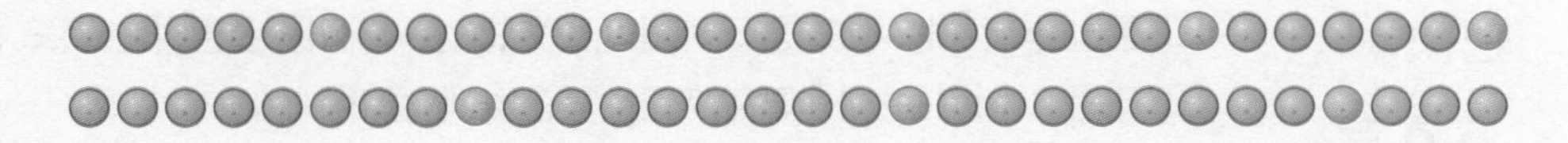

풀이

( )

3 화장실 띠 모양 타일의 규칙을 어떻게 나타낼까요?

규칙과 대응

- 두 양 사이의 관계를 찾아 나타낼 수 있어요.
- 두 양 사이의 대응 관계를 □, △ 등을 이용하여 식으로 나타내고, 식의 의미를 이해할 수 있어요.
- 생활 속에서 대응 관계를 찾아 식으로 나타낼 수 있어요.

Check 스스로 다짐하기

- □ 정답을 맞히는 것도 중요하지만, 문제를 푼 과정을 설명하는 것도 중요해요.
- □ 새롭고 어려운 내용이 많지만, 꼼꼼하게 풀어 보세요.
- □ 스스로 과제를 해결하는 것이 힘들지만, 참고 이겨 내면 기분이 더 좋아져요.

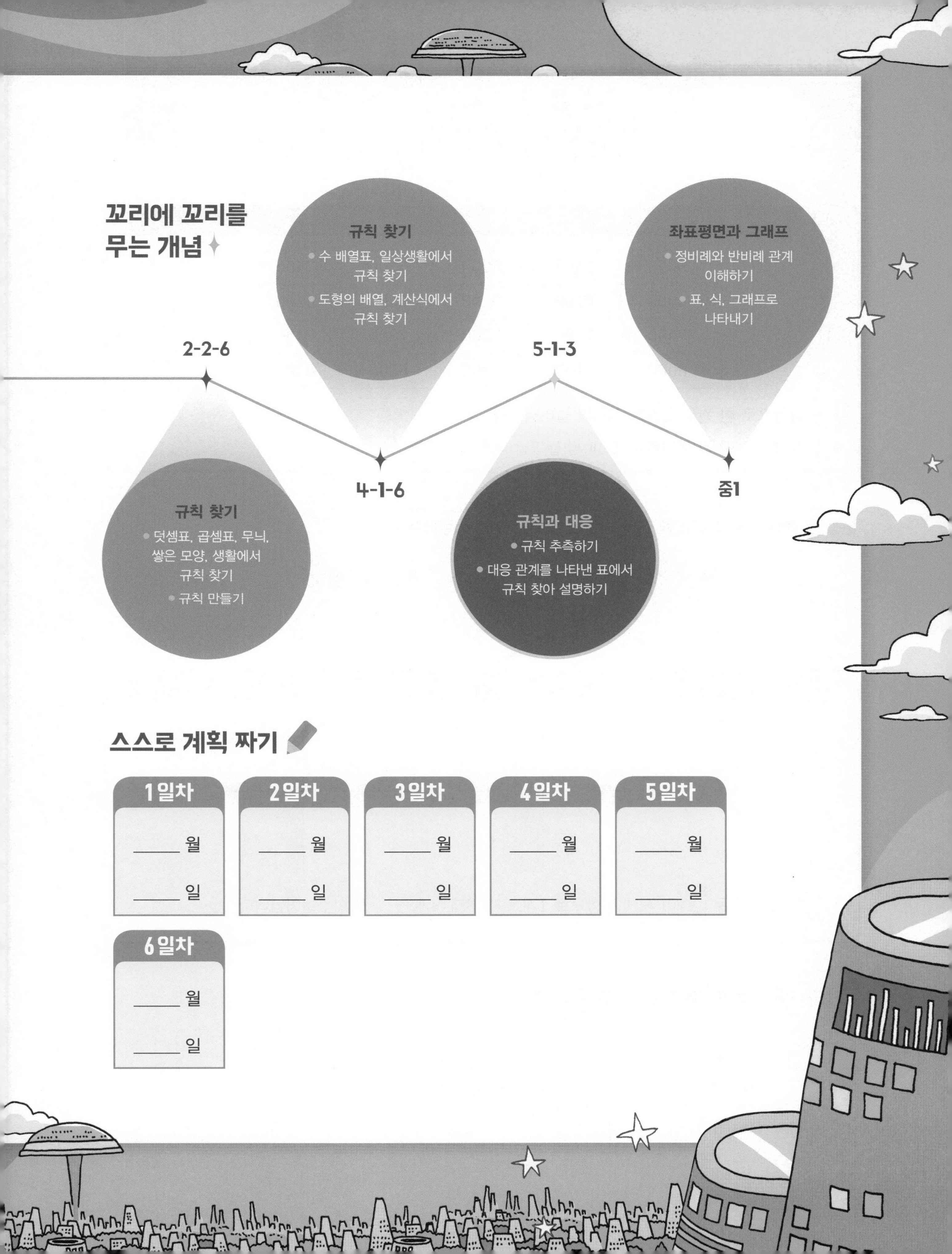

꼬리에 꼬리를 무는 개념

2-2-6 규칙 찾기
- 덧셈표, 곱셈표, 무늬, 쌓은 모양, 생활에서 규칙 찾기
- 규칙 만들기

4-1-6 규칙 찾기
- 수 배열표, 일상생활에서 규칙 찾기
- 도형의 배열, 계산식에서 규칙 찾기

5-1-3 규칙과 대응
- 규칙 추측하기
- 대응 관계를 나타낸 표에서 규칙 찾아 설명하기

중1 좌표평면과 그래프
- 정비례와 반비례 관계 이해하기
- 표, 식, 그래프로 나타내기

스스로 계획 짜기

1일차	2일차	3일차	4일차	5일차
____ 월	____ 월	____ 월	____ 월	____ 월
____ 일	____ 일	____ 일	____ 일	____ 일

6일차
____ 월
____ 일

4-1 수의 배열에서 규칙 찾기 · 4-1 도형의 배열에서 규칙 찾기 · 4-1 계산식에서 규칙 찾기

기억 1 수의 배열에서 규칙 찾기

5000	5100	5200	5300	5400
6000	6100	6200	6300	6400
7000	7100	7200	7300	7400
8000	8100	8200	8300	8400

- → 방향으로 한 칸씩 갈수록 100씩 늘어납니다.
- ↓ 방향으로 한 칸씩 갈수록 1000씩 늘어납니다.

1 수 배열을 보고 규칙을 찾아 빈칸에 알맞은 수를 써넣으세요.

(1)

13	26	39	52	

(2)

3125	3105		3065	3045

기억 2 도형의 배열에서 규칙 찾기

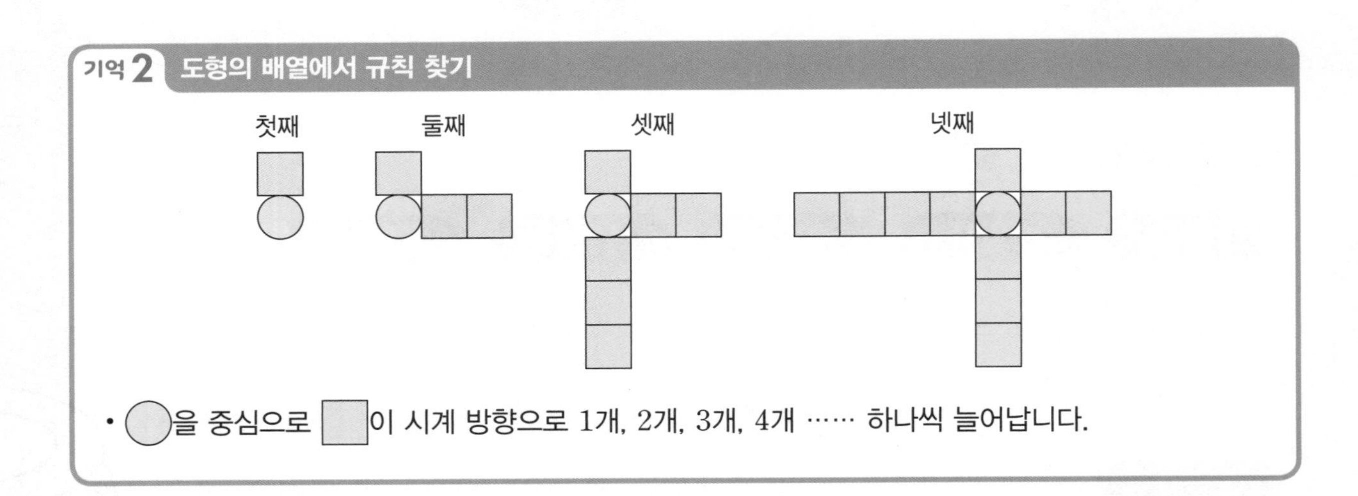

- ○을 중심으로 □이 시계 방향으로 1개, 2개, 3개, 4개 …… 하나씩 늘어납니다.

2 규칙에 따라 넷째에 알맞은 도형을 그려 보세요.

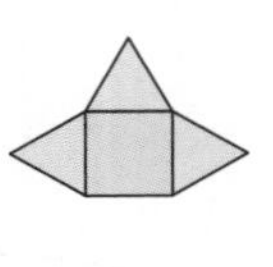
첫째

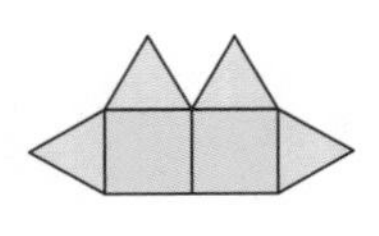
둘째

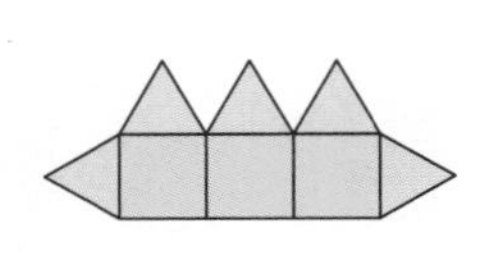
셋째

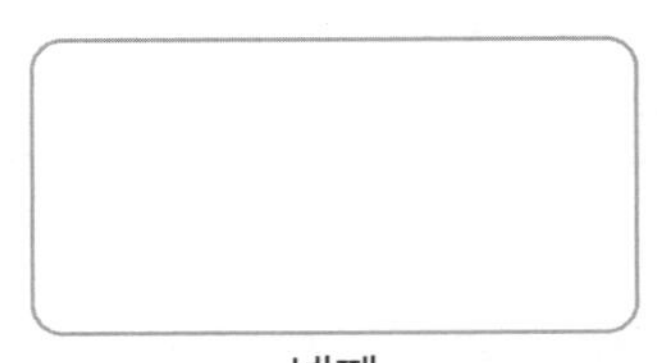
넷째

기억 3 계산식에서 규칙 찾기

순서	계산식
첫째	$10+12-2=20$
둘째	$12+14-2=24$
셋째	$14+16-2=28$
넷째	$16+18-2=32$

- 일의 자리 수가 각각 2씩 커지는 수를 더한 후 2를 빼면 계산 결과는 4씩 커집니다.

순서	계산식
첫째	$6660\div60=111$
둘째	$5550\div50=111$
셋째	$4440\div40=111$
넷째	$3330\div30=111$

- 나누어지는 수가 1110씩 작아지고 나누는 수가 10씩 작아지면 몫은 111입니다.

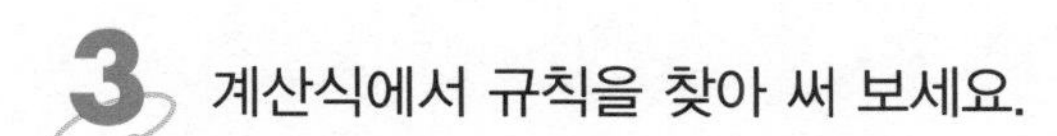

3 계산식에서 규칙을 찾아 써 보세요.

순서	계산식
첫째	$323+225=548$
둘째	$323+325=648$
셋째	$323+425=748$
넷째	$323+525=848$

4 계산식에서 규칙을 찾아 다섯째의 빈칸에 알맞은 식을 써넣으세요.

순서	계산식
첫째	$1\times9=9$
둘째	$21\times9=189$
셋째	$321\times9=2889$
넷째	$4321\times9=38889$
다섯째	

생각열기 ①

화장실 띠 모양 타일의 규칙을 어떻게 나타낼까요?

1 바다네 화장실에는 띠 모양의 타일이 있습니다. 띠 모양 타일의 규칙을 살펴 보세요.

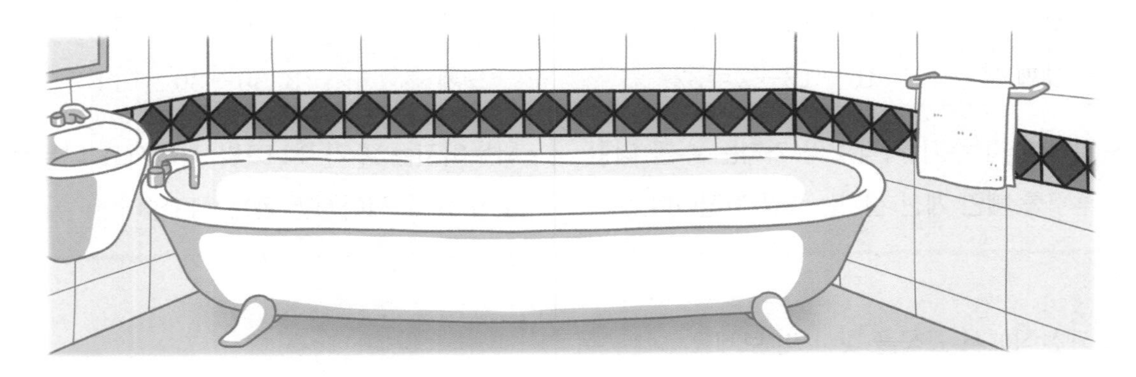

(1) 화장실 띠 모양 타일에 어떤 도형이 사용되었는지 써 보세요.

(2) 띠 모양 타일의 배열에서 규칙을 찾아 써 보세요.

(3) 사각형의 수와 삼각형의 수는 어떤 관계가 있는지 써 보세요.

(4) 사각형의 수와 삼각형의 수 사이의 관계를 식으로 나타낼 수 있나요? 나타낼 수 있다면 식으로 써 보세요.

2 하늘이와 할아버지의 대화를 보고 물음에 답하세요.

(1) 할아버지는 무엇에 대해 질문하셨나요?

(2) 하늘이와 시은이의 나이는 어떤 관계가 있는지 써 보세요.

(3) 연도별 하늘이와 시은이의 나이를 표로 나타내어 보세요.

(4) 하늘이와 시은이의 나이 사이의 관계를 또 어떤 방법으로 표현할 수 있는지 써 보세요.

개념활용 ❶-1

대응 관계를 표로 나타내고 설명하기

1 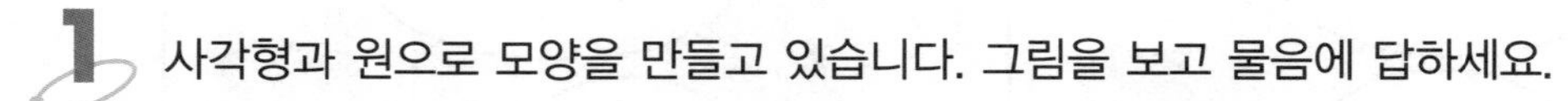
사각형과 원으로 모양을 만들고 있습니다. 그림을 보고 물음에 답하세요.

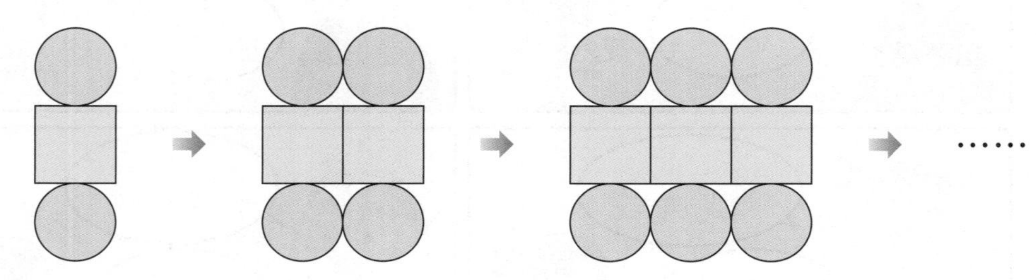

(1) 사각형의 수와 원의 수 사이의 관계가 어떻게 변하는지 □ 안에 알맞은 수를 써넣으세요.

> 사각형이 2개일 때 필요한 원의 수는 □개, 사각형이 3개일 때 필요한 원의 수는 □개, 사각형이 4개일때 필요한 원의 수는 □개입니다.

(2) 사각형의 수와 원의 수 사이의 관계가 어떻게 변하는지 표로 나타내어 보세요.

사각형의 수(개)	1	2	3	4	5	……
원의 수(개)	2					……

(3) 사각형의 수와 원의 수 사이의 관계를 써 보세요.

(4) 원이 30개일 때 사각형은 몇 개 필요할까요?

( )

2 색 테이프를 다음과 같이 자르고 있습니다. 그림을 보고 물음에 답하세요.

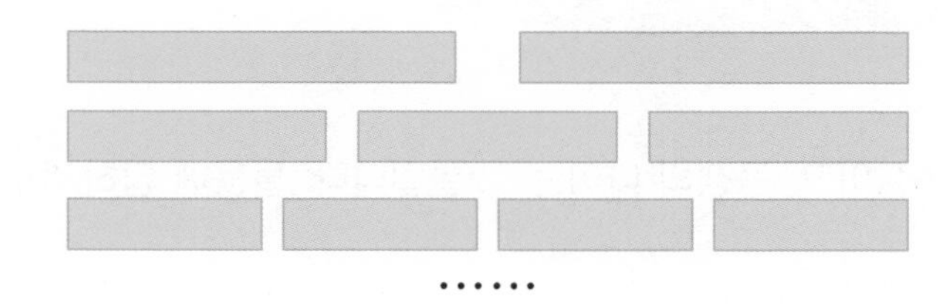

(1) 색 테이프를 자른 횟수와 색 테이프 도막의 수 사이의 관계가 어떻게 변하는지 □ 안에 알맞은 수를 써넣으세요.

> 색 테이프를 2번 잘랐을 때 색 테이프 도막의 수는 □개이고,
>
> 색 테이프를 3번 잘랐을 때 색 테이프 도막의 수는 □개입니다.

(2) 색 테이프를 자른 횟수와 색 테이프 도막의 수 사이의 관계를 표로 나타내어 보세요.

색 테이프를 자른 횟수(번)	1	2	3	4	5	……
색 테이프 도막의 수(도막)	2					……

(3) 색 테이프를 자른 횟수와 색 테이프 도막의 수 사이의 관계를 써 보세요.

(4) 색 테이프가 11도막이 되려면 몇 번 잘라야 할까요?

(　　　　　　　　　　)

개념 정리 대응 관계를 설명하고, 표로 나타낼 수 있어요.

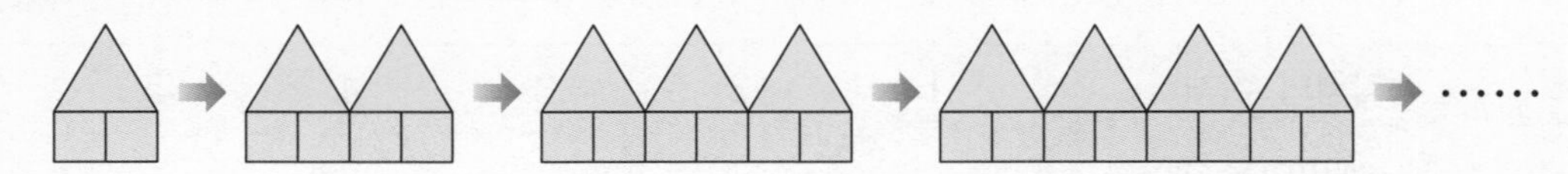

• 대응 관계: 삼각형이 1개 늘어날 때, 사각형은 2개씩 늘어납니다.

• 대응 관계를 표로 나타내기

삼각형의 수(개)	1	2	3	4	……
사각형의 수(개)	2	4	6	8	……

개념활용 ①-2

대응 관계를 식으로 나타내기

올해 형의 나이는 16살이고, 동생의 나이는 12살입니다. 물음에 답하세요.

(1) 형의 나이와 동생의 나이 사이의 관계를 표로 나타내어 보세요.

	올해	1년 후	2년 후	3년 후	4년 후	……
형의 나이(살)	16					……
동생의 나이(살)	12					……

(2) 표를 통해 알 수 있는 형의 나이와 동생의 나이 사이의 관계를 식으로 나타내어 보세요.

(3) 형의 나이를 □, 동생의 나이를 △라고 할 때, 두 양 사이의 관계를 식으로 나타내어 보세요.

강이는 성냥개비로 삼각형을 만들고 있습니다. 그림을 보고 물음에 답하세요.

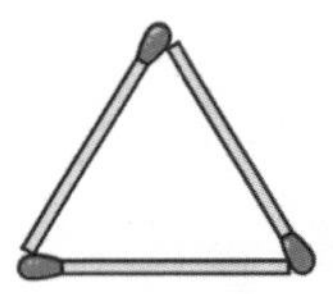
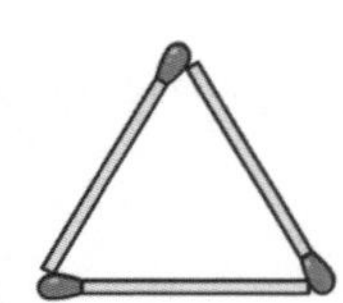
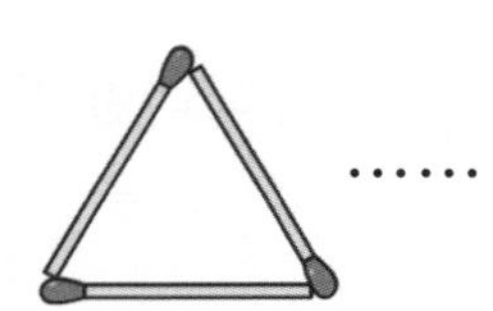

(1) 삼각형의 수와 사용한 성냥개비의 수 사이의 관계를 표로 나타내어 보세요.

삼각형의 수(개)	1	2	3	4	5	……
성냥개비의 수(개)						……

(2) 만든 삼각형의 수를 △, 사용한 성냥개비의 수를 ◇이라고 할 때, 두 양 사이의 대응 관계를 식으로 나타내어 보세요.

3 한 양이 변할 때 다른 양이 그에 따라 일정하게 변하는 관계를 '대응 관계'라고 합니다. 식탁과 의자 사이에 어떤 대응 관계가 있는지 찾아보세요.

(1) 식탁의 수와 의자의 수 사이의 관계를 표로 나타내어 보세요.

식탁의 수(개)	1	2	3	4	5	……
의자의 수(개)						……

(2) 표를 통해 알 수 있는 식탁의 수와 의자의 수 사이의 관계를 식으로 나타내어 보세요.

(3) 식탁의 수를 ◎, 의자의 수를 ☆라고 할 때, 두 양 사이의 대응 관계를 식으로 나타내어 보세요.

개념 정리 표로 나타낸 대응 관계를 식으로 나타낼 수 있어요.

• 대응 관계를 표로 나타내기

□	1	2	3	4	5	6
△	2	4	6	8	10	12

×2 ÷2

• 대응 관계를 식으로 나타내기

□×2=△ 또는 △÷2=□

개념활용 ①-3

다양한 관계를 식으로 나타내기

[1~5] 주변에서 다양한 대응 관계를 찾아보았어요.

우유 1개
200 mL

색연필 1세트
12자루

세발자전거 1대
바퀴 3개

자동차 수와 바퀴 수

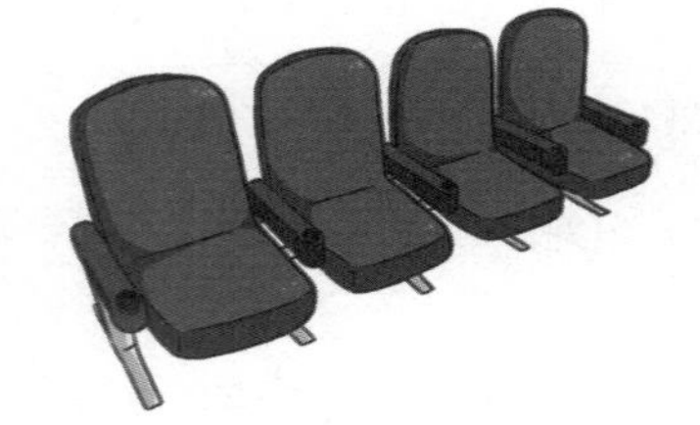
의자 수와 팔걸이 수

1 과자 한 봉지에는 낱개로 포장된 과자가 15개 들어 있어요.

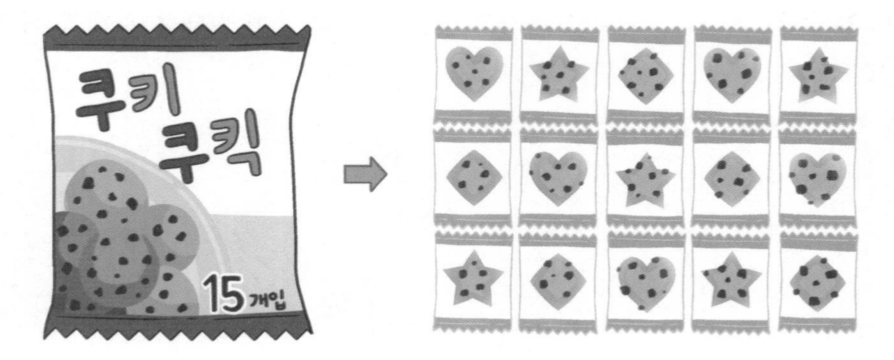

(1) 과자 봉지의 수와 낱개로 포장된 과자의 수 사이의 대응 관계를 표로 나타내어 보세요

과자 봉지의 수(봉지)	1	2	3	4	……
낱개로 포장된 과자의 수(개)					……

(2) 과자 봉지의 수와 낱개 포장된 과자의 수 사이의 대응 관계를 식으로 나타내어 보세요.

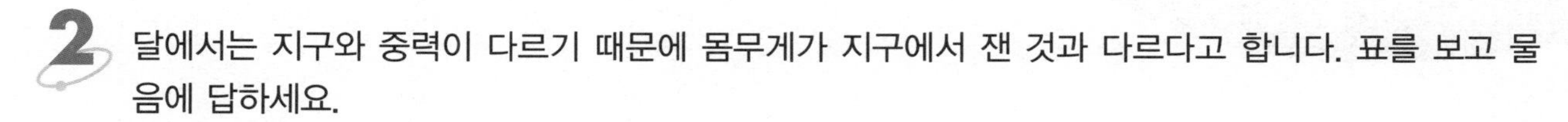

2 달에서는 지구와 중력이 다르기 때문에 몸무게가 지구에서 잰 것과 다르다고 합니다. 표를 보고 물음에 답하세요.

지구에서의 몸무게(kg)	30	60	90
달에서의 몸무게(kg)	5	10	15

(1) 지구에서의 몸무게를 ○, 달에서의 몸무게를 ♡라고 할 때, 둘 사이의 대응 관계를 식으로 나타내어 보세요.

(2) 몸무게가 42 kg인 강이가 달에서 몸무게를 재면 몇 kg인가요?

( )

3 서울의 시각과 파리의 시각 사이의 대응 관계를 나타낸 표입니다. 물음에 답하세요.

서울의 시각	오전 9시	오전 10시	오전 11시	낮 12시	오후 1시
파리의 시각	오전 1시	오전 2시			

(1) 표를 완성해 보세요.

(2) 서울의 시각과 파리의 시각 사이의 대응 관계를 써 보세요.

(3) 파리가 오전 7시이면 서울은 오후 몇 시인가요?

( )

다양한 관계를 식으로 나타내기

4 강이와 친구들이 영화관에 갔습니다. 영화관의 의자는 다음과 같은 형태로 놓여 있습니다. 그림을 보고 물음에 답하세요.

(1) 그림을 보고 찾을 수 있는 대응 관계를 써 보세요.

(2) 의자의 수와 팔걸이의 수 사이의 대응 관계를 표로 나타내어 보세요.

의자의 수(개)	1	2	3	4	5	……
팔걸이의 수(개)						……

(3) 의자의 수와 팔걸이의 수 사이의 관계를 써 보세요.

(4) 의자의 수와 팔걸이의 수 사이의 대응 관계를 식으로 나타내어 보세요.

(5) 의자의 수가 20개라면 팔걸이의 수는 모두 몇 개일까요?

( )

5 박물관의 입장료를 나타낸 표를 보고 물음에 답하세요.

(1) 입장한 학생 수와 입장료 사이의 대응 관계를 식으로 나타내어 보세요.

(2) 입장한 어른 수와 입장료 사이의 대응 관계를 식으로 나타내어 보세요.

(3) 학생 5명, 어른 4명이 입장하려면 입장료는 모두 얼마일까요?

( )

개념 정리 생활 속에서 대응 관계를 찾아 식으로 나타낼 수 있어요.

• 대응 관계를 표로 나타내기

아들이의 나이(살)	11	12	13	14
아버지의 나이(살)	43	44	45	46

• 대응 관계를 식으로 나타내기

(아들의 나이)=(아버지의 나이)−32

(아버지의 나이)=(아들의 나이)+32

표현하기

규칙과 대응

스스로 정리 빈 곳에 알맞은 수나 식을 써넣으세요.

1 책상 (　　)개가 한 모둠이므로 책상의 수는 모둠의 수의 (　　)배입니다.

2 책상의 수를 □개, 모둠의 수를 △개라 할 때, 둘 사이의 대응 관계를 식으로 나타내면 ______________입니다.

개념 연결 빈칸을 채워 보세요.

주제	빈칸 채우기
수 배열표에서 규칙 찾기	수 배열표에서 규칙을 찾아 빈칸에 알맞은 수를 써넣으세요.
도형의 배열에서 규칙 찾기	첫째　둘째　셋째　넷째　다섯째　여섯째

401				
201				
101	102			105

1 위의 수 배열표에서 규칙을 찾아 대응 관계를 식으로 나타내고, 친구에게 편지로 설명해 보세요.

1. 잠자리는 다리가 6개입니다. 잠자리 수에 따라 다리 수가 어떻게 변하는지 알아보려고 합니다. 표의 빈칸을 채우고 잠자리 수를 △, 다리 수를 □라고 할 때 두 수 사이의 대응 관계를 식으로 나타내고 다른 사람에게 설명해 보세요.

잠자리 수(마리)	1	2	3	5		……
다리 수(개)	6	12			60	……

2. 소리는 공기 중에서 1초에 약 340 m를 움직입니다. 소리가 움직인 시간을 □, 거리를 △라고 할 때, 두 수 사이의 대응 관계를 식으로 나타내고 다른 사람에게 설명해 보세요.

규칙과 대응은 이렇게 연결돼요

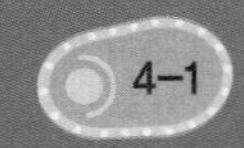

여러 가지 상황에서 규칙 찾기

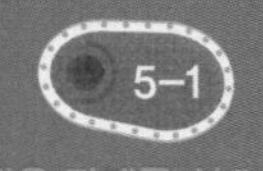

대응 관계를 식으로 나타내고 설명하기

정비례와 반비례

함수

단원평가 기본

1 삼각형과 사각형으로 모양을 만들고 있습니다. 물음에 답하세요.

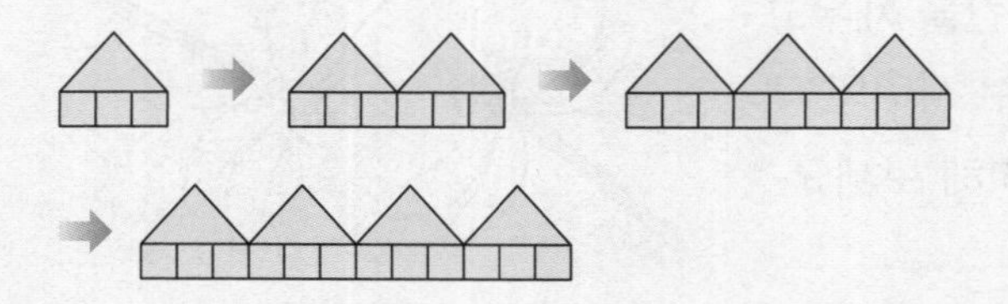

(1) 삼각형의 수와 사각형의 수 사이의 대응 관계를 표로 나타내어 보세요.

삼각형의 수(개)	1	2	3	4	5	……
사각형의 수(개)	3					……

(2) 삼각형의 수와 사각형의 수 사이의 대응 관계를 설명해 보세요.

(3) □ 안에 알맞은 수를 써넣으세요.

(삼각형의 수)×□=(사각형의 수)

2 메뚜기는 다리가 6개입니다. 물음에 답하세요.

(1) 표를 완성해 보세요

메뚜기의 수(마리)	1	2	3	4	5	……
다리의 수(개)	6					……

(2) 메뚜기의 수를 □, 메뚜기의 다리의 수를 △라고 할 때, 두 양 사이의 대응 관계를 식으로 나타내어 보세요.

식 ______________________

3 가래떡 한 줄을 17도막으로 자르려면 가래떡을 몇 번 잘라야 할까요?

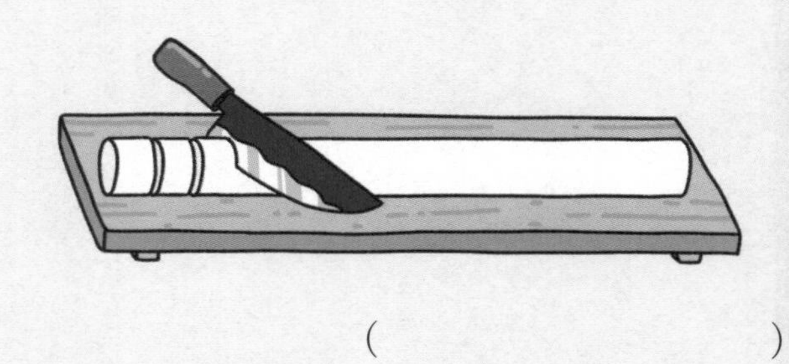

(　　　　　　　　)

4 연필의 타수와 연필의 수 사이의 대응 관계를 알아 보세요.

(1) 표를 완성해 보세요

연필의 타수(타)	1	2	3	4	……
연필의 수(자루)	12				……

(2) 주어진 카드를 이용하여 두 양 사이의 대응 관계를 식으로 나타내어 보세요.

연필의 수 / 연필의 타수 / 12

$\square \div \square = \square$

5 표를 보고 두 수 사이의 대응 관계를 식으로 바르게 나타낸 것을 모두 찾아보세요.

☆	1	3	5	7	……
♡	3	5	7	9	……

① ☆+2=♡ ② ♡−2=☆
③ ☆×2=♡ ④ ♡×3=☆
⑤ ☆×3=♡

6 바다는 매일 1500원씩, 하늘이는 매일 700원씩 저금을 합니다. 물음에 답하세요.

(1) 바다가 저금한 돈이 4500원이 되었습니다. 바다는 며칠 동안 저금했을까요?

( )

(2) 하늘이가 15일 동안 저금하면 저금한 돈은 모두 얼마인가요?

( )

7 1분에 물 4 L가 나오는 수도가 있습니다. 이 수도에서 물을 받는 시간과 받은 물의 양 사이에 어떤 대응 관계가 있는지 □ 안에 알맞은 수를 써넣으세요.

물을 받는 시간(분)에 □를 곱하면 받은 물의 양과 같습니다.

1 사람과 같은 포유류는 목뼈가 7개라고 합니다. 목이 긴 기린도 목뼈가 7개입니다. 물음에 답하세요.

(1) 기린의 수와 기린의 목뼈의 수 사이의 대응 관계를 표로 나타내어 보세요.

기린의 수(마리)	1	2	3	4	……
기린의 목뼈의 수(개)					……

(2) 기린의 수를 ◇, 기린의 목뼈의 수를 ○라고 할 때, 두 양 사이의 대응 관계를 식으로 나타내어 보세요.

식 ______________________

(3) 기린 12마리의 목뼈는 모두 몇 개일까요?

( )

2 하늘이는 영어 단어를 매일 25개씩 외웁니다. 하늘이가 영어 단어를 외운 날수를 ●, 외운 영어 단어의 수를 □라고 할 때 두 양 사이의 대응 관계를 식으로 바르게 나타낸 것을 찾아 기호를 써 보세요.

㉠ ●÷25=□ ㉡ 25×●=□ ㉢ □+25=●

( )

3 가게에서 천 1 m를 2500원에 팔고 있습니다. 4 m를 사면 얼마를 내야 할까요?

( )

4 우리는 집에서 사용하는 물의 4분의 1 이상을 욕실에서 사용합니다. 그래서 욕실에서 사용하는 물을 줄이면 물을 많이 아낄 수 있습니다. 바다네 집 욕실 샤워기에서 물이 1분에 12 L 나올 때, 샤워기 사용 시간과 사용하는 물의 양의 대응 관계를 식으로 나타내고, 샤워기 사용 시간을 5분 줄일 때, 아낄 수 있는 물의 양은 몇 L인지 구해 보세요.

식 ______________________

답 ______________

5 게시판에 학생들의 미술 작품을 누름 못을 꽂아서 붙이고 있습니다. 작품을 10장 붙이려면 누름 못은 몇 개가 필요한지 구해 보세요.

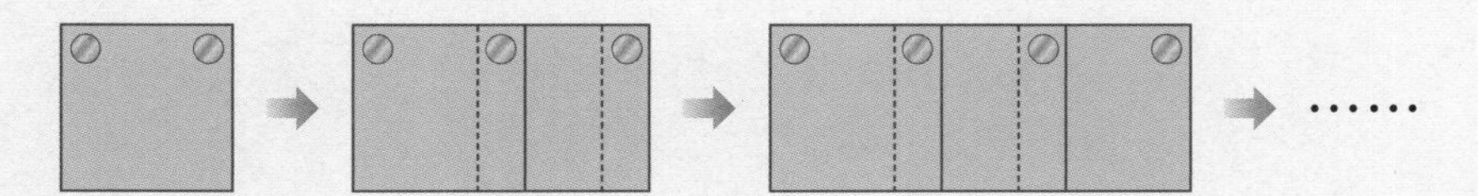

풀이

(　　　　　　　　)

6 사각형으로 모양을 만들고 있습니다. 열 번째에는 사각형 조각이 몇 개 필요한지 구해 보세요.

풀이

(　　　　　　　　)

4 방을 정리한 데 누가 더 많은 시간이 걸렸나요?

약분과 통분

- ★ 분수를 약분할 수 있어요.
- ★ 분수를 통분할 수 있어요.

Check

스스로 다짐하기

- ☐ 정답을 맞히는 것도 중요하지만, 문제를 푼 과정을 설명하는 것도 중요해요.
- ☐ 새롭고 어려운 내용이 많지만, 꼼꼼하게 풀어 보세요.
- ☐ 스스로 과제를 해결하는 것이 힘들지만, 참고 이겨 내면 기분이 더 좋아져요.

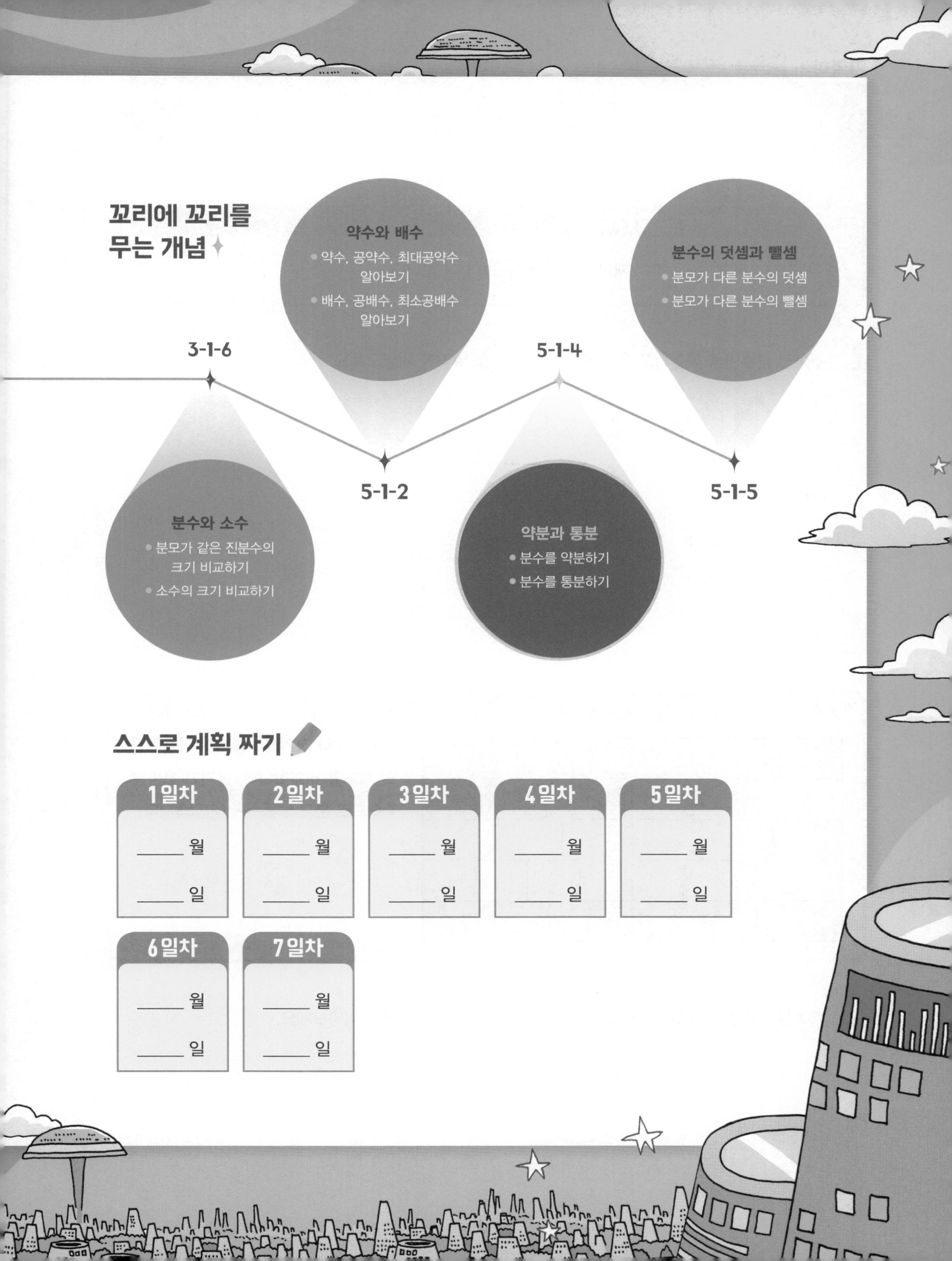

꼬리에 꼬리를 무는 개념

3-1-6

분수와 소수
- 분모가 같은 진분수의 크기 비교하기
- 소수의 크기 비교하기

5-1-2

약수와 배수
- 약수, 공약수, 최대공약수 알아보기
- 배수, 공배수, 최소공배수 알아보기

5-1-4

약분과 통분
- 분수를 약분하기
- 분수를 통분하기

5-1-5

분수의 덧셈과 뺄셈
- 분모가 다른 분수의 덧셈
- 분모가 다른 분수의 뺄셈

스스로 계획 짜기

1일차	2일차	3일차	4일차	5일차
____ 월 ____ 일	____ 월 ____ 일	____ 월 ____ 일	____ 월 ____ 일	____ 월 ____ 일

6일차	7일차
____ 월 ____ 일	____ 월 ____ 일

기억하기

분수의 크기 비교

소수의 크기 비교

5–1
최대공약수와 최소공배수

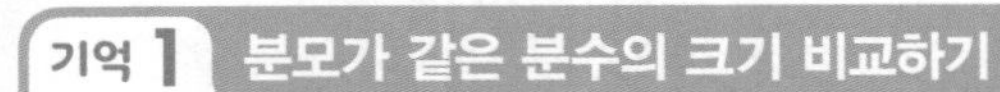

기억 1 분모가 같은 분수의 크기 비교하기

$\frac{3}{5}$은 $\frac{1}{5}$이 3개, $\frac{2}{5}$는 $\frac{1}{5}$이 2개이므로 $\frac{3}{5}$은 $\frac{2}{5}$보다 더 큽니다.

1 주어진 분수만큼 색칠하고 ◯ 안에 >, =, <를 알맞게 써넣으세요.

(1) 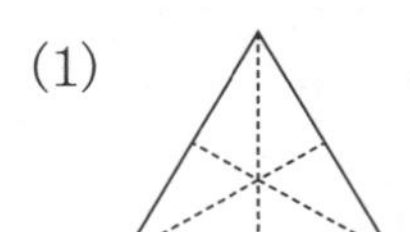 $\frac{5}{6}$ ◯ $\frac{4}{6}$ 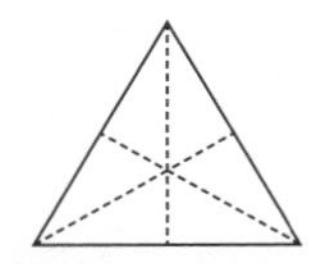

(2) $\frac{2}{8}$ ◯ $\frac{6}{8}$ 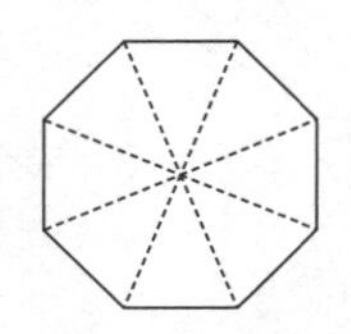

기억 2 단위분수의 크기 비교하기

1				
$\frac{1}{2}$	$\frac{1}{2}$			
$\frac{1}{3}$	$\frac{1}{3}$	$\frac{1}{3}$		
$\frac{1}{4}$	$\frac{1}{4}$	$\frac{1}{4}$	$\frac{1}{4}$	
$\frac{1}{5}$	$\frac{1}{5}$	$\frac{1}{5}$	$\frac{1}{5}$	$\frac{1}{5}$

단위분수의 크기를 비교할 때는 분모의 크기를 비교합니다. 분자가 1인 분수이므로 분모가 클수록 더 작습니다.

2 주어진 분수만큼 나누어 색칠하고 ◯ 안에 >, =, <를 알맞게 써넣으세요.

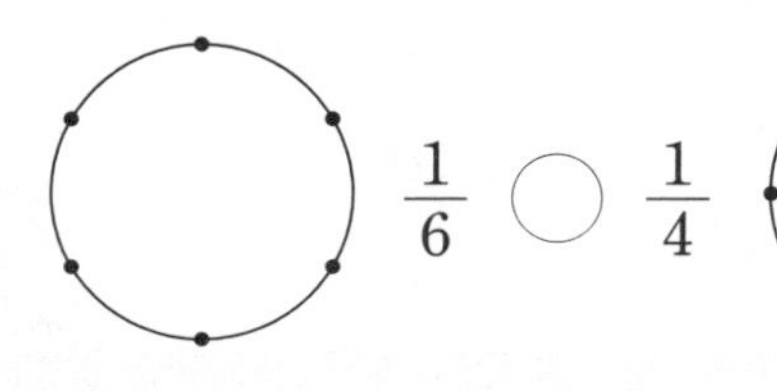

기억 3 소수의 크기 비교하기

• 4.7은 0.1이 47개이고, 4.3은 0.1이 43개이므로 4.7과 4.3 중에서 더 큰 소수는 4.7입니다.

• 1.3은 $\frac{1}{10}$이 13개이고, 0.9는 $\frac{1}{10}$이 9개이므로, 1.3과 0.9 중에서 더 큰 소수는 1.3입니다.

3 소수만큼 수직선에 나타내고 ○ 안에 ＞, ＝, ＜를 알맞게 써넣으세요.

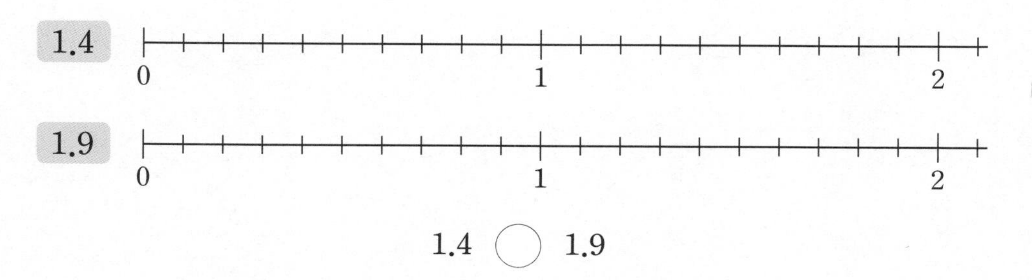

1.4 ○ 1.9

4 크기를 비교하여 ○ 안에 ＞, ＝, ＜를 알맞게 써넣으세요.

(1) 2.4 ○ 3.4　　　　(2) 8.3 ○ 3.8

기억 4 최대공약수와 최소공배수 구하기

• 12의 약수: 1, 2, 3, 4, 6, 12

27의 약수: 1, 3, 9, 27

12와 27의 공약수는 1, 3이고, 최대공약수는 3입니다.

• 6의 배수: 6, 12, 18, 24, 30, 36, 42, 48……

8의 배수: 8, 16, 24, 32, 40, 48, 56, 64……

6과 8의 공배수는 24, 48……이고, 최소공배수는 24입니다.

5 24와 36의 최대공약수를 구해 보세요.

(　　　　　　　)

6 24와 36의 최소공배수를 구해 보세요.

(　　　　　　　)

생각열기 ①

채운 물의 양은 어느 컵이 더 많을까요?

1 크기가 같은 컵이 2개 있습니다. 물을 한 컵에는 $\frac{1}{2}$만큼 다른 컵에는 $\frac{2}{4}$만큼 채웠어요.

(1) 분수 $\frac{1}{2}$에 어떤 계산을 하면 $\frac{2}{4}$가 될 수 있나요?

(2) 두 컵에 채운 물의 양만큼 색칠하고 그렇게 색칠한 이유를 써 보세요.

(3) $\frac{1}{2}$과 $\frac{2}{4}$의 크기를 비교하고 그렇게 생각한 이유를 써 보세요.

2 그림을 보고 크기가 같은 분수를 알아보세요.

(1) 색칠한 부분을 분수로 나타내고 세 분수의 크기를 비교해 보세요.

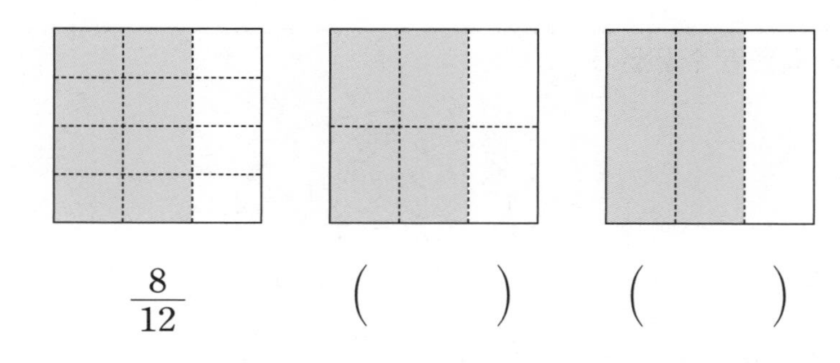

$\frac{8}{12}$ ( ) ( )

(2) $\frac{8}{12}$을 나머지 두 분수와 크기가 같은 분수로 만들려면 어떤 계산이 필요할까요?

3 문제 1과 2에서 발견한 것을 정리하여 크기가 같은 분수의 특징을 써 보세요.

개념활용 ❶-1

크기가 같은 분수 만들기

개념 정리 크기가 같은 분수 만들기

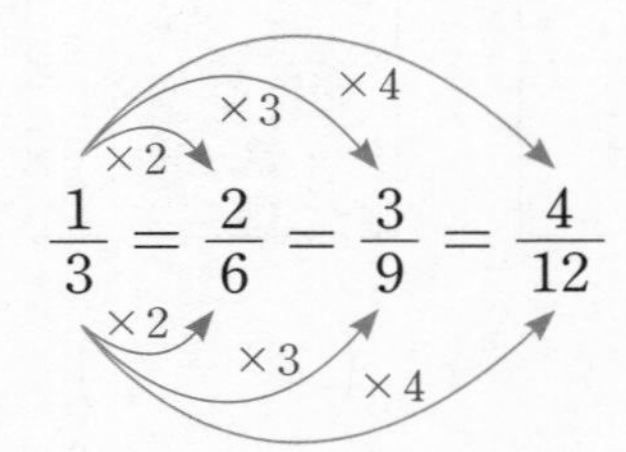

• 분모와 분자에 각각 0이 아닌 같은 수를 곱하면 크기가 같은 분수가 됩니다.

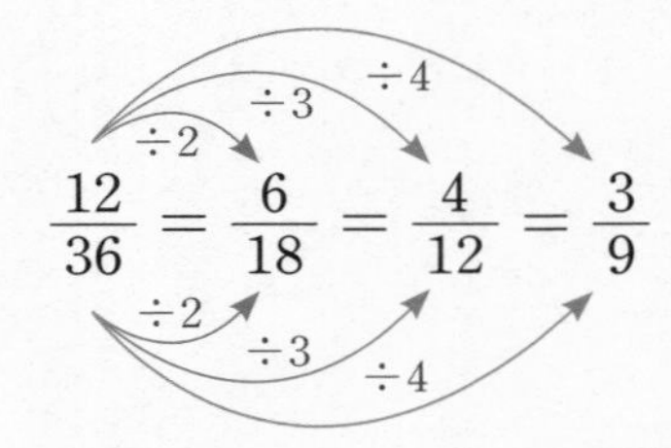

• 분모와 분자를 각각 0이 아닌 같은 수로 나누면 크기가 같은 분수가 됩니다.

1 분모와 분자에 0을 곱하거나 분모와 분자를 0으로 나누었을 때의 결과를 알아보세요.

(1) $\frac{3}{4}$의 분모와 분자에 0을 곱했을 때의 결과를 써 보세요.

(2) $\frac{3}{4}$의 분모와 분자를 0으로 나누었을 때의 결과를 써 보세요.

(3) 크기가 같은 분수를 만들 때, 분모와 분자에 0을 곱하거나 분모와 분자를 0으로 나누면 안 되는 이유를 써 보세요.

2 그림을 보고 크기가 같은 분수를 만들어 보세요.

(1) $\frac{2}{3}$만큼 색칠하고 크기가 같은 분수를 써 보세요.

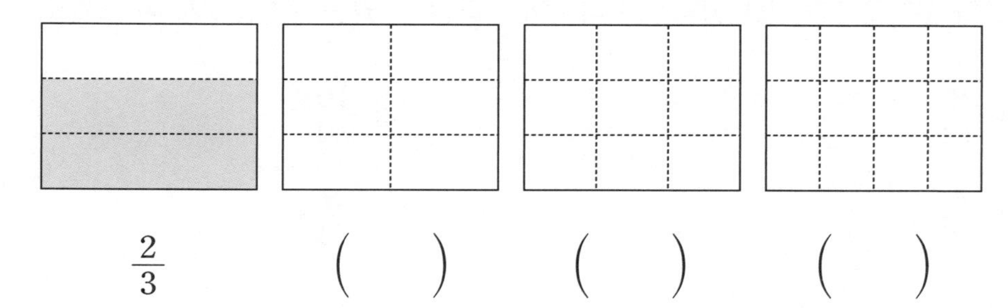

$\frac{2}{3}$ ( ) ( ) ( )

(2) (1)을 보고 크기가 같은 분수의 특징을 써 보세요.

3 □ 안에 알맞은 수를 써넣으세요.

(1) $\frac{4}{5}=\frac{\square}{10}=\frac{\square}{15}=\frac{\square}{20}=\frac{\square}{25}$

(2) $\frac{5}{6}=\frac{10}{\square}=\frac{15}{\square}=\frac{\square}{24}=\frac{\square}{30}$

4 주어진 분수와 크기가 같은 분수를 분모가 작은 것부터 차례로 5개 써 보세요.

(1) $\frac{7}{8}$ ➡ ( )

(2) $\frac{4}{9}$ ➡ ( )

5 □ 안에 알맞은 수를 써넣으세요.

(1) $\frac{24}{72}=\frac{12}{\square}=\frac{8}{\square}=\frac{\square}{12}$

(2) $\frac{48}{60}=\frac{\square}{30}=\frac{16}{\square}=\frac{8}{\square}$

약분

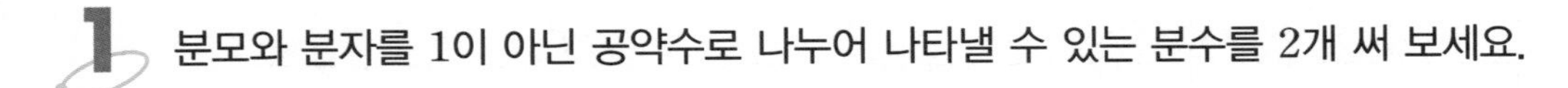

1 분모와 분자를 1이 아닌 공약수로 나누어 나타낼 수 있는 분수를 2개 써 보세요.

(1) $\frac{8}{12}$ (2) $\frac{10}{30}$

(3) $\frac{4}{16}$ (4) $\frac{8}{24}$

2 분모와 분자를 공약수로 나누어 가장 간단한 분수로 나타내어 보세요.

(1) $\frac{4}{6}$ (2) $\frac{18}{24}$

(3) $\frac{9}{36}$ (4) $\frac{6}{15}$

개념 정리

분모와 분자를 공약수로 나누어 간단한 분수로 만드는 것을 약분한다고 합니다.

$\frac{12}{36}=\frac{12\div3}{36\div3}=\frac{4}{12}$ ➡ $\frac{\overset{4}{\cancel{12}}}{\underset{12}{\cancel{36}}}=\frac{4}{12}$

$\frac{12}{36}=\frac{12\div4}{36\div4}=\frac{3}{9}$ ➡ $\frac{\overset{3}{\cancel{12}}}{\underset{9}{\cancel{36}}}=\frac{3}{9}$

3 약분해 보세요.

(1) $\frac{18}{27}$ (2) $\frac{27}{36}$

(3) $\frac{30}{48}$ (4) $\frac{12}{18}$

4 더 이상 약분되지 않는 분수로 나타내어 보세요.

(1) $\frac{50}{75}$ (2) $\frac{30}{36}$

(3) $\frac{8}{20}$ (4) $\frac{6}{24}$

개념 정리

가장 간단한 분수로서 분모와 분자의 공약수가 1뿐인 분수를 기약분수라고 합니다.

$$\frac{\overset{3}{\cancel{12}}}{\underset{9}{\cancel{36}}}=\frac{\overset{1}{\cancel{3}}}{\underset{3}{\cancel{9}}}=\frac{1}{3}$$

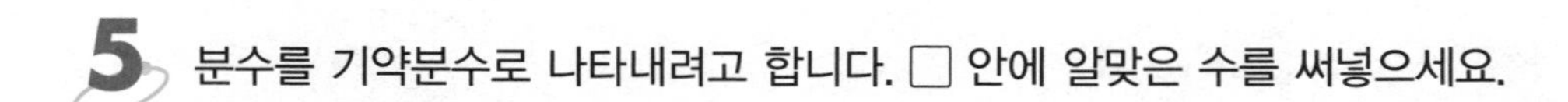

5 분수를 기약분수로 나타내려고 합니다. □ 안에 알맞은 수를 써넣으세요.

(1) $\frac{2}{8}=\frac{\square\div\square}{\square\div\square}=\frac{\square}{\square}$

(2) $\frac{9}{15}=\frac{\square\div\square}{\square\div\square}=\frac{\square}{\square}$

(3) $\frac{14}{16}=\frac{\square\div\square}{\square\div\square}=\frac{\square}{\square}$

(4) $\frac{6}{18}=\frac{\square\div\square}{\square\div\square}=\frac{\square}{\square}$

6 기약분수를 모두 찾아 ○표 해 보세요.

$\frac{6}{8}$, $\frac{5}{9}$, $\frac{6}{10}$, $\frac{3}{11}$, $\frac{7}{12}$, $\frac{3}{13}$, $\frac{10}{14}$

7 물음에 답하세요.

(1) 기약분수의 특징을 정리해 보세요.

(2) 어떤 분수를 기약분수로 나타내는 방법을 써 보세요.

생각열기 ②

방을 정리하는 데 누가 더 많은 시간이 걸렸나요?

1 바다와 하늘이가 각자 방을 정리하는 데 바다는 $\frac{1}{2}$시간, 하늘이는 $\frac{4}{6}$시간이 걸렸습니다. 방을 정리하는 데 누가 더 많은 시간이 걸렸는지 알아보세요.

(1) 어떻게 비교할 수 있는지 써 보세요.

(2) 여러 가지 방법으로 비교해 보세요.

(3) $\frac{1}{2}$과 $\frac{4}{6}$ 중에서 어느 분수가 더 큰가요?

(　　　　　　　　　　)

2 $\frac{7}{14}$과 0.5의 크기를 소수로 나타내는 방법과 분수로 나타내는 방법을 이용하여 비교해 보세요.

소수로 나타내어 비교하기

분수로 나타내어 비교하기

3 3.76과 $3\frac{9}{12}$의 크기를 소수로 나타내는 방법과 분수로 나타내는 방법을 이용하여 비교해 보세요.

소수로 나타내어 비교하기

분수로 나타내어 비교하기

4 분수와 소수의 크기를 비교할 때 어떤 방법이 좋을지 각자의 생각을 써 보세요.

개념활용 ❷-1

통분

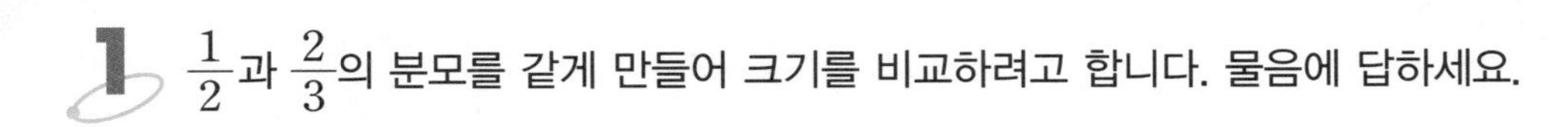

1 $\frac{1}{2}$과 $\frac{2}{3}$의 분모를 같게 만들어 크기를 비교하려고 합니다. 물음에 답하세요.

(1) $\frac{1}{2}$, $\frac{2}{3}$와 각각 크기가 같은 분수를 분모가 가장 작은 것부터 차례로 5개 써 보세요.

$\frac{1}{2}=$

$\frac{2}{3}=$

(2) 분모가 같은 분수끼리 짝을 지어 보세요.

$\left(\frac{1}{2}, \frac{2}{3}\right)$ ➡

(3) 분수만큼 색칠하고 분모가 같은 분수로 써 보세요.

$\frac{1}{2}$ 0 ―――― 1 (　　)

$\frac{2}{3}$ 0 ―――― 1 (　　)

(4) $\frac{1}{2}$, $\frac{2}{3}$의 분모와 분자에 각각 같은 수를 곱해 분모를 같게 만들어 보세요.

$$\frac{1}{2}=\frac{1\times\square}{2\times\square}=\frac{\square}{6} \qquad \frac{2}{3}=\frac{2\times\square}{3\times\square}=\frac{\square}{6}$$

(5) $\frac{1}{2}$과 $\frac{2}{3}$ 중에서 어느 분수가 더 큰가요?

(　　　　　　)

개념 정리

분수의 분모를 같게 하는 것을 통분한다고 하고, 통분한 분모를 공통분모라고 합니다.

$$\left(\frac{3}{4}, \frac{7}{10}\right) \Rightarrow \left(\frac{3\times5}{4\times5}, \frac{7\times2}{10\times2}\right) \Rightarrow \left(\frac{15}{20}, \frac{14}{20}\right)$$

2 $\frac{5}{6}$와 $\frac{4}{15}$를 통분하는 방법을 알아보세요.

(1) 두 분모의 곱을 공통분모로 하여 통분해 보세요.

(2) 두 분모의 최소공배수를 공통분모로 하여 통분해 보세요.

3 분수를 2가지 방법으로 통분하고 설명해 보세요.

(1) $\left(\frac{5}{9}, \frac{8}{21}\right)$

방법 1

방법 2

(2) 2가지 방법의 특징을 써 보세요.

개념활용 ②-2

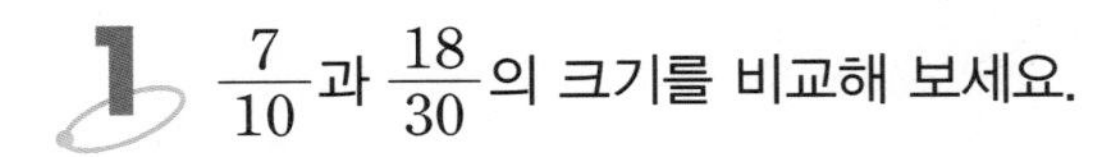

분수와 소수의 크기 비교

1 $\frac{7}{10}$과 $\frac{18}{30}$의 크기를 비교해 보세요.

(1) $\frac{7}{10}$과 $\frac{18}{30}$의 크기를 분수로 비교해 보세요.

(2) $\frac{7}{10}$과 $\frac{18}{30}$의 크기를 소수로 비교해 보세요.

2 $\frac{3}{4}$과 0.7의 크기를 2가지 방법으로 비교해 보세요.

(1) 분수를 소수로 나타내어 크기를 비교해 보세요.

(2) 소수를 분수로 나타내어 크기를 비교해 보세요.

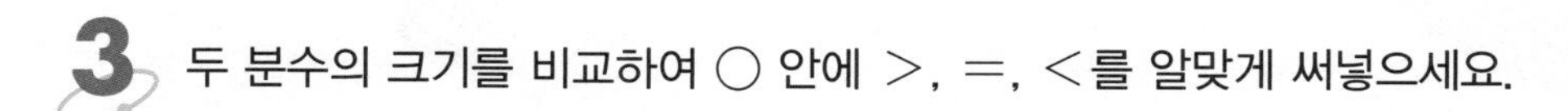

3 두 분수의 크기를 비교하여 ○ 안에 >, =, <를 알맞게 써넣으세요.

(1) $\frac{5}{6}$ ○ $\frac{7}{8}$　　(2) $\frac{1}{4}$ ○ $\frac{2}{12}$

(3) $\frac{3}{5}$ ○ $\frac{11}{25}$　　(4) $\frac{9}{12}$ ○ $\frac{12}{16}$

(5) $\frac{4}{7}$ ○ $\frac{2}{3}$　　(6) $\frac{5}{7}$ ○ $\frac{7}{9}$

(7) $\frac{10}{12}$ ○ $\frac{15}{18}$　　(8) $\frac{7}{18}$ ○ $\frac{10}{24}$

4 분수와 소수의 크기를 비교하여 ○ 안에 >, =, <를 알맞게 써넣으세요.

(1) 0.3 ○ $\frac{2}{5}$　　(2) $\frac{5}{8}$ ○ 0.57

(3) $\frac{10}{20}$ ○ 0.6　　(4) 0.75 ○ $\frac{12}{16}$

(5) 0.5 ○ $\frac{15}{30}$　　(6) $\frac{7}{8}$ ○ 0.87

(7) 3.25 ○ $3\frac{3}{12}$　　(8) $2\frac{9}{12}$ ○ 2.7

5 크기를 비교하여 작은 수부터 차례로 써 보세요.

0.5, $\frac{9}{15}$, $\frac{7}{10}$, 0.8, $\frac{5}{8}$, $\frac{4}{10}$

(　　　　　　　　　　　　　　)

개념 정리

분수와 소수의 크기는 분수를 소수로 나타내어 소수끼리 비교하거나 소수를 분수로 나타내어 분수끼리 비교합니다. 분수를 소수로 나타낼 때는 분모를 10이나 100으로 만든 후 소수로 나타내고, 소수를 분수로 나타낼 때는 분모가 10이나 100인 분수로 나타낼 수 있습니다.

표현하기

약분과 통분

스스로 정리 빈 곳을 채우고, 물음에 답하세요.

1 크기가 같은 분수를 만들려면

____

______________________________.

2 약분의 뜻을 쓰고 분수를 약분해 보세요.

뜻 ______________________________

$\frac{12}{16}$

3 기약분수의 뜻을 쓰고 분수를 기약분수로 나타내어 보세요.

뜻 ______________________________

$\frac{16}{24}$

4 통분의 뜻을 쓰고 분수를 통분해 보세요.

뜻 ______________________________

$\left(\frac{5}{6}, \frac{7}{8}\right)$ ➡

개념 연결 다음을 설명해 보세요.

주제	빈칸 채우기
분수의 크기 비교	(1) 두 분수 $\frac{1}{2}$, $\frac{1}{3}$의 크기를 비교하고 그 이유를 설명해 보세요. (2) 두 분수 $\frac{2}{5}$, $\frac{3}{5}$의 크기를 비교하고 그 이유를 설명해 보세요.
최대공약수와 최소공배수	(1) 12의 약수는 (　　　　　　　)이고, 18의 약수는 (　　　　　　　) 이므로 12와 18의 최대공약수는 (　　　　)입니다. (2) 6의 배수는 (　　　　　　　)이고, 8의 배수는 (　　　　　　　) 이므로 6과 8의 최소공배수는 (　　　　)입니다.

1 $\frac{5}{6}$, $\frac{7}{8}$의 크기를 다양한 방법으로 비교하고, 최소공배수와 관련된 내용을 친구에게 편지로 설명해 보세요.

1 세 사람이 크기가 똑같은 감자를 삶아 다음과 같이 잘라 먹었습니다. 가장 많이 먹은 사람을 찾고, 어떻게 찾았는지 다른 사람에게 설명해 보세요.

나는 감자를 4조각으로 똑같이 잘라서 3조각을 먹었어.

나는 감자를 12조각으로 똑같이 잘라서 10조각을 먹었어.

산

나는 감자를 8조각으로 똑같이 잘라서 7조각을 먹었어.

(　　　　　　　　)

2 분수를 기약분수로 나타내는 과정입니다. ■ 안에 알맞은 연산 기호와 ㉠, ㉡, ㉢, ㉣에 알맞은 수를 구하고, 어떻게 구했는지 다른 사람에게 설명해 보세요

$$\frac{14}{35}=\frac{14■㉠}{35■㉡}=\frac{㉢}{㉣}(기약분수)$$

■ (　　　　　　　　)

㉠ (　　　　), ㉡ (　　　　), ㉢ (　　　　), ㉣ (　　　　)

약분과 통분은 이렇게 연결돼요

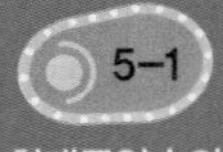

최대공약수와 최소공배수

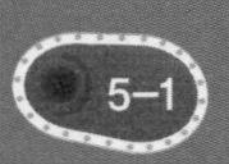

약분과 통분

분수의 덧셈과 뺄셈

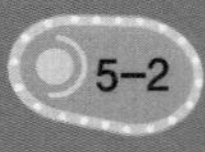

분수의 곱셈

단원평가 기본

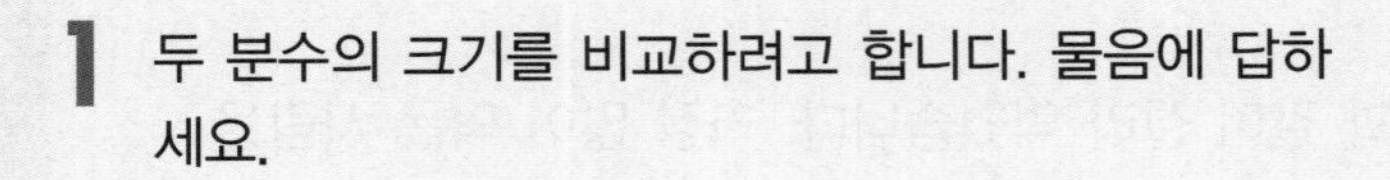

1 두 분수의 크기를 비교하려고 합니다. 물음에 답하세요.

(1) 분수만큼 색칠해 보세요.

$\frac{2}{4}$ (4칸으로 나뉜 막대)

$\frac{3}{6}$ (6칸으로 나뉜 막대)

(2) ○ 안에 >, =, <를 알맞게 써넣으세요.

$\frac{2}{4}$ ○ $\frac{3}{6}$

2 크기가 같은 분수를 만들려고 합니다. □ 안에 알맞은 수를 써넣으세요.

(1) $\frac{3}{4}=\frac{6}{\square}=\frac{\square}{12}$

(2) $\frac{1}{5}=\frac{3}{\square}=\frac{\square}{20}$

(3) $\frac{6}{18}=\frac{3}{\square}=\frac{\square}{6}$

(4) $\frac{16}{24}=\frac{8}{\square}=\frac{4}{\square}$

3 기약분수로 나타내려고 합니다. □ 안에 알맞은 수를 써넣으세요.

(1) $\frac{12}{36}=\frac{12\div\square}{36\div\square}=\frac{\square}{\square}$

(2) $\frac{8}{28}=\frac{8\div\square}{28\div\square}=\frac{\square}{\square}$

(3) $\frac{20}{24}=\frac{\square}{\square}$

(4) $\frac{10}{20}=\frac{\square}{\square}$

4 다음 분수와 크기가 같은 분수를 모두 찾아 ○표 해 보세요.

(1) $\frac{1}{3}$

$\frac{1}{6}$ $\frac{2}{9}$ $\frac{4}{12}$ $\frac{5}{15}$ $\frac{6}{21}$ $\frac{9}{27}$

(2) $\frac{36}{48}$

$\frac{1}{2}$ $\frac{2}{3}$ $\frac{3}{4}$ $\frac{4}{6}$ $\frac{6}{8}$ $\frac{9}{12}$

5 기약분수를 찾아 ○표 해 보세요.

$\frac{2}{6}$ $\frac{3}{8}$ $\frac{5}{12}$ $\frac{5}{15}$ $\frac{7}{18}$ $\frac{9}{21}$

6 분수를 2가지 방법으로 통분해 보세요.

(1) $\left(\frac{4}{10}, \frac{13}{15}\right)$

두 분모의 곱

두 분모의 최소공배수

(2) $\left(\frac{1}{2}, \frac{1}{3}\right)$

두 분모의 곱

두 분모의 최소공배수

(3) $\left(\frac{8}{14}, \frac{15}{21}\right)$

두 분모의 곱

두 분모의 최소공배수

7 두 분수의 크기를 비교하여 ○ 안에 >, =, <를 알맞게 써넣으세요.

(1) $\frac{3}{4}$ ○ $\frac{4}{6}$　　(2) $\frac{7}{10}$ ○ $\frac{3}{5}$

(3) $\frac{2}{3}$ ○ $\frac{4}{6}$　　(4) $\frac{7}{12}$ ○ $\frac{5}{9}$

8 분수와 소수의 크기를 비교하여 ○ 안에 >, =, <를 알맞게 써넣으세요.

(1) $\frac{1}{2}$ ○ 0.5　　(2) 0.66 ○ $\frac{3}{5}$

(3) $\frac{1}{5}$ ○ 0.3　　(4) 0.8 ○ $\frac{16}{20}$

9 3개의 물통에 물이 각각 $\frac{1}{2}$ L, $\frac{5}{12}$ L, $\frac{6}{16}$ L 들어 있습니다. 물이 적은 것부터 순서대로 써 보세요.

풀이

(　　　　　　　　　　　　)

1 $\frac{18}{27}$과 크기가 같은 분수를 분모가 가장 작은 것부터 차례로 5개 써 보세요.

( )

2 강이는 케이크를 똑같이 8조각으로 나누고 그중에서 2조각을 먹었습니다. 산이가 같은 케이크를 똑같이 20조각으로 나누었을 때 몇 조각을 먹으면 강이와 같은 양을 먹게 되는지 구해 보세요.

풀이

( )

3 기약분수로 나타내어 보세요.

(1) $\frac{14}{21}$

(2) $\frac{27}{54}$

(3) $\frac{26}{65}$

(4) $\frac{51}{68}$

4 진분수 $\frac{\square}{12}$가 기약분수일 때, □ 안에 들어갈 수 있는 자연수를 모두 구해 보세요.

( )

5 $\frac{7}{12}$과 $\frac{1}{8}$을 통분하려고 합니다. 공통분모가 될 수 있는 수 중에서 50보다 작은 수를 모두 구해 보세요.

풀이

( )

6 두 수의 크기를 비교하여 ○ 안에 $>$, $=$, $<$를 알맞게 써넣으세요.

(1) $1\frac{3}{4}$ ○ 1.7

(2) 0.33 ○ $\frac{1}{3}$

(3) $2\frac{1}{8}$ ○ 2.13

(4) 0.93 ○ $\frac{15}{16}$

7 쿠키가 여러 개 있습니다. 이 중에서 바다는 $\frac{3}{10}$, 하늘이는 $\frac{2}{5}$, 산이는 $\frac{4}{15}$만큼 먹었습니다. 가장 많이 먹은 사람부터 차례대로 이름을 써 보세요.

풀이

( )

8 □ 안에 들어갈 수 있는 자연수를 모두 구해 보세요.

$$\frac{1}{3}<\frac{\square}{10}<\frac{11}{15}$$

풀이

( )

5 물을 얼마나 더 마셔야 하나요?

분수의 덧셈과 뺄셈

- 분모가 다른 진분수의 덧셈과 뺄셈을 할 수 있어요.
- 분모가 다른 대분수의 덧셈과 뺄셈을 할 수 있어요.

Check 스스로 다짐하기

- □ 정답을 맞히는 것도 중요하지만, 문제를 푼 과정을 설명하는 것도 중요해요.
- □ 새롭고 어려운 내용이 많지만, 꼼꼼하게 풀어 보세요.
- □ 스스로 과제를 해결하는 것이 힘들지만, 참고 이겨 내면 기분이 더 좋아져요.

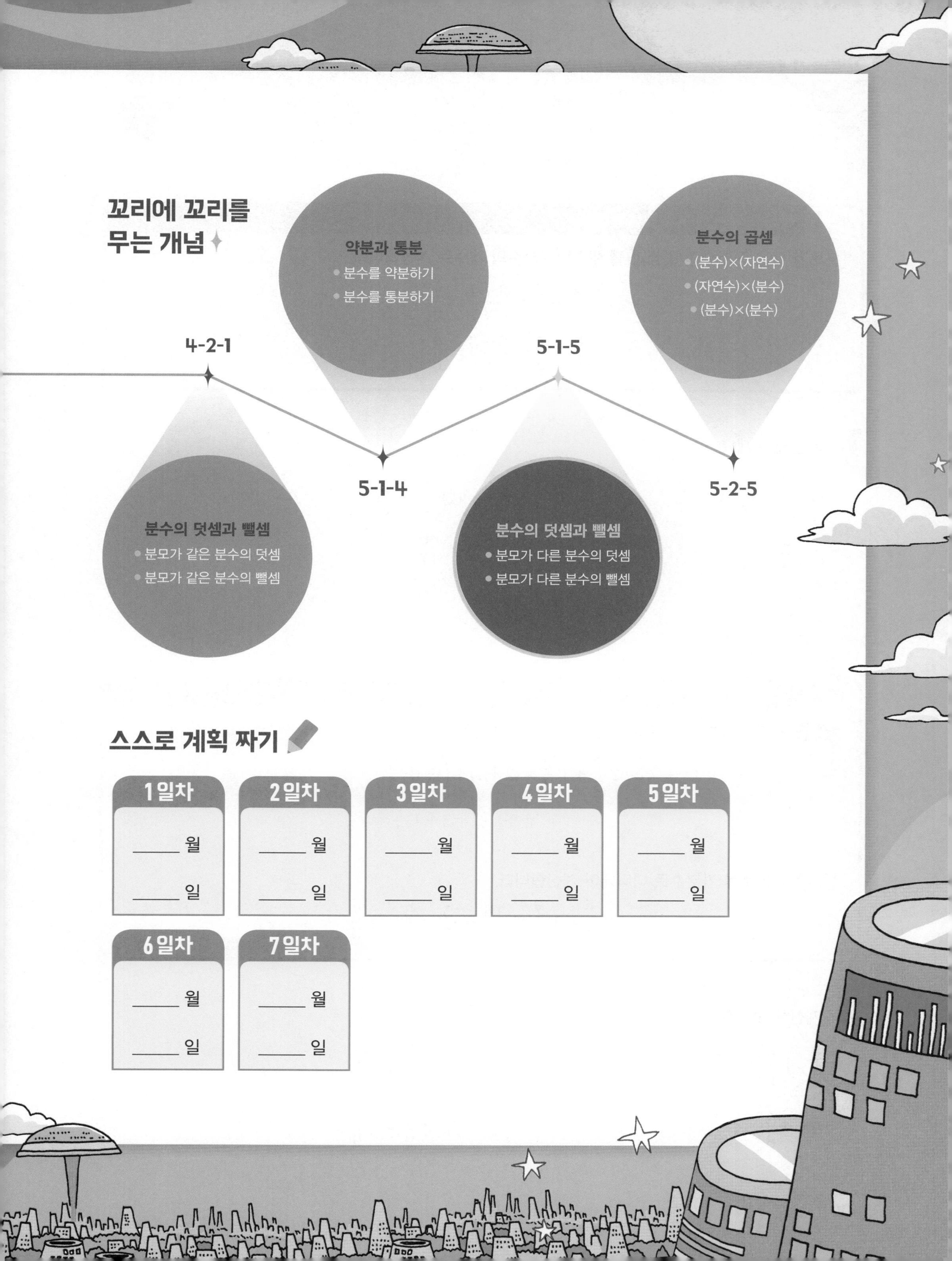

꼬리에 꼬리를 무는 개념

스스로 계획 짜기

1일차	2일차	3일차	4일차	5일차	6일차	7일차
___ 월 ___ 일	___ 월 ___ 일	___ 월 ___ 일	___ 월 ___ 일	___ 월 ___ 일	___ 월 ___ 일	___ 월 ___ 일

기억하기

3-1 분수와 소수 → 4-2 분수의 덧셈과 뺄셈 → 5-1 약분과 통분

기억 1 분모가 같은 분수의 덧셈과 뺄셈

분모가 같은 진분수의 덧셈과 뺄셈은 단위분수의 개수로 계산합니다.

$$\frac{3}{5}+\frac{4}{5}=\frac{3+4}{5}=\frac{7}{5}=1\frac{2}{5}$$

$$\frac{5}{8}-\frac{3}{8}=\frac{5-3}{8}=\frac{2}{8}$$

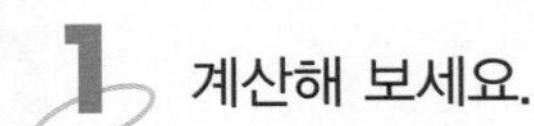

1 계산해 보세요.

(1) $\frac{2}{7}+\frac{3}{7}$

(2) $\frac{7}{8}+\frac{5}{8}$

(3) $\frac{3}{4}-\frac{2}{4}$

(4) $\frac{6}{7}-\frac{2}{7}$

기억 2 분모가 같은 대분수의 덧셈과 뺄셈

방법 1 자연수 부분과 진분수 부분으로 나누어 계산합니다.

$$2\frac{2}{3}+1\frac{2}{3}=(2+1)+\left(\frac{2}{3}+\frac{2}{3}\right)$$

$$=3+\frac{4}{3}=3+1\frac{1}{3}=4\frac{1}{3}$$

방법 2 대분수를 가분수로 나타내어 계산합니다.

$$3\frac{1}{3}-1\frac{2}{3}=\frac{10}{3}-\frac{5}{3}=\frac{5}{3}=1\frac{2}{3}$$

2 계산해 보세요.

(1) $1\frac{2}{5}+2\frac{4}{5}$

(2) $2\frac{3}{8}+3\frac{7}{8}$

(3) $2\frac{5}{8}-1\frac{3}{8}$

(4) $4\frac{5}{9}-2\frac{1}{9}$

기억 3 받아내림이 필요한 분수의 뺄셈

1과 진분수의 차는 1을 가분수로 바꾸어 계산합니다.

$$1-\frac{1}{4}=\frac{4}{4}-\frac{1}{4}=\frac{4-1}{4}=\frac{3}{4}$$

빼는 대분수의 진분수 부분이 클 경우에는 자연수에서 1만큼을 분수로 바꾸어 계산합니다.

$$3\frac{1}{3}-1\frac{2}{3}=2\frac{4}{3}-1\frac{2}{3}=1\frac{2}{3}$$

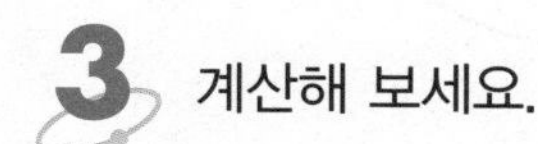

3 계산해 보세요.

(1) $1-\frac{4}{9}$

(2) $1-\frac{3}{7}$

(3) $2\frac{1}{4}-\frac{3}{4}$

(4) $3\frac{2}{5}-1\frac{3}{5}$

기억 4 분모가 다른 분수 통분하기

방법 1 두 분모의 곱을 공통분모로 하여 통분합니다.

$$\left(\frac{3}{4}, \frac{5}{6}\right) \Rightarrow \left(\frac{3\times6}{4\times6}, \frac{5\times4}{6\times4}\right) \Rightarrow \left(\frac{18}{24}, \frac{20}{24}\right) \Rightarrow \left(\frac{9}{12}, \frac{10}{12}\right)$$

방법 2 두 분모의 최소공배수를 공통분모로 하여 통분합니다.

$$\left(\frac{3}{4}, \frac{5}{6}\right) \Rightarrow \left(\frac{3\times3}{4\times3}, \frac{5\times2}{6\times2}\right) \Rightarrow \left(\frac{9}{12}, \frac{10}{12}\right)$$

4 통분해 보세요.

(1) $\left(\frac{2}{3}, \frac{3}{4}\right) \Rightarrow \left(\qquad \right)$

(2) $\left(1\frac{4}{6}, 2\frac{5}{8}\right) \Rightarrow \left(\qquad \right)$

생각열기 ①

메밀가루와 밀가루의 합은 어떻게 구할까요?

1 메밀가루 $2\frac{3}{4}$컵과 밀가루 $3\frac{1}{2}$컵을 섞어서 메밀 칼국수의 반죽을 만들려고 합니다. 물음에 답하세요.

(1) 메밀 칼국수의 반죽에 들어가는 메밀가루와 밀가루의 양이 모두 얼마인지 알아보려면 어떻게 해야 할까요?

(2) 메밀가루의 양과 밀가루의 양만큼 각각 색칠해 보세요.

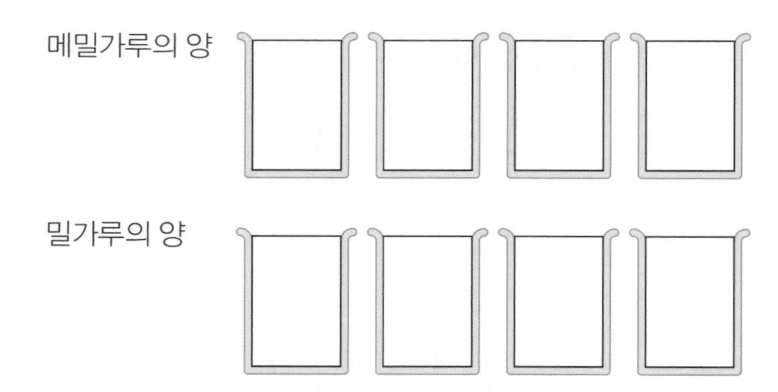

(3) 산이는 메밀 칼국수의 반죽에 들어가는 메밀가루와 밀가루의 양이 모두 얼마인지를 다음과 같이 알아보았습니다. 잘못 계산한 부분이 있으면 잘못된 이유를 써 보세요.

$$2\frac{3}{4}+3\frac{1}{2}=(2+3)+\left(\frac{3}{4}+\frac{1}{2}\right)=5+\frac{4}{6}=5\frac{4}{6}$$

(4) 하늘이는 메밀 칼국수의 반죽에 들어가는 메밀가루와 밀가루의 양이 모두 얼마인지를 다음과 같이 알아보았습니다. 잘못 계산한 부분이 있으면 잘못된 이유를 써 보세요.

$$2\frac{3}{4}+3\frac{1}{2}=\frac{11}{4}+\frac{7}{2}=\frac{18}{6}=3$$

(5) (2)에서 나타낸 그림을 이용해서 반죽에 들어가는 메밀가루와 밀가루의 양이 모두 얼마인지 구해 보세요.

(6) 메밀 칼국수의 반죽에 들어가는 메밀가루와 밀가루의 양이 모두 얼마인지 구하는 방법을 쓰고 설명해 보세요.

개념활용 ❶-1

분모가 다른 진분수의 덧셈

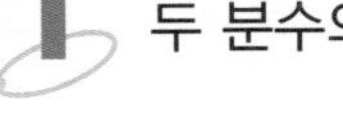

두 분수의 합이 1보다 큰지 작은지 어림해 보세요.

(1) $\frac{1}{3}+\frac{1}{6}$

(2) $\frac{1}{2}+\frac{3}{4}$

개념 정리 분모가 다른 진분수의 덧셈 방법

방법 1 분모의 곱을 이용하여 통분한 후 계산합니다.

$$\frac{1}{6}+\frac{3}{8}=\frac{1\times8}{6\times8}+\frac{3\times6}{8\times6}=\frac{8}{48}+\frac{18}{48}=\frac{26}{48}=\frac{13}{24}$$

방법 2 분모의 최소공배수를 이용하여 통분한 후 계산합니다.

$$\frac{1}{6}+\frac{3}{8}=\frac{1\times4}{6\times4}+\frac{3\times3}{8\times3}=\frac{4}{24}+\frac{9}{24}=\frac{13}{24}$$

2 보기 와 같이 계산해 보세요.

보기

$$\frac{1}{6}+\frac{3}{8}=\frac{1\times8}{6\times8}+\frac{3\times6}{8\times6}=\frac{8}{48}+\frac{18}{48}=\frac{26}{48}=\frac{13}{24}$$

(1) $\frac{1}{3}+\frac{2}{5}$

(2) $\frac{3}{4}+\frac{1}{6}$

(3) $\frac{3}{8}+\frac{9}{10}$

3 두 분모의 최소공배수를 공통분모로 하여 통분한 후 계산하려고 합니다. □ 안에 알맞은 수를 써넣으세요.

(1) $\frac{1}{2}+\frac{3}{8}=\frac{1\times\square}{2\times\square}+\frac{3}{8}=\frac{\square}{\square}+\frac{\square}{\square}=\square$

(2) $\frac{3}{4}+\frac{4}{5}=\frac{3\times\square}{4\times\square}+\frac{4\times\square}{5\times\square}=\frac{\square}{\square}+\frac{\square}{\square}=\frac{\square}{\square}=\square$

(3) $\frac{5}{6}+\frac{7}{8}=\frac{5\times\square}{6\times\square}+\frac{7\times\square}{8\times\square}=\frac{\square}{\square}+\frac{\square}{\square}=\frac{\square}{\square}=\square$

4 계산해 보세요.

(1) $\frac{1}{2}+\frac{3}{10}$

(2) $\frac{2}{5}+\frac{1}{10}$

(3) $\frac{3}{4}+\frac{5}{6}$

(4) $\frac{3}{5}+\frac{6}{7}$

5 간장 $\frac{1}{2}$ L와 식초 $\frac{1}{8}$ L를 섞어 간장 식초를 만들었습니다. 간장 식초의 양은 몇 L인가요?

(　　　　　　　　)

6 산이는 딸기 체험장에서 딸기를 오전에 $\frac{4}{5}$ kg 따고, 오후에 $\frac{5}{8}$ kg 땄습니다. 딸기 체험장에서 산이가 딴 딸기는 모두 몇 kg인가요?

(　　　　　　　　)

개념활용 ①-2

분모가 다른 대분수의 덧셈

1 그림으로 나타내어 계산해 보세요.

(1) $1\frac{1}{2}+2\frac{1}{4}$

(2) $2\frac{2}{3}+1\frac{5}{6}$

개념 정리 분모가 다른 대분수의 덧셈 방법

방법 1 자연수는 자연수끼리, 진분수는 진분수끼리 더해서 계산합니다.

$2\frac{3}{4}+3\frac{5}{6}=2\frac{9}{12}+3\frac{10}{12}=\underbrace{(2+3)}_{\text{자연수끼리}}+\underbrace{\left(\frac{9}{12}+\frac{10}{12}\right)}_{\text{분수끼리}}=5+\frac{19}{12}=5+1\frac{7}{12}=6\frac{7}{12}$

방법 2 대분수를 가분수로 나타내어 계산합니다.

$2\frac{3}{4}+3\frac{5}{6}=\frac{11}{4}+\frac{23}{6}=\frac{33}{12}+\frac{46}{12}=\frac{79}{12}=6\frac{7}{12}$

대분수를 가분수로

2 □ 안에 알맞은 수를 써넣으세요.

(1) $2\frac{2}{7}+3\frac{3}{5}=(\square+\square)+\left(\frac{2\times\square}{7\times\square}+\frac{3\times\square}{5\times\square}\right)$

$=\square+\frac{\square}{\square}+\frac{\square}{\square}=\square$

(2) $1\frac{1}{3}+1\frac{1}{6}=\frac{\square}{3}+\frac{\square}{6}=\frac{\square}{\square}+\frac{\square}{\square}=\frac{\square}{\square}=\square$

3 보기 와 같이 계산해 보세요.

보기

$$1\frac{1}{2}+1\frac{1}{3}=(1+1)+\frac{1}{2}+\frac{1}{3}=2+\frac{3}{6}+\frac{2}{6}=2\frac{5}{6}$$

(1) $1\frac{1}{3}+2\frac{2}{5}$

(2) $2\frac{4}{5}+3\frac{7}{10}$

4 보기 와 같이 가분수로 나타내어 계산해 보세요.

보기

$$1\frac{1}{2}+1\frac{1}{3}=\frac{3}{2}+\frac{4}{3}=\frac{9}{6}+\frac{8}{6}=\frac{17}{6}=2\frac{5}{6}$$

(1) $1\frac{1}{3}+2\frac{3}{4}$

(2) $1\frac{3}{5}+2\frac{9}{10}$

5 계산해 보세요.

(1) $1\frac{1}{2}+2\frac{1}{7}$

(2) $2\frac{2}{3}+2\frac{3}{5}$

(3) $3\frac{3}{4}+1\frac{5}{8}$

(2) $2\frac{2}{5}+3\frac{5}{7}$

6 떡을 만들기 위해서 쌀 $5\frac{3}{4}$ kg과 찹쌀 $1\frac{3}{8}$ kg을 섞으려고 합니다. 쌀과 찹쌀을 섞은 양은 모두 몇 kg인가요?

(　　　　　　　　)

생각열기 ②

물을 얼마나 더 마셔야 하나요?

1 하늘이의 이야기를 읽고 생각해 보세요.

백과사전에서 본 내용인데, 사람의 체중에 따라 하루에 마시면 좋은 물의 양이 다 다르대.
내 체중에는 매일 $1\frac{3}{4}$컵을 마시는 것이 좋다고 하는데, 나는 오늘 지금까지 $\frac{1}{2}$컵을 마셨어.

(1) 하늘이가 오늘 더 마셔야 하는 물의 양이 얼마인지 알아보려면 어떻게 해야 할까요?

(2) 하늘이가 오늘 마셔야 하는 물의 양과 지금까지 마신 물의 양만큼 각각 색칠해 보세요.

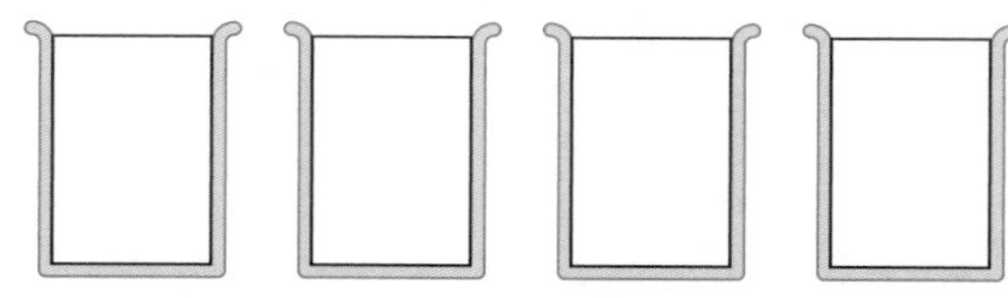

오늘 마셔야 하는 물의 양　지금까지 마신 물의 양

(3) 산이는 하늘이가 오늘 더 마셔야 하는 물의 양을 다음과 같이 계산했습니다. 어떻게 계산한 것인지 설명해 보세요.

$$1\frac{3}{4}+\frac{1}{2}=1\frac{3}{4}+\frac{2}{4}=1\frac{5}{4}=2\frac{1}{4}$$

(4) 강이는 하늘이가 오늘 더 마셔야 하는 물의 양을 다음과 같이 계산했습니다. 어떻게 계산한 것인지 설명해 보세요.

$$1\frac{3}{4}-\frac{1}{2}=\frac{7}{4}-\frac{1}{2}=\frac{6}{2}=3$$

(5) 바다는 하늘이가 오늘 더 마셔야 하는 물의 양을 구하는 데 그림을 이용했습니다. 바다가 그린 그림의 일부를 보고 어떻게 구했는지 설명해 보세요.

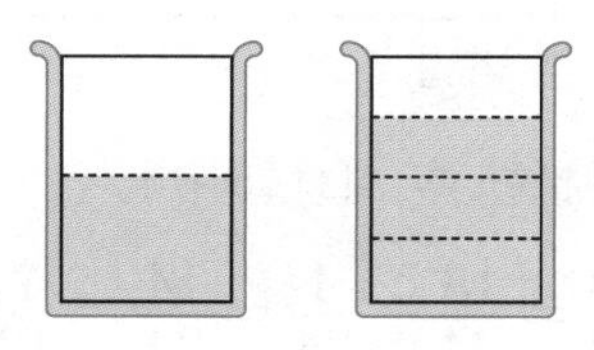

(6) 하늘이가 오늘 더 마셔야 하는 물의 양을 구하는 방법을 찾아 쓰고 설명해 보세요.

개념활용 ❷-1

진분수의 뺄셈

1 그림으로 나타내어 계산해 보세요.

(1) $\frac{1}{3}-\frac{1}{6}$

(2) $\frac{1}{2}-\frac{1}{4}$

개념 정리 분모가 다른 진분수의 뺄셈 방법

방법 1 분모의 곱을 이용하여 통분한 후 계산합니다.

$$\frac{3}{4}-\frac{1}{6}=\frac{3\times6}{4\times6}-\frac{1\times4}{6\times4}=\frac{18}{24}-\frac{4}{24}=\frac{14}{24}=\frac{7}{12}$$

방법 2 분모의 최소공배수를 이용하여 통분한 후 계산합니다.

$$\frac{3}{4}-\frac{1}{6}=\frac{3\times3}{4\times3}-\frac{1\times2}{6\times2}=\frac{9}{12}-\frac{2}{12}=\frac{7}{12}$$

2 두 분모의 최소공배수를 공통분모로 하여 통분한 후 계산하려고 합니다. □ 안에 알맞은 수를 써넣으세요.

(1) $\frac{5}{8}-\frac{1}{2}=\frac{5}{8}-\frac{1\times\square}{2\times\square}=\frac{\square}{\square}$

(2) $\frac{2}{3}-\frac{1}{6}=\frac{2\times\square}{3\times\square}-\frac{1}{6}=\frac{\square}{\square}$

(3) $\frac{3}{8}-\frac{1}{4}=\frac{3}{8}-\frac{1\times\square}{4\times\square}=\frac{\square}{\square}$

(4) $\frac{1}{2}-\frac{1}{4}=\frac{1\times\square}{2\times\square}-\frac{1}{4}=\frac{\square}{\square}$

3 보기 와 같이 두 분모의 곱으로 통분하여 계산해 보세요.

보기

$$\frac{1}{4}-\frac{1}{6}=\frac{1\times6}{4\times6}-\frac{1\times4}{6\times4}=\frac{6}{24}-\frac{4}{24}=\frac{2}{24}=\frac{1}{12}$$

(1) $\frac{4}{5}-\frac{2}{3}$

(2) $\frac{9}{10}-\frac{3}{4}$

4 보기 와 같이 두 분모의 최소공배수로 통분하여 계산해 보세요.

보기

$$\frac{1}{4}-\frac{1}{6}=\frac{1\times3}{4\times3}-\frac{1\times2}{6\times2}=\frac{3}{12}-\frac{2}{12}=\frac{1}{12}$$

(1) $\frac{5}{7}-\frac{2}{5}$

(2) $\frac{7}{8}-\frac{1}{6}$

5 계산해 보세요.

(1) $\frac{1}{2}-\frac{1}{6}$

(2) $\frac{5}{8}-\frac{3}{5}$

(3) $\frac{3}{4}-\frac{1}{10}$

(4) $\frac{5}{12}-\frac{2}{9}$

6 우유를 하늘이는 $\frac{4}{5}$ L 마셨고, 바다는 $\frac{7}{8}$ L 마셨습니다. 누가 몇 L 더 많이 마셨는지 구하고 설명해 보세요.

개념활용 ❷-2

대분수의 뺄셈

1 두 분수의 차가 1보다 큰지 작은지 어림해 보세요.

(1) $2\frac{1}{2}-1\frac{1}{4}$　　(2) $3\frac{1}{3}-2\frac{5}{6}$

개념 정리 분모가 다른 대분수의 뺄셈 방법

방법 1 자연수는 자연수끼리, 분수는 분수끼리 빼서 계산합니다.

$$2\frac{2}{5}-1\frac{1}{4}=2\frac{8}{20}-1\frac{5}{20}=\underbrace{(2-1)}_{\text{자연수끼리}}+\underbrace{\left(\frac{8}{20}-\frac{5}{20}\right)}_{\text{분수끼리}}=1+\frac{3}{20}=1\frac{3}{20}$$

대분수의 뺄셈에서 분수끼리 뺄 수 없을 경우 자연수 부분의 '1'을 1과 같은 분수로 만들어 계산합니다.

예 $2\frac{1}{4}-1\frac{1}{2}=1\frac{5}{4}-1\frac{1}{2}=(1-1)+\left(\frac{5}{4}-\frac{2}{4}\right)=\frac{3}{4}$

자연수 부분의 1을 $\frac{4}{4}$ 로

방법 2 대분수를 가분수로 나타내어 계산합니다.

$$2\frac{2}{5}-1\frac{1}{4}=\frac{12}{5}-\frac{5}{4}=\frac{48}{20}-\frac{25}{20}=\frac{23}{20}=1\frac{3}{20}$$

대분수를 가분수로

2 □ 안에 알맞은 수를 써넣으세요.

(1) $1\frac{1}{3}-1\frac{1}{6}=\frac{\square}{3}-\frac{\square}{6}=\frac{\square}{\square}-\frac{\square}{\square}=\square$

(2) $5\frac{2}{7}-2\frac{3}{5}=(\square-\square)+\left(\frac{9\times\square}{7\times\square}-\frac{3\times\square}{5\times\square}\right)$

$=\square+\frac{\square}{\square}-\frac{\square}{\square}=\square$

3 보기 와 같이 계산해 보세요.

> 보기
>
> $2\frac{1}{2}-1\frac{1}{3}=(2-1)+\left(\frac{1}{2}-\frac{1}{3}\right)=1+\frac{3}{6}-\frac{2}{6}=1\frac{1}{6}$

(1) $2\frac{2}{3}-\frac{2}{5}$

(2) $3\frac{1}{2}-1\frac{7}{8}$

4 보기 와 같이 가분수로 나타내어 계산해 보세요.

> 보기
>
> $2\frac{1}{2}-1\frac{1}{3}=\frac{5}{2}-\frac{4}{3}=\frac{15}{6}-\frac{8}{6}=\frac{7}{6}=1\frac{1}{6}$

(1) $3\frac{3}{4}-1\frac{2}{3}$

(2) $3\frac{1}{2}-1\frac{2}{3}$

5 계산해 보세요.

(1) $5\frac{1}{2}-2\frac{1}{7}$

(2) $2\frac{2}{3}-2\frac{3}{5}$

(3) $3\frac{1}{2}-1\frac{5}{8}$

(2) $4\frac{2}{5}-2\frac{5}{7}$

6 길이가 $3\frac{3}{7}$ m인 철사가 있습니다. $1\frac{4}{5}$ m를 사용하면 철사가 몇 m 남는지 구하고 설명해 보세요.

표현하기

분수의 덧셈과 뺄셈

스스로 정리 여러 가지 방법으로 계산해 보세요.

1 $\frac{1}{6}+\frac{3}{8}$

(1) 분모의 곱으로 통분하기

(2) 분모의 최소공배수로 통분하기

2 $3\frac{2}{5}-1\frac{1}{4}$

(1) 자연수와 진분수로 나누어 계산하기

(2) 가분수로 나타내어 계산하기

개념 연결 계산하고, 뜻을 써 보세요.

주제	계산하고 뜻 쓰기
분모가 같은 분수의 덧셈과 뺄셈	(1) $\frac{4}{7}+\frac{5}{7}$ (2) $1\frac{5}{9}+2\frac{2}{9}$ (3) $\frac{3}{4}-\frac{2}{4}$ (4) $4\frac{9}{11}-2\frac{3}{11}$
약분과 통분	(1) 약분의 뜻 : (2) 통분의 뜻 :

1 하늘이의 질문에 대한 생각을 친구에게 편지로 설명해 보세요.

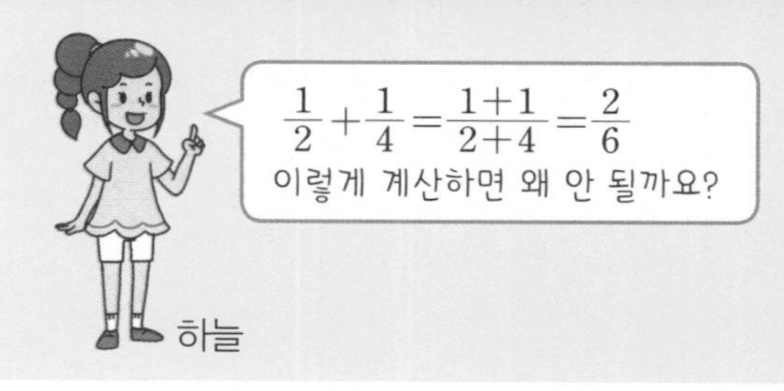

1 땅콩 가루로 땅콩 과자를 만들고 있습니다. 땅콩 가루 $\frac{7}{8}$컵으로 땅콩 과자 2개를 만들다가 땅콩 가루가 모자라서 $\frac{1}{5}$컵을 더 넣었습니다. 땅콩 과자 2개를 만드는 데 사용한 땅콩 가루의 양이 몇 컵인지 구하고 다른 사람에게 설명해 보세요.

2 쌀빵을 만들려고 쌀가루 $3\frac{3}{8}$컵을 넣었다가 너무 많아서 $1\frac{5}{6}$컵을 덜어 내었습니다. 사용한 쌀가루의 양이 몇 컵인지 구하고 다른 사람에게 설명해 보세요.

분수의 덧셈과 뺄셈은 이렇게 연결돼요

약분과 통분

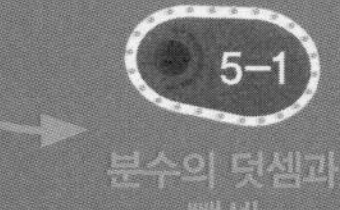

분수의 덧셈과 뺄셈

분수의 곱셈

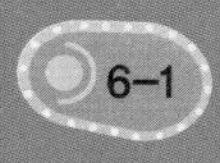

분수의 나눗셈

1 □ 안에 알맞은 수를 써넣으세요.

(1) $\frac{1}{3}+\frac{2}{9}=\frac{\square}{9}+\frac{\square}{9}=\frac{\square}{\square}$

(2) $\frac{3}{4}-\frac{2}{5}=\frac{3\times\square}{4\times\square}-\frac{2\times\square}{5\times\square}$

$=\frac{\square}{\square}-\frac{\square}{\square}=\frac{\square}{\square}$

2 계산해 보세요.

(1) $\frac{1}{3}+\frac{1}{4}$

(2) $\frac{4}{5}+\frac{1}{7}$

(3) $\frac{1}{2}-\frac{1}{4}$

(4) $\frac{5}{6}-\frac{3}{8}$

3 □ 안에 알맞은 수를 써넣으세요.

(1) $2\frac{2}{3}+2\frac{6}{7}=\frac{\square}{3}+\frac{\square}{7}$

$=\frac{\square}{\square}+\frac{\square}{\square}=\square$

(2) $3\frac{5}{9}-1\frac{7}{8}=3\frac{\square}{72}-1\frac{\square}{72}$

$=(\square-\square)+\frac{\square}{72}$

$-\frac{\square}{72}$

$=\square+\frac{\square}{\square}=\square$

4 $2\frac{4}{5}+2\frac{3}{8}$을 2가지 방법으로 계산해 보세요.

방법 1 자연수끼리, 분수끼리 계산

$2\frac{4}{5}+2\frac{3}{8}$

방법 2 대분수를 가분수로 나타내어 계산

$2\frac{4}{5}+2\frac{3}{8}$

5 $3\frac{2}{7}-1\frac{4}{9}$를 2가지 방법으로 계산해 보세요.

방법 1 자연수끼리, 분수끼리 계산

$3\frac{2}{7}-1\frac{4}{9}$

방법 2 대분수를 가분수로 나타내어 계산

$3\frac{2}{7}-1\frac{4}{9}$

6 계산해 보세요.

(1) $1\frac{2}{5}+2\frac{7}{6}$

(2) $3\frac{4}{7}+1\frac{3}{8}$

(3) $2\frac{3}{4}-\frac{5}{8}$

(4) $2\frac{5}{6}-1\frac{5}{9}$

7 □ 안에 알맞은 수를 써넣으세요.

(1) $\square+1\frac{5}{6}=2\frac{4}{5}$

(2) $\square-2\frac{3}{4}=1\frac{7}{8}$

8 계산 결과를 비교하여 ○ 안에 $>$, $=$, $<$를 알맞게 써넣으세요.

(1) $\frac{5}{6}+\frac{3}{4}$ ○ $\frac{2}{3}+\frac{4}{5}$

(2) $\frac{7}{8}-\frac{2}{3}$ ○ $\frac{5}{6}-\frac{4}{9}$

9 산이는 어떤 수에 $2\frac{1}{8}$을 더해야 할 것을 잘못하여 뺐더니 $1\frac{3}{4}$이 되었습니다. 바르게 계산한 값을 구해 보세요.

바른 계산

(　　　　　　　　　)

10 공원 정문에서 후문까지 가는 길은 2가지이고, 길이가 각각 $\frac{3}{8}$ km와 $\frac{7}{12}$ km입니다. 가온이가 정문에서 후문까지 걸어간 후에 다른 길로 후문에서 정문으로 걸어왔다면 가온이가 걸은 거리는 모두 몇 km인지 구해 보세요.

(　　　　　　　　　)

단원평가 심화

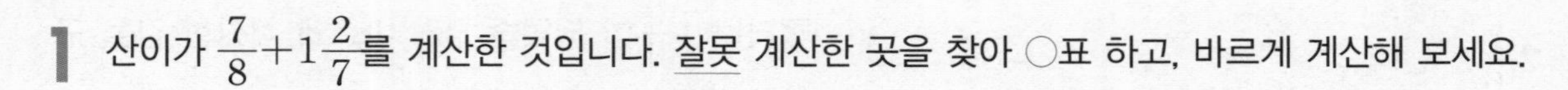

1 산이가 $\frac{7}{8}+1\frac{2}{7}$를 계산한 것입니다. 잘못 계산한 곳을 찾아 ○표 하고, 바르게 계산해 보세요.

$$\frac{7}{8}+1\frac{2}{7}=\frac{7}{8}+\frac{12}{7}=\frac{49}{56}+\frac{96}{56}=\frac{145}{56}=2\frac{33}{56}$$

바른 계산 ______________________

2 강이가 $3\frac{2}{9}-1\frac{3}{5}$를 계산한 것입니다. 잘못 계산한 곳을 찾아 ○표 하고, 바르게 계산해 보세요.

$$3\frac{2}{9}-1\frac{3}{5}=(3-1)+\left(\frac{2}{9}-\frac{3}{5}\right)=2+\left(\frac{27}{45}-\frac{10}{45}\right)=2\frac{17}{45}$$

바른 계산 ______________________

3 바다와 하늘이는 수 카드를 각각 3장씩 뽑아 가장 작은 대분수를 만들었습니다. 물음에 답하세요.

(1) 바다와 하늘이가 만든 대분수의 합은 얼마인가요?

( )

(2) 바다이와 하늘이가 만든 대분수의 차는 얼마인가요?

( )

4 강이는 할머니 댁에 가는 데 하루의 $\frac{3}{8}$시간 동안 자동차를 타고, 다시 집에 오는 데 하루의 $\frac{2}{9}$시간 동안 자동차를 탔습니다. 강이가 할머니 댁에 다녀오기 위해 자동차를 탄 시간은 하루의 얼마인지 구해 보세요.

풀이

( )

5 한 시간 동안 산이는 $3\frac{3}{7}$ km, 바다는 $4\frac{3}{10}$ km를 달렸습니다. 누가 몇 km 더 달렸는지 구해 보세요.

풀이

(,)

6 강이는 레몬 농축액 $\frac{5}{6}$ L에 사이다 $2\frac{1}{2}$ L를 섞어 레모네이드를 만들고 $\frac{1}{3}$ L를 마셨습니다. 물음에 답하세요.

(1) 강이가 만든 레모네이드의 양은 몇 L인지 구해 보세요.

풀이

( )

(2) 강이가 마시고 남은 레모네이드의 양은 몇 L인지 구해 보세요.

풀이

( )

6 어느 게시판이 더 넓은가요?

다각형의 둘레와 넓이

- 둘레를 이해하고 정다각형의 둘레를 구할 수 있어요.
- 사각형의 둘레를 구하는 방법을 이해하고 둘레를 구할 수 있어요.
- 직사각형, 평행사변형, 삼각형, 사다리꼴, 마름모, 다각형의 넓이를 구할 수 있어요.
- 넓이 단위를 알고 그 관계를 설명할 수 있어요.

Check 스스로 다짐하기

- ☐ 정답을 맞히는 것도 중요하지만, 문제를 푼 과정을 설명하는 것도 중요해요.
- ☐ 새롭고 어려운 내용이 많지만, 꼼꼼하게 풀어 보세요.
- ☐ 스스로 과제를 해결하는 것이 힘들지만, 참고 이겨 내면 기분이 더 좋아져요.

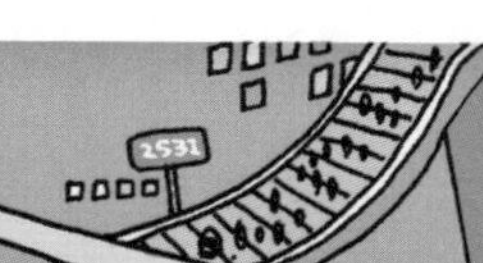

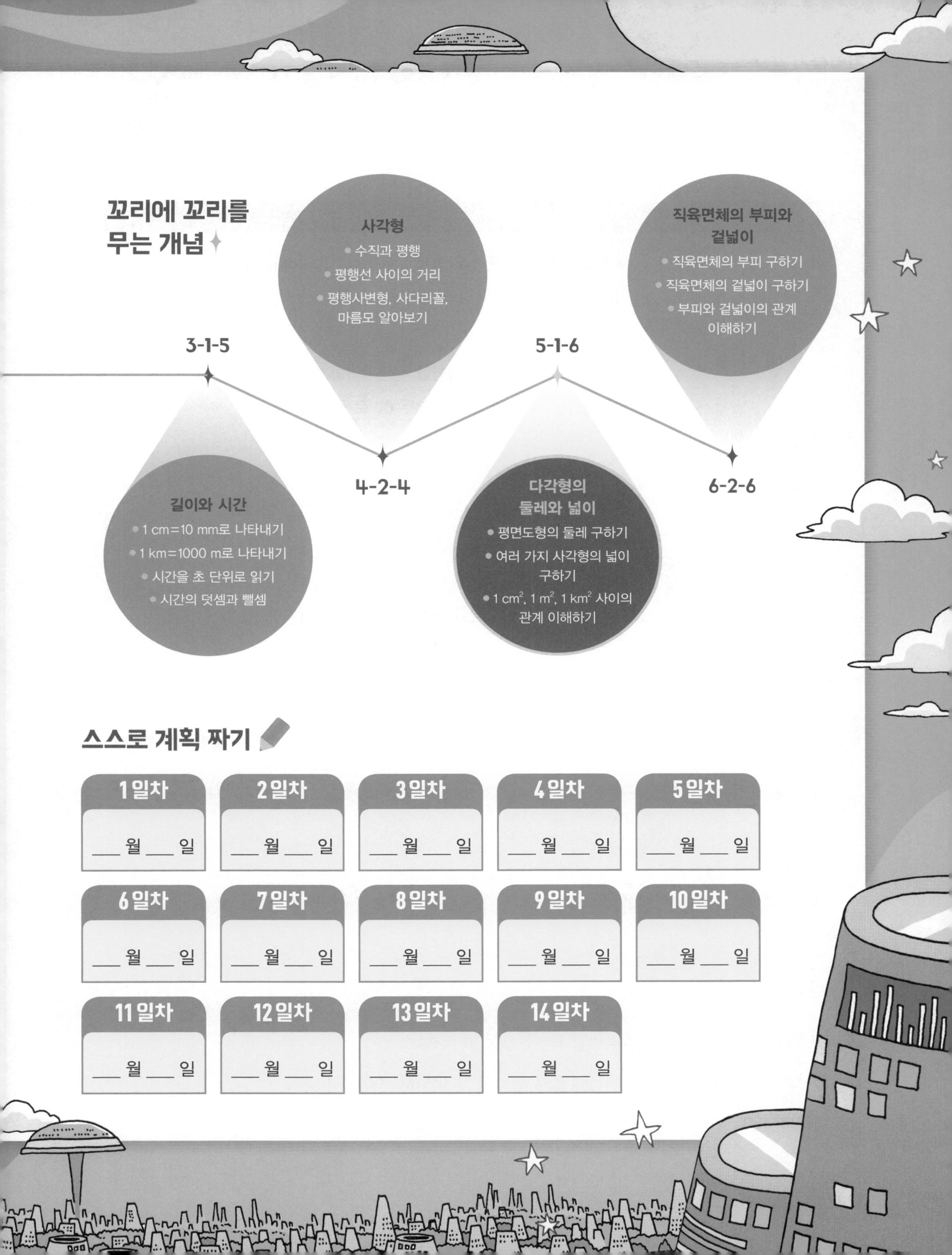

꼬리에 꼬리를 무는 개념
3-1-5
길이와 시간
• 1 cm=10 mm로 나타내기
• 1 km=1000 m로 나타내기
• 시간을 초 단위로 읽기
• 시간의 덧셈과 뺄셈
4-2-4
사각형
• 수직과 평행
• 평행선 사이의 거리
• 평행사변형, 사다리꼴, 마름모 알아보기
5-1-6
다각형의 둘레와 넓이
• 평면도형의 둘레 구하기
• 여러 가지 사각형의 넓이 구하기
• 1 cm², 1 m², 1 km² 사이의 관계 이해하기
6-2-6
직육면체의 부피와 겉넓이
• 직육면체의 부피 구하기
• 직육면체의 겉넓이 구하기
• 부피와 겉넓이의 관계 이해하기
스스로 계획 짜기
1일차 ___ 월 ___ 일
2일차 ___ 월 ___ 일
3일차 ___ 월 ___ 일
4일차 ___ 월 ___ 일
5일차 ___ 월 ___ 일
6일차 ___ 월 ___ 일
7일차 ___ 월 ___ 일
8일차 ___ 월 ___ 일
9일차 ___ 월 ___ 일
10일차 ___ 월 ___ 일
11일차 ___ 월 ___ 일
12일차 ___ 월 ___ 일
13일차 ___ 월 ___ 일
14일차 ___ 월 ___ 일

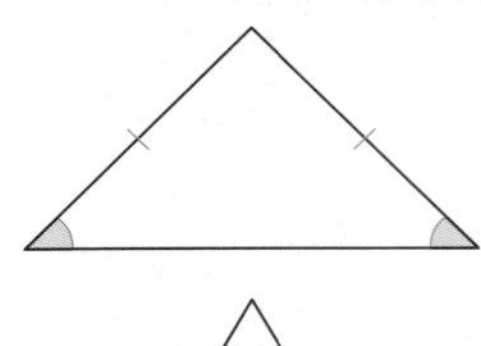

두 변의 길이가 같은 삼각형을 이등변삼각형이라고 합니다.
이등변삼각형은 두 각의 크기가 같습니다.

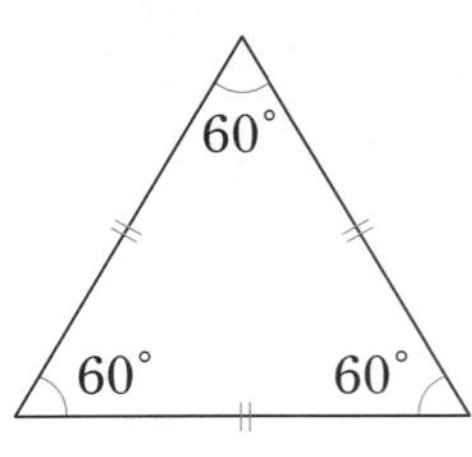

세 변의 길이가 같은 삼각형을 정삼각형이라고 합니다.
정삼각형은 세 각의 크기가 모두 60°로 같습니다.

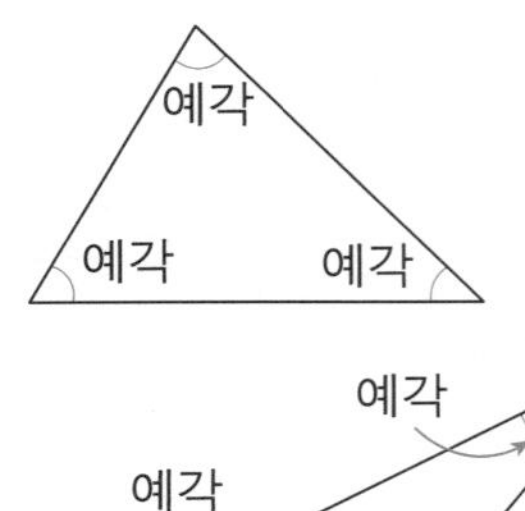

세 각이 모두 예각인 삼각형을 예각삼각형이라고 합니다.

한 각이 둔각인 삼각형을 둔각삼각형이라고 합니다.

1 □ 안에 알맞은 수를 써넣으세요.

(1)

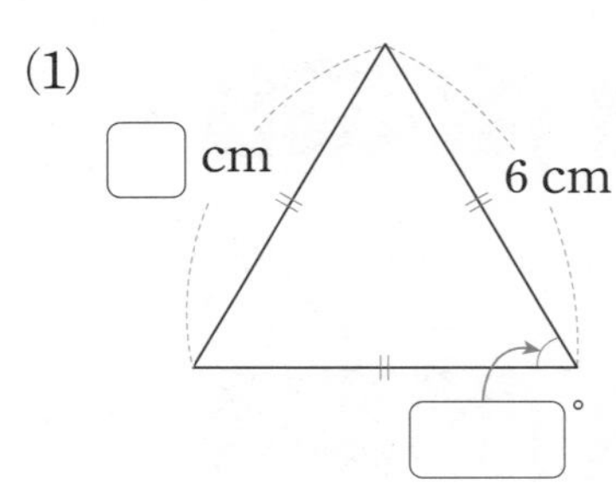

(2)

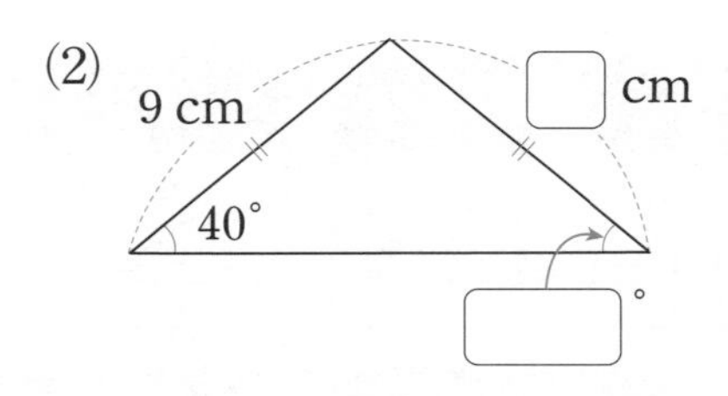

2 삼각형의 세 각의 크기를 보고 어떤 삼각형인지 써 보세요.

(1) 25°, 35°, 120° (　　　　　　)

(2) 50°, 60°, 70° (　　　　　　)

(3) 30°, 60°, 90° (　　　　　　)

기억 2 평행과 평행선

한 직선에 수직인 두 직선을 그었을 때, 그 두 직선은 서로 만나지 않습니다. 이와 같이 서로 만나지 않는 두 직선을 평행하다고 합니다. 이때 평행한 두 직선을 평행선이라고 합니다.

평행선의 한 직선에서 다른 직선에 수선을 긋습니다. 이때 이 수선의 길이를 평행선 사이의 거리라고 합니다.

3 평행선 사이의 거리를 나타내는 선분은 어느 것일까요? (   )

① ② ③ ④ ⑤

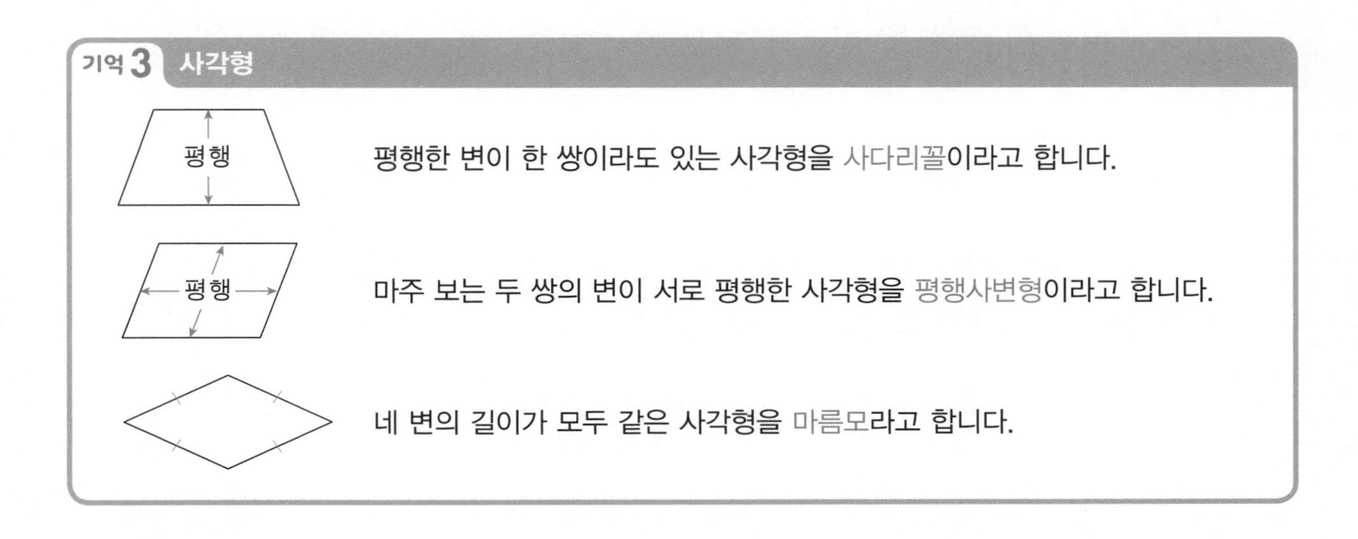

4 다음 도형을 보고 □ 안에 알맞은 수를 써넣으세요.

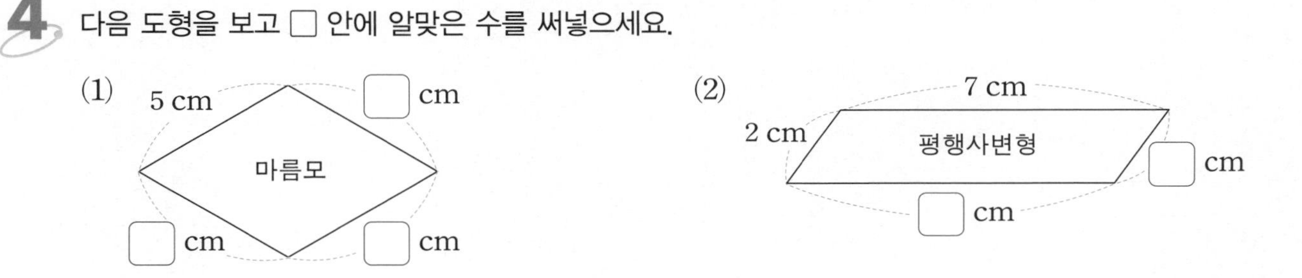

생각열기 1

둘레길을 얼마나 걸었나요?

1 바다네 가족은 여름 방학을 맞이하여 제주도로 여행을 갔습니다. 첫날 저녁에 작은 오름의 둘레길을 걷기로 했습니다. 둘레길 안내도를 보고 물음에 답하세요.

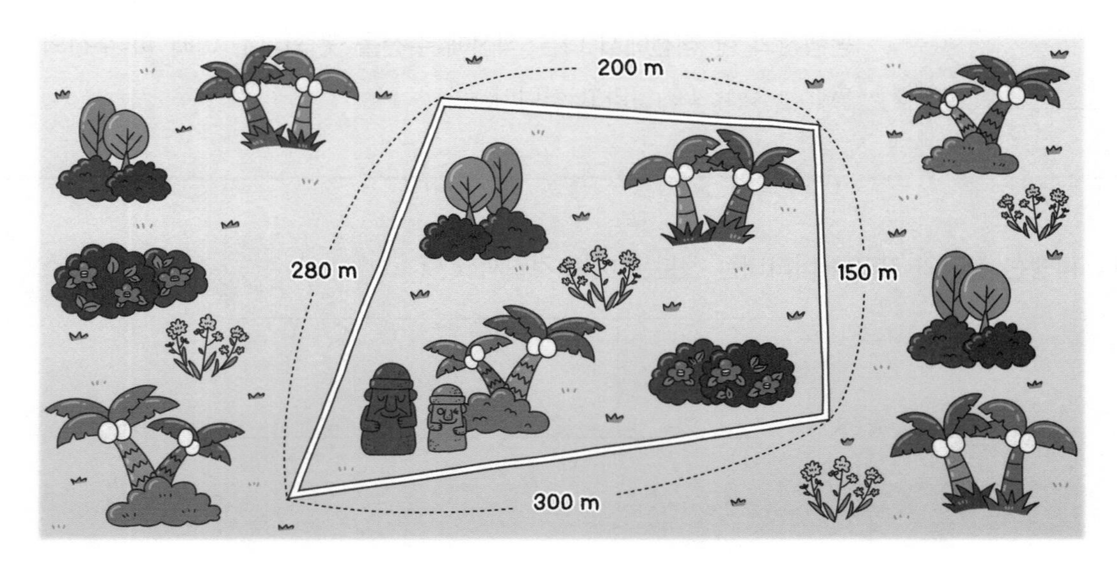

(1) 둘레길은 무슨 모양인가요?

(2) 둘레길을 선으로 따라 그려 보세요.

(3) 둘레길 한 바퀴의 길이는 모두 몇 m인가요?

(4) 둘레길 한 바퀴의 길이를 어떻게 구했는지 설명해 보세요.

2 바다네 가족은 다음 날 다른 오름의 둘레길을 걷기로 했습니다. 둘레길 안내도를 보고 물음에 답하세요.

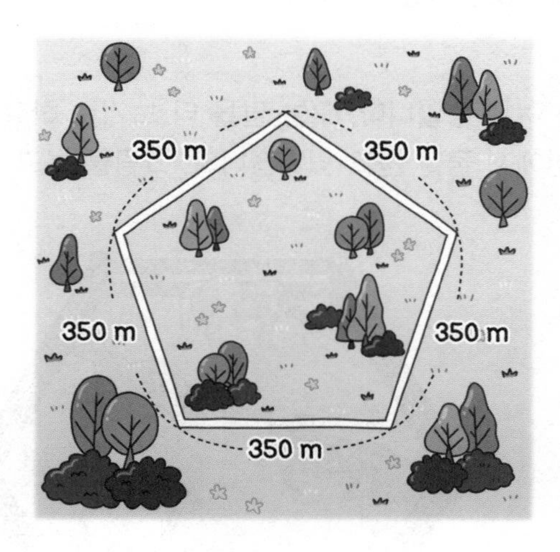

(1) 둘레길은 모슨 모양인가요?

(2) 둘레길 모양의 특징을 써 보세요.

(3) 둘레길 한 바퀴의 길이는 모두 몇 m인가요?

(4) 둘레길 한 바퀴의 길이를 어떻게 구했는지 여러 가지 방법으로 설명해 보세요.

(5) 둘레길의 길이를 구하고 알게 된 점을 써 보세요.

개념활용 ①-1

정다각형의 둘레 구하기

1 바다네 가족은 제주도를 여행 중입니다. 오늘 말을 타 보기로 하고 목장에 갔더니 말 여러 마리가 정육각형 모양의 울타리 안에서 풀을 뜯고 있었습니다. 그림을 보고 물음에 답하세요.

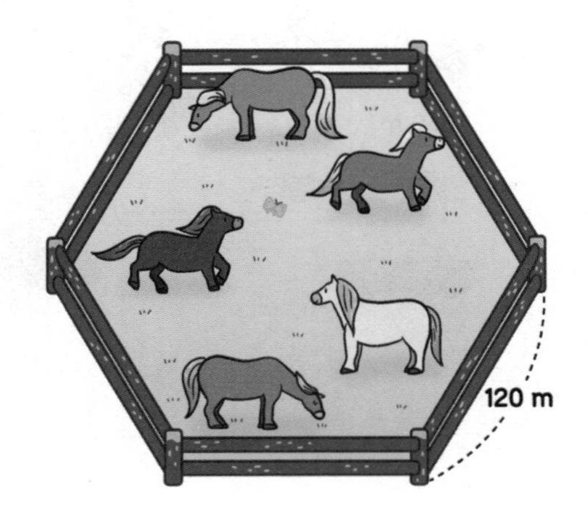

(1) 정육각형 모양 울타리의 한 변의 길이는 몇 m인가요?

( )

(2) 정육각형은 길이가 같은 변이 몇 개인가요?

( )

(3) 정육각형의 둘레를 변의 길이를 모두 더해서 구해 보세요.

(4) 정육각형의 둘레를 곱셈을 이용하여 구해 보세요.

2 정다각형의 둘레를 구하는 방법을 알아보세요.

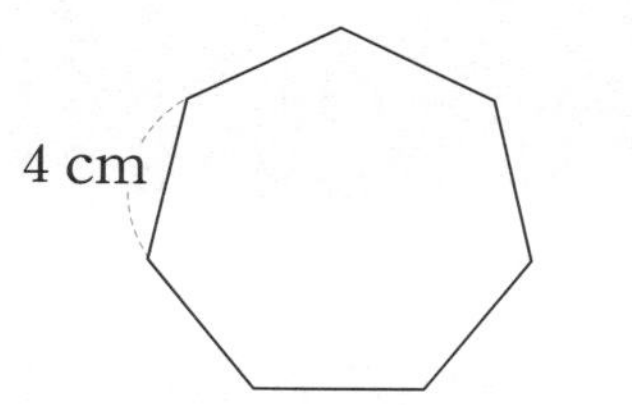

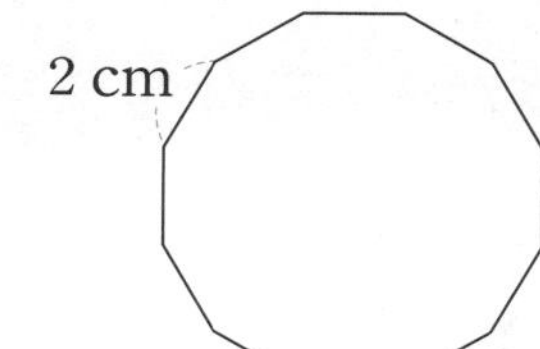

(1) 정다각형의 한 변의 길이, 변의 수, 둘레를 표로 나타내어 보세요.

	한 변의 길이	변의 수(개)	둘레
정칠각형			
정십이각형			

(2) 표를 보고 규칙을 찾아 정다각형의 둘레를 구하는 방법을 써 보세요.

정다각형의 한 변의 길이와
변의 수를 잘 살펴봐.

3 정다각형의 둘레를 구해 보세요.

(1)

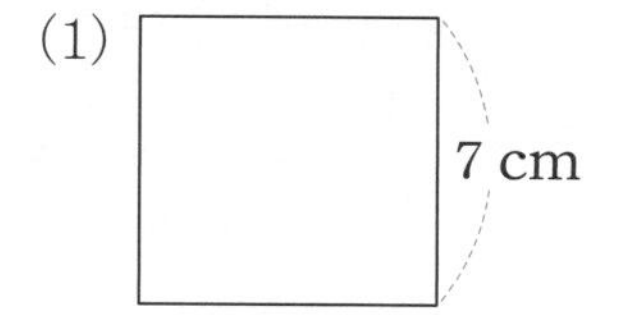

(　　　　　　　)

(2)

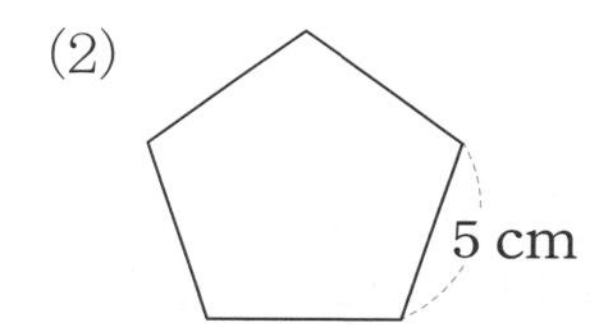

(　　　　　　　)

4 정삼각형 모양의 반죽을 연결해 피자를 만들려고 합니다. 물음에 답하세요.

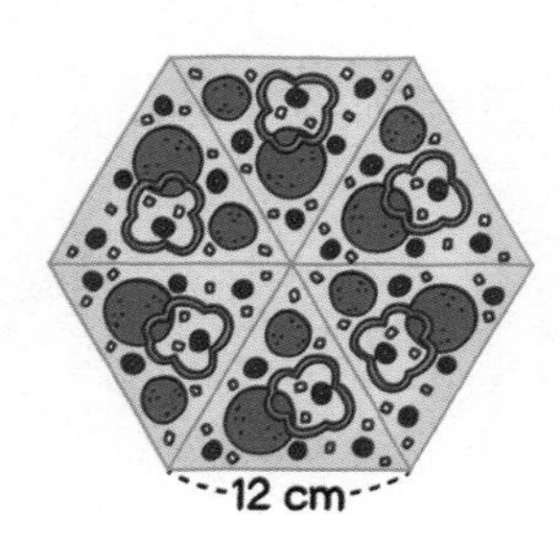

(1) 피자 한 조각의 둘레는 몇 cm인가요?

(　　　　　　　)

(2) 피자 전체의 둘레는 몇 cm인가요?

(　　　　　　　)

개념 정리 정다각형의 둘레를 구하는 방법

- 둘레는 도형이나 표면의 바깥을 두른 선 또는 그 선을 잰 길이를 뜻합니다.
- 정다각형의 둘레는 (한 변의 길이)×(변의 수)로 구할 수 있습니다.

개념활용 ①-2

사각형의 둘레 구하기

1 산이는 저녁마다 축구 경기장 둘레를 걷기로 했습니다. 축구 경기장의 둘레를 알아보세요.

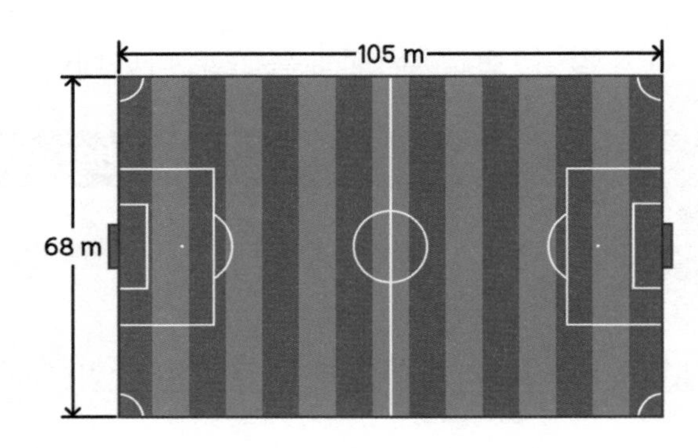

(1) 축구 경기장은 무슨 모양인가요?

(2) 축구 경기장의 둘레를 어떻게 구할 수 있는지 써 보세요.

(3) 축구 경기장의 둘레를 변의 길이를 모두 더해서 구해 보세요.

(4) 축구 경기장의 둘레를 마주 보는 두 변의 길이가 같음을 이용하여 구해 보세요.

2 직사각형의 둘레를 구해 보세요.

(1)

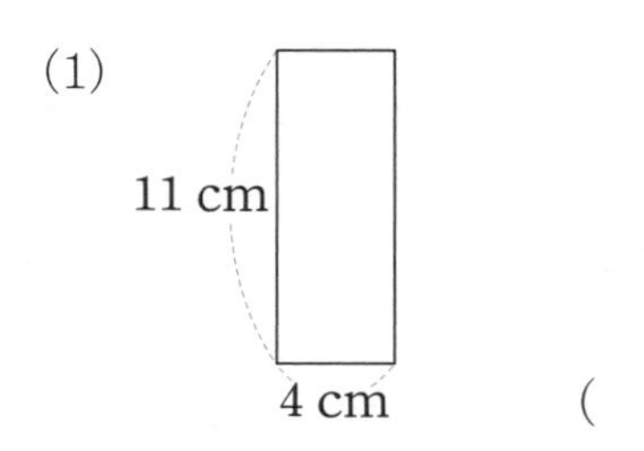

(　　　　　　　)

(2)

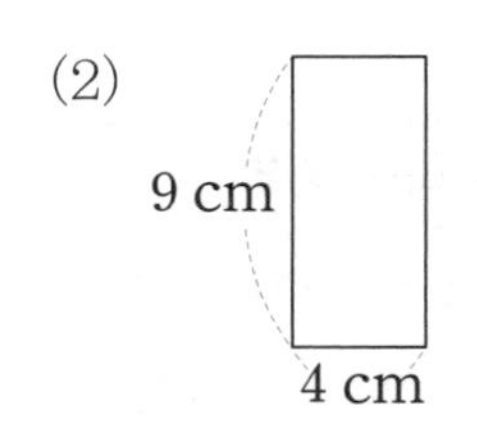

(　　　　　　　)

3 산이는 운동 후 집으로 돌아오다가 평행사변형 모양의 놀이터와 마름모 모양의 연못을 발견했어요.

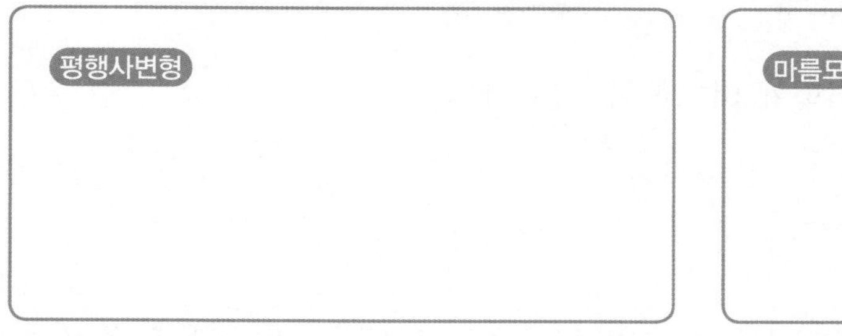

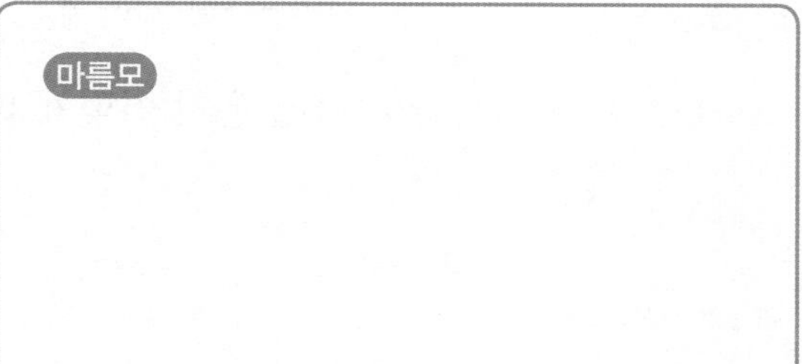

(1) 놀이터와 연못의 둘레를 구하는 데 이용할 수 있는 평행사변형과 마름모의 성질을 써 보세요.

평행사변형	마름모

(2) 평행사변형과 마름모의 성질을 이용하여 놀이터와 연못의 둘레를 구해 보세요.

4 평행사변형과 마름모의 둘레를 구해 보세요.

(1)

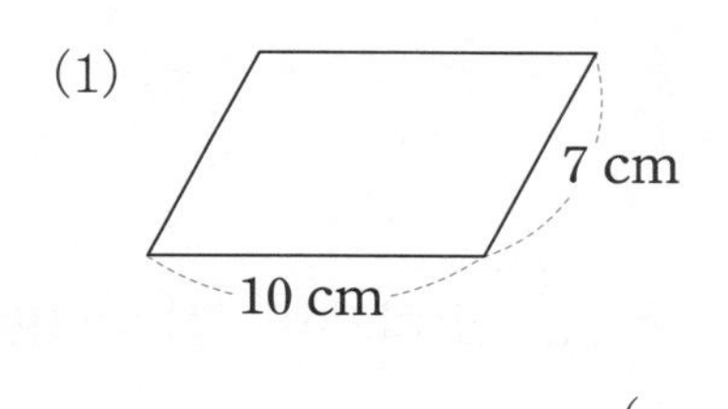

(　　　　　　)

(2)

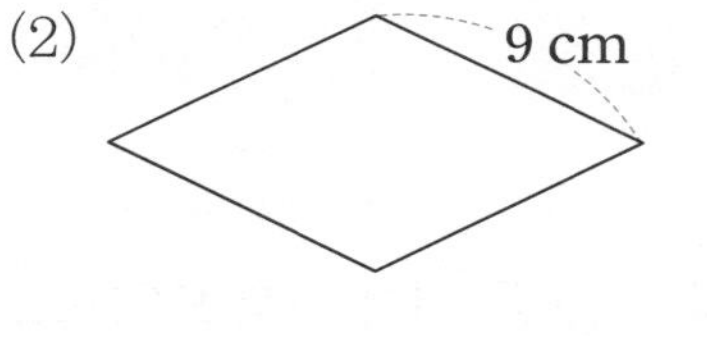

(　　　　　　)

개념 정리 사각형의 둘레를 구하는 방법

- (직사각형의 둘레)=(가로×2)+(세로×2)=(가로+세로)×2
- (평행사변형의 둘레)=(한 변의 길이×2)+(이웃한 변의 길이)×2
  =(한 변의 길이+이웃한 변의 길이)×2
- (마름모의 둘레)=(한 변의 길이)×4

어느 게시판이 더 넓은가요?

1 하늘이네 집에는 게시판이 2개 있습니다. 게시판의 넓이를 비교하여 넓은 게시판은 거실에 두어 가족들이 함께 사용하고, 좁은 게시판은 하늘이 방에 두어 하늘이가 사용하려고 합니다.

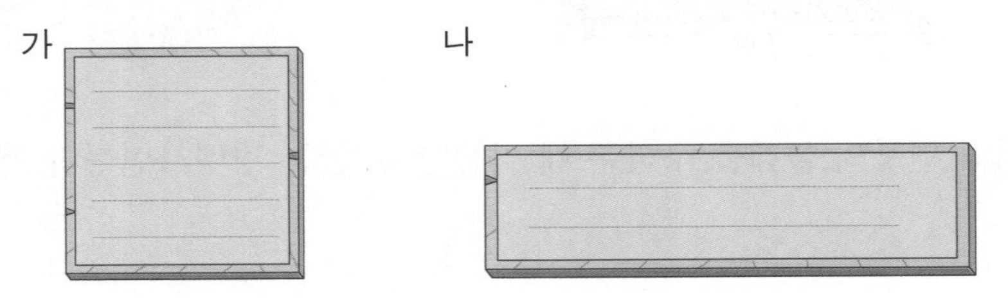

(1) 어느 게시판이 더 넓은지 어떻게 비교할 수 있을까요?

(2) 같은 크기의 원을 두 게시판에 채운 모습입니다. 어느 게시판이 더 넓은지 쓰고 이유를 설명해 보세요.

나

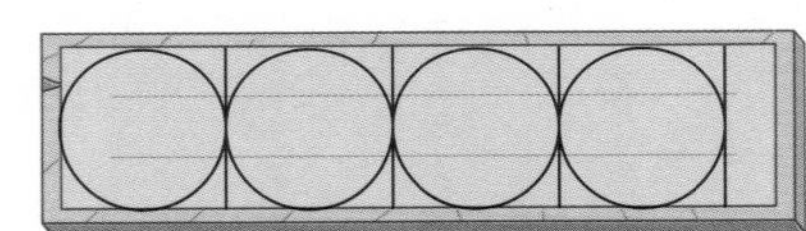

2 넓이가 같은 직사각형을 여러 가지 모양으로 채웠습니다. 넓이의 단위로 사용하기에 가장 적합한 것의 기호를 쓰고 이유를 써 보세요.

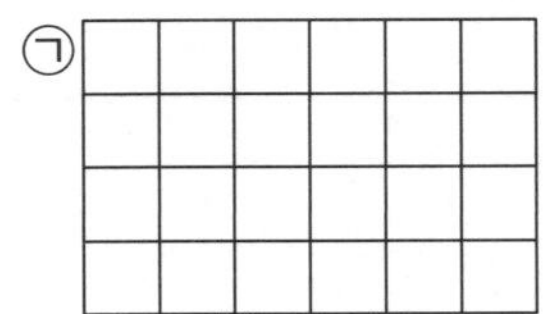

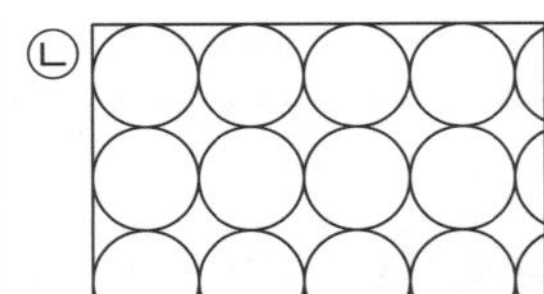

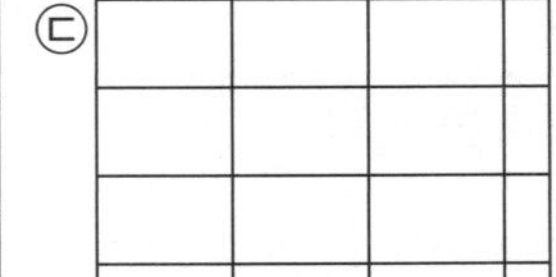

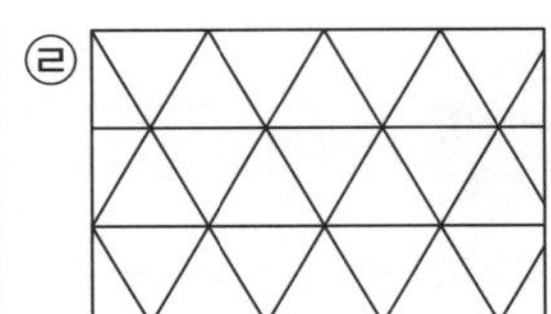

3 정사각형 모양의 메모지를 이용하여 두 메모판의 크기를 비교해 보기로 하고 각각의 메모판에 크기가 같은 메모지를 빈틈없이 이어 붙였습니다. 그림을 보고 물음에 답하세요.

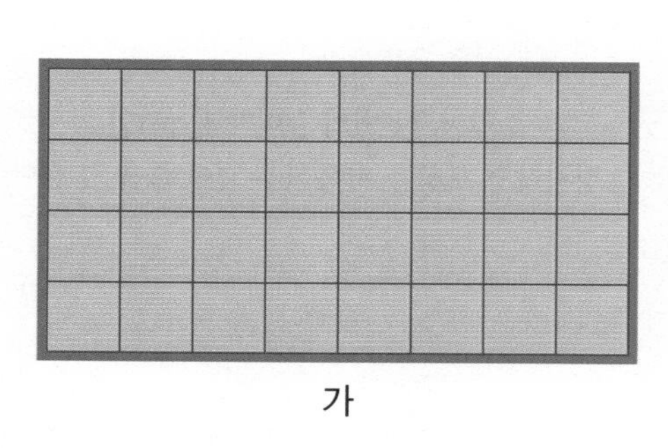
가

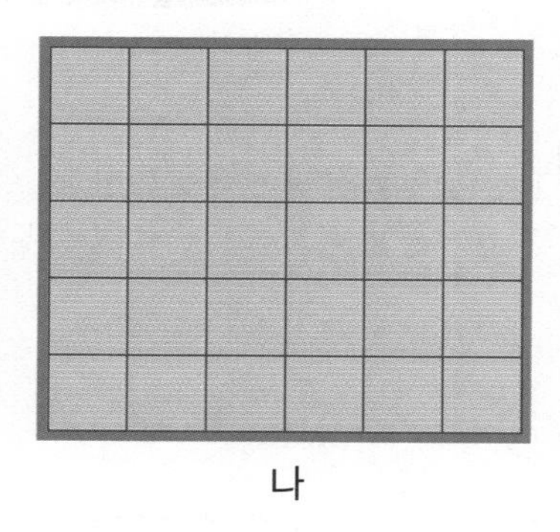
나

(1) 메모판 **가**와 **나** 중 어느 것이 더 넓은가요? 그렇게 생각한 이유는 무엇인가요?

(2) 메모판 **가**와 **나**에 붙인 메모지의 수를 빠르게 셀 수 있는 방법은 무엇일까요? 생각한 방법을 이용하여 메모지의 수를 세어 보세요.

(3) 메모판 **가**와 **나**의 넓이를 각각 어떻게 나타내면 좋을지 자유롭게 표현해 보세요.

4 하늘이는 자신의 책상과 동생의 책상의 넓이를 비교해 보기로 하고 자신의 책상에는 가로와 세로가 모두 5 cm인 메모지를 붙이고, 동생의 책상에는 가로와 세로가 모두 3 cm인 메모지를 붙였습니다. 하늘이가 넓이를 잘 비교할 수 있을지 쓰고 이유를 설명해 보세요.

개념활용 ❷-1

넓이의 단위(단위넓이)

넓이를 잴 때는 모두가 함께 사용할 수 있는 기준이 필요해.

맞아. 한 변의 길이가 1 cm인 정사각형 모양을 사용하는 것이 좋을 것 같아.

개념 정리 단위넓이

단위넓이는 넓이를 잴 때 기준이 되는 넓이로 한 변의 길이가 1 cm인 정사각형의 넓이입니다.

한 변의 길이가 1 cm인 정사각형의 넓이를 1 cm^2라 쓰고, 1 제곱센티미터라고 읽습니다.

1 cm, 1 cm, 1 cm^2

1 cm^2 1 cm^2

1 직사각형에 1 cm^2 스티커를 여러 장 붙였습니다. 스티커의 개수를 세어 도형의 넓이를 구해 보세요.

(1)

1 cm^2	1 cm^2	1 cm^2	1 cm^2
1 cm^2	1 cm^2	1 cm^2	1 cm^2
1 cm^2	1 cm^2	1 cm^2	1 cm^2

(　　　　　　　　)

(2)

1 cm^2	1 cm^2
1 cm^2	1 cm^2
1 cm^2	1 cm^2
1 cm^2	1 cm^2
1 cm^2	1 cm^2

(　　　　　　　　)

(3)

1 cm^2	1 cm^2	1 cm^2	1 cm^2	1 cm^2	1 cm^2
1 cm^2	1 cm^2	1 cm^2	1 cm^2	1 cm^2	1 cm^2

(　　　　　　　　)

(4)

1 cm^2	1 cm^2	1 cm^2	1 cm^2	1 cm^2	1 cm^2	1 cm^2

(　　　　　　　　)

2 단위넓이 $1\ cm^2$ 의 개수를 세어 직사각형 모양 게시판의 넓이를 구해 보세요.

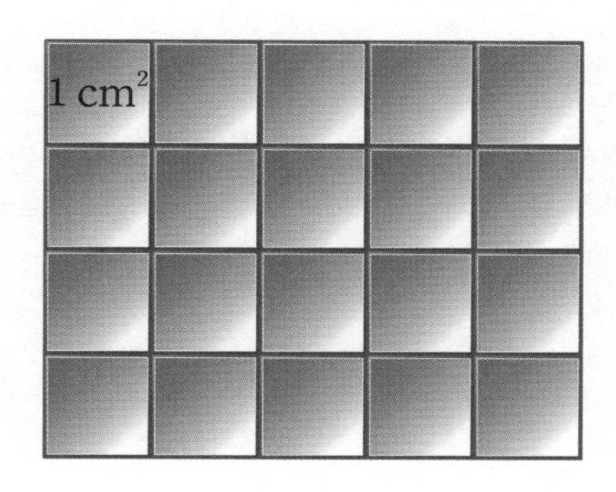

(1) $1\ cm^2$가 가로로 ☐개씩, 세로로 ☐줄입니다.

(2) 직사각형 모양의 게시판에서 $1\ cm^2$는 모두 ☐개이므로 넓이는 ☐ cm^2입니다.

3 가와 나의 넓이를 구해 보세요.

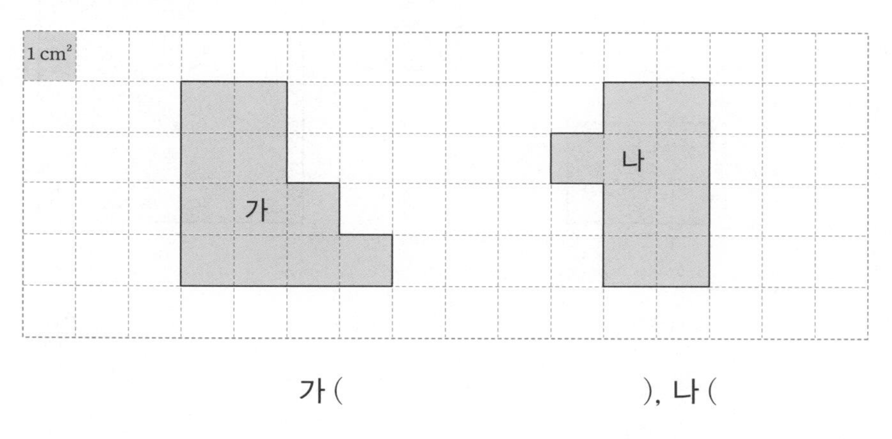

가 (　　　　　　　　), 나 (　　　　　　　　)

4 넓이가 $10\ cm^2$인 도형을 2개 그려 보세요.

개념활용 ❷-2

직사각형, 정사각형의 넓이

바다: 직사각형의 넓이는 어떻게 구할 수 있을까?

하늘: 직사각형 안에 단위넓이가 몇 개 들어가는지 생각해 봐야 해.

1 직사각형의 넓이를 구해 보세요.

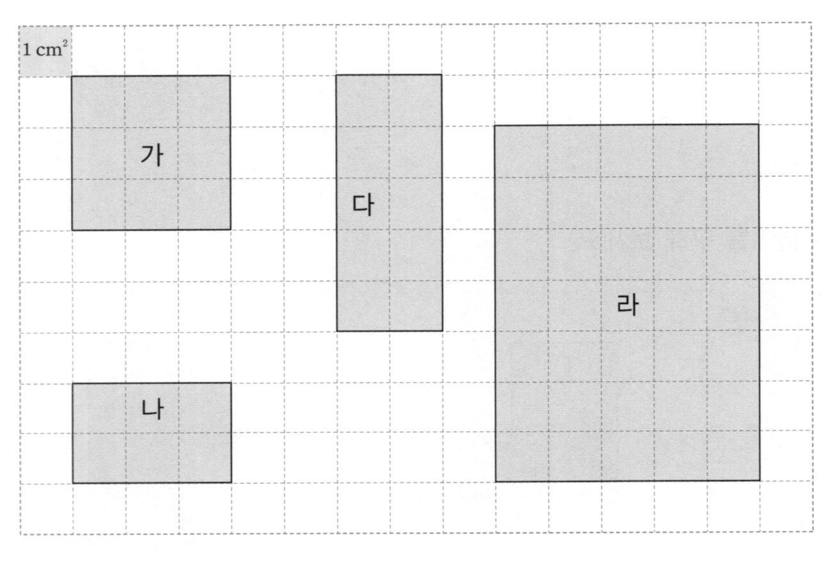

가 (　　　　　　), 나 (　　　　　　), 다 (　　　　　　), 라 (　　　　　　)

2 직사각형의 가로와 세로의 길이를 자로 재어 넓이를 구해 보세요.

(1)

(2)

(3)

(　　　　　　)　(　　　　　　)　(　　　　　　)

3 직사각형과 정사각형의 넓이를 구하는 방법을 생각해 보세요.

(1) 직사각형의 넓이를 구하는 방법을 '가로'와 '세로'를 사용하여 식으로 나타내어 보세요.

(2) 정사각형의 넓이를 구하는 방법을 '한 변의 길이'를 사용하여 식으로 나타내어 보세요.

4 직사각형과 정사각형의 넓이를 구해 보세요.

(1)

11 cm

4 cm

(　　　　　　　)

(2)

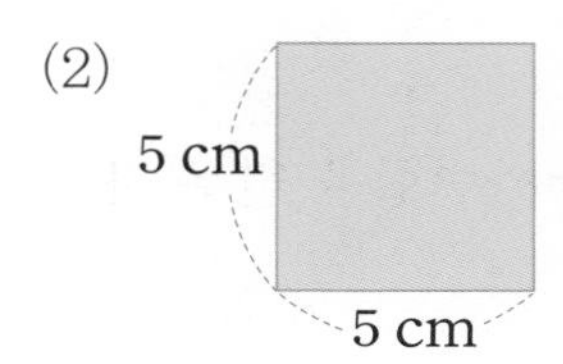

(　　　　　　　)

5 □ 안에 알맞은 수를 써넣으세요.

(1)

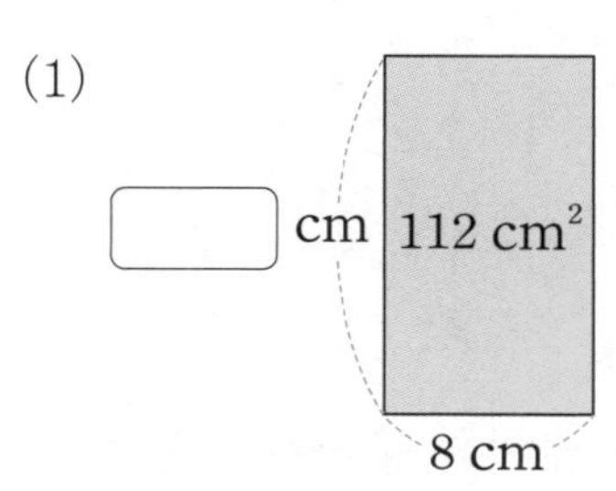

(2)

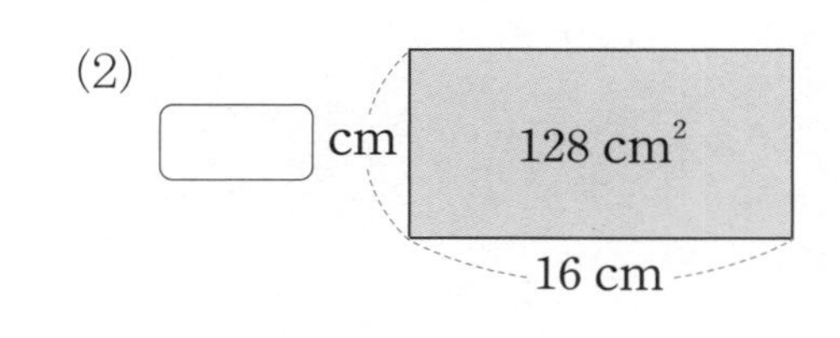

개념 정리 직사각형, 정사각형의 넓이를 구하는 방법

- (직사각형의 넓이)=(가로)×(세로)
- (정사각형의 넓이)=(한 변의 길이)×(한 변의 길이)

생각열기 ③

퍼즐 조각의 넓이는 어떻게 구할까요?

1 산이와 하늘이는 장난감 상자에서 찾은 평행사변형 모양의 퍼즐 조각의 넓이를 구하려고 해요.

(1) 마주 보는 두 쌍의 변이 서로 평행한 사각형을 평행사변형이라고 합니다. 평행사변형의 성질을 써 보세요.

(2) 그림과 같이 평행사변형을 일부 자르고 옮겨 붙이면 직사각형이 되는 이유를 설명해 보세요.

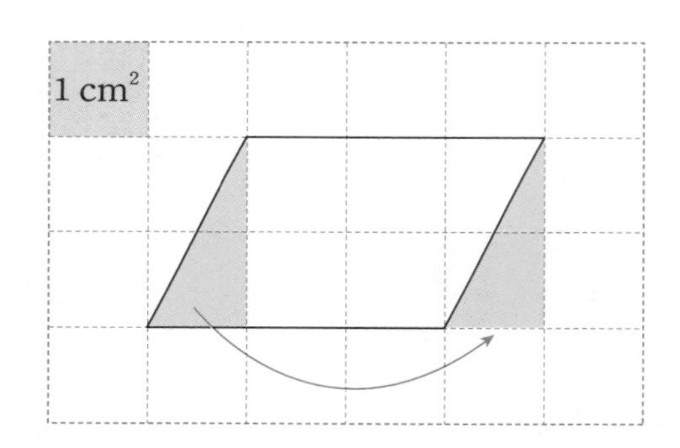

(3) 직사각형의 넓이를 구하는 방법과 관련지어 평행사변형의 넓이를 구하는 방법을 설명해 보세요.

2 강이와 바다는 장난감 상자에서 찾은 마름모 모양의 퍼즐 조각의 넓이를 구하려고 해요.

(1) 네 변의 길이가 모두 같은 사각형을 마름모라고 합니다. 마름모의 성질을 써 보세요.

(2) 마름모를 일부 자르고 옮겨 붙여서 평행사변형과 직사각형으로 만들어 보세요.

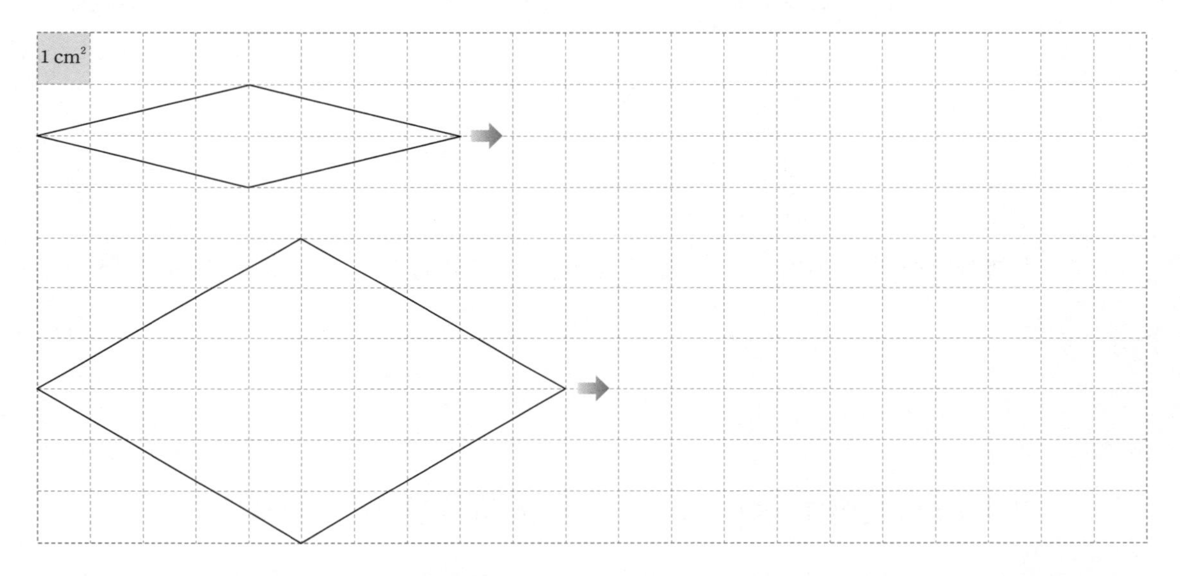

(3) 마름모의 넓이와 만들어진 평행사변형 또는 직사각형의 넓이를 비교하고 그렇게 비교한 이유를 써 보세요.

(4) (3)에서 알게 된 점과 관련지어 마름모의 넓이를 구하는 방법을 설명해 보세요.

개념활용 ❸-1

평행사변형의 넓이

1 평행사변형을 직사각형으로 바꾸어 넓이를 구하려고 합니다. 물음에 답하세요.

(1) 평행사변형 **가**와 **나**를 일부 자르고 옮겨서 직사각형으로 만들어 보세요.

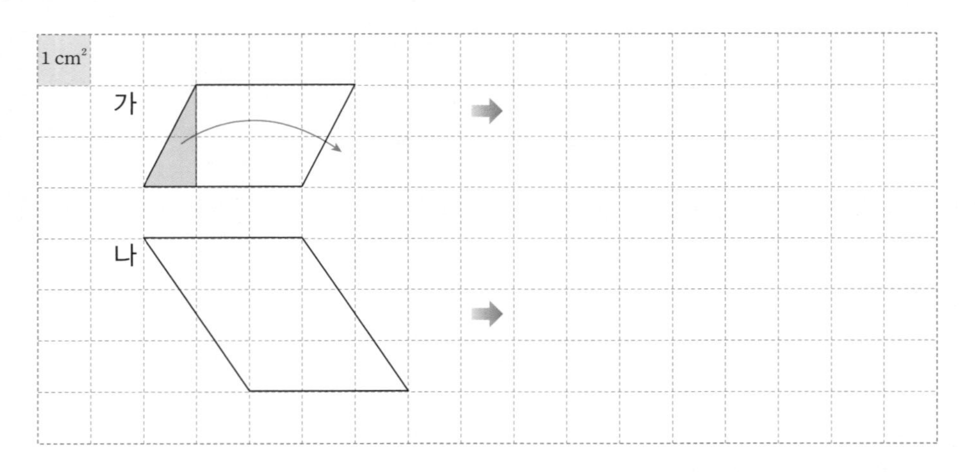

(2) 평행사변형의 넓이와 직사각형의 넓이를 비교하고 그렇게 비교한 이유를 써 보세요.

(3) 직사각형의 넓이를 구하여 평행사변형 **가**, **나**의 넓이를 알아보세요.

가 (　　　　　　　　　　), **나** (　　　　　　　　　　)

(4) 평행사변형 **가**에서 한 칸이 다 채워지지 않은 부분을 합친 다음 단위넓이 ($1\ \mathrm{cm}^2$)의 개수를 세어 (3)에서 구한 넓이와 같은지 확인해 보세요.

개념 정리 평행사변형의 구성 요소

평행사변형에서 평행한 두 변을 밑변이라 하고, 두 밑변 사이의 거리를 높이라고 합니다.

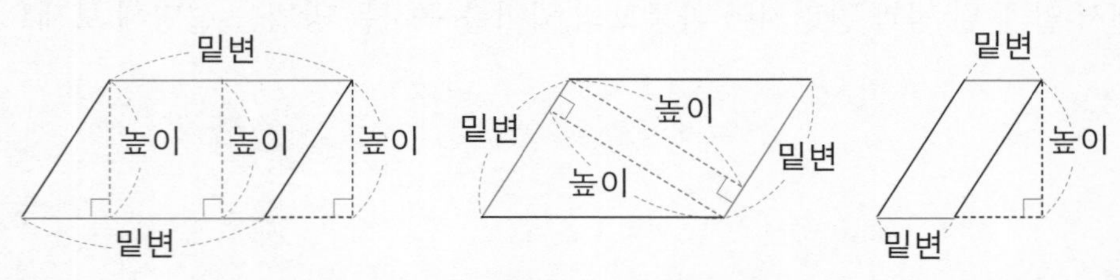

2 평행사변형과 평행사변형을 변형한 직사각형에 대해 알아보세요.

(1) 직사각형의 가로와 세로는 평행사변형의 무엇과 같나요?

가로 (　　　　　　　　　　), 세로 (　　　　　　　　　　)

(2) 직사각형의 넓이를 구하는 방법을 이용하여 평행사변형의 넓이를 구하는 식을 써 보세요.

개념 정리 평행사변형의 넓이를 구하는 방법

- (평행사변형의 넓이)=(밑변의 길이)×(높이)

3 평행사변형의 넓이를 구해 보세요.

(1)

4 cm

9 cm

(　　　　　　　)

(2)

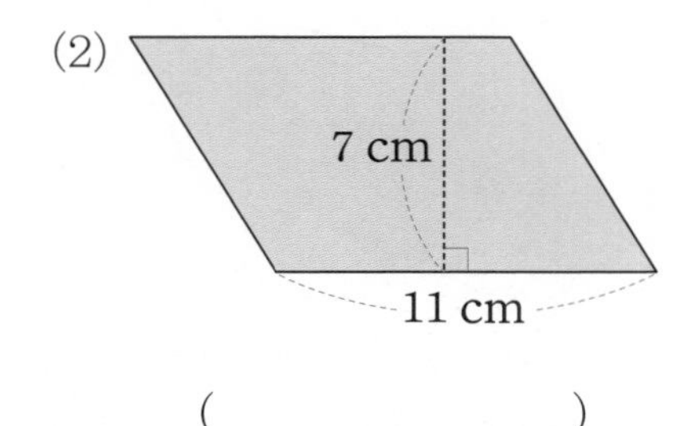

(　　　　　　　)

(3)

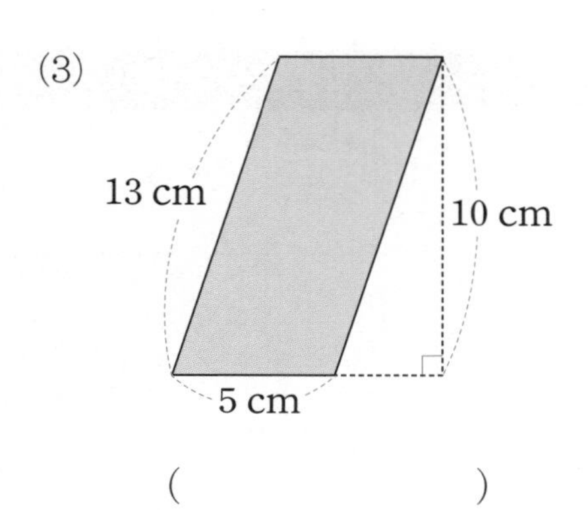

(　　　　　　　)

(4)

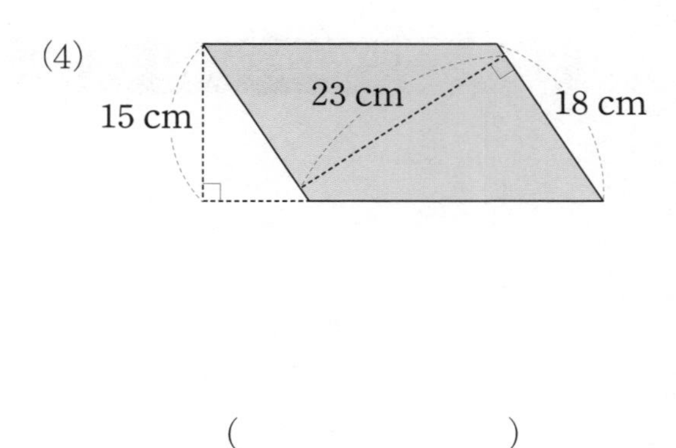

(　　　　　　　)

개념활용 ③-2

마름모의 넓이

1 삼각형으로 잘라서 마름모의 넓이를 구하는 방법을 알아보세요.

(1) 마름모를 삼각형으로 자르고 일부를 옮겨서 직사각형으로 만들어 보세요.

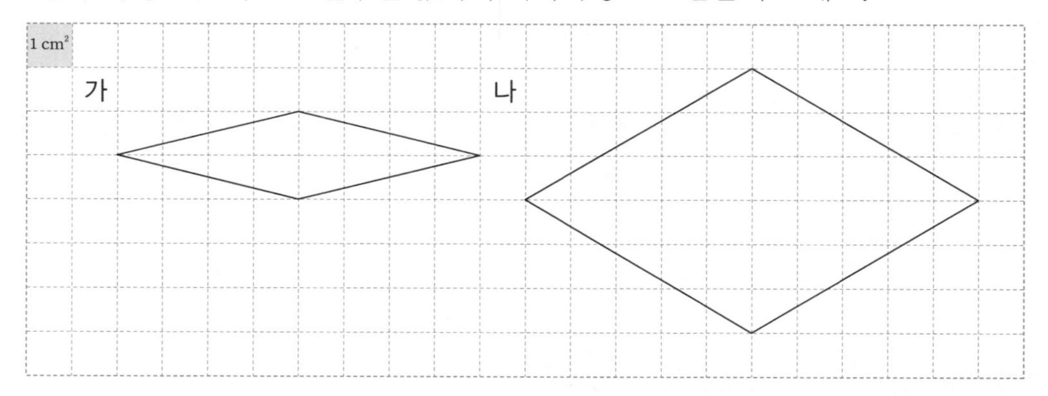

(2) 마름모를 한 대각선을 따라 자르고 옮겨서 평행사변형으로 만들어 보세요.

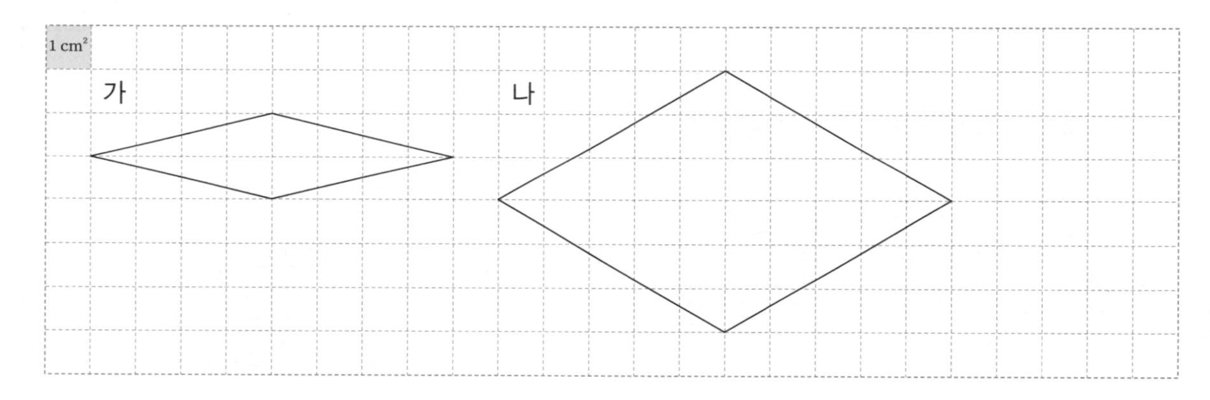

(3) (1)의 직사각형과 (2)의 평행사변형의 넓이를 이용하여 마름모의 넓이를 구해 보세요.

	직사각형의 넓이	평행사변형의 넓이	마름모의 넓이
가			
나			

2 마름모를 둘러싸는 직사각형을 그려서 마름모의 넓이를 구하는 방법을 알아보세요.

(1) 마름모를 둘러싸는 직사각형을 그려 보세요.

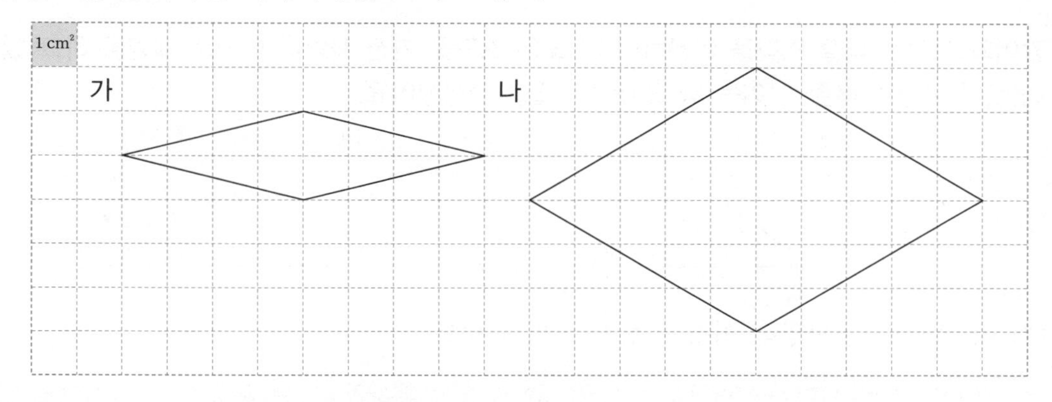

(2) 직사각형의 넓이는 마름모 넓이의 몇 배인가요?

(　　　　　　　　　　)

(3) 직사각형의 넓이를 이용하여 마름모의 넓이를 구해 보세요.

	직사각형의 넓이	마름모의 넓이
가		
나		

(4) 단위넓이($1\ cm^2$)의 수를 세어 마름모의 넓이를 구하고, 문제 **1**, **2**에서 구한 넓이와 비교해 보세요.

가 (　　　　　　　　　　), 나 (　　　　　　　　　　)

개념 정리 마름모의 넓이를 구하는 방법

• (마름모의 넓이)=(한 대각선의 길이)×(다른 대각선의 길이)÷2

3 마름모의 넓이를 구해 보세요.

(1)

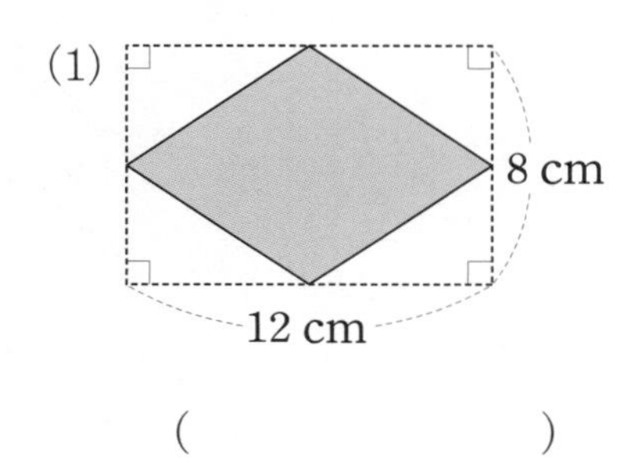

(　　　　　　)

(2)

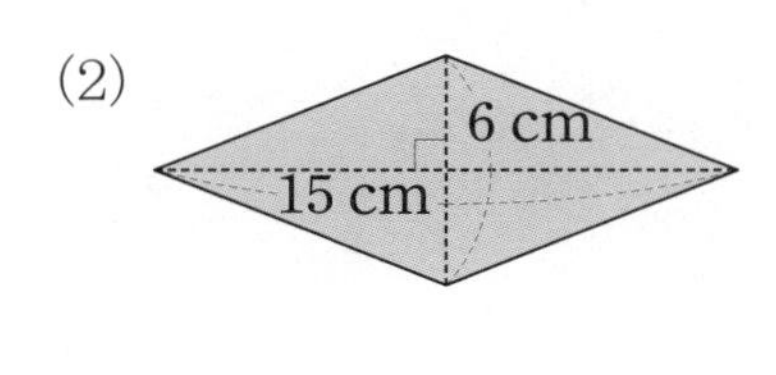

(　　　　　　)

생각열기 ④

퍼즐 조각을 뒤집어 붙여 볼까요?

1 강이와 산이는 퍼즐 조각을 이용하여 더 넓은 조각을 가진 사람이 이기는 게임을 하고 있습니다. 강이는 가 모양의 퍼즐, 산이는 나 모양의 퍼즐을 선택했어요.

가

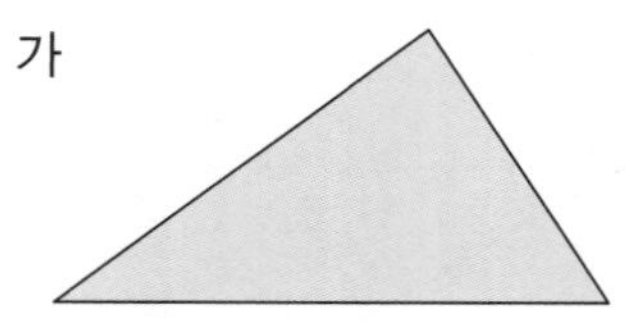

나

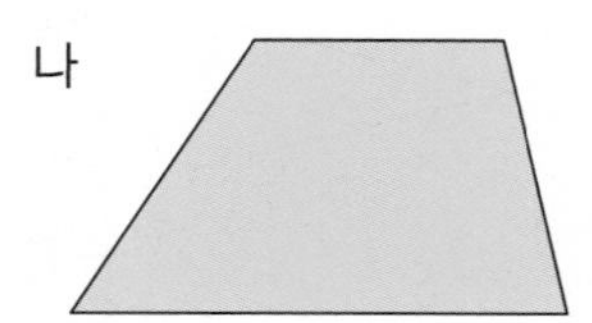

(1) **가** 모양과 **나** 모양의 이름과 성질을 써 보세요.

모양	이름	성질
가		
나		

(2) 삼각형을 자르거나 2개를 붙여서 넓이를 구하기 쉬운 도형으로 만들어 보세요.

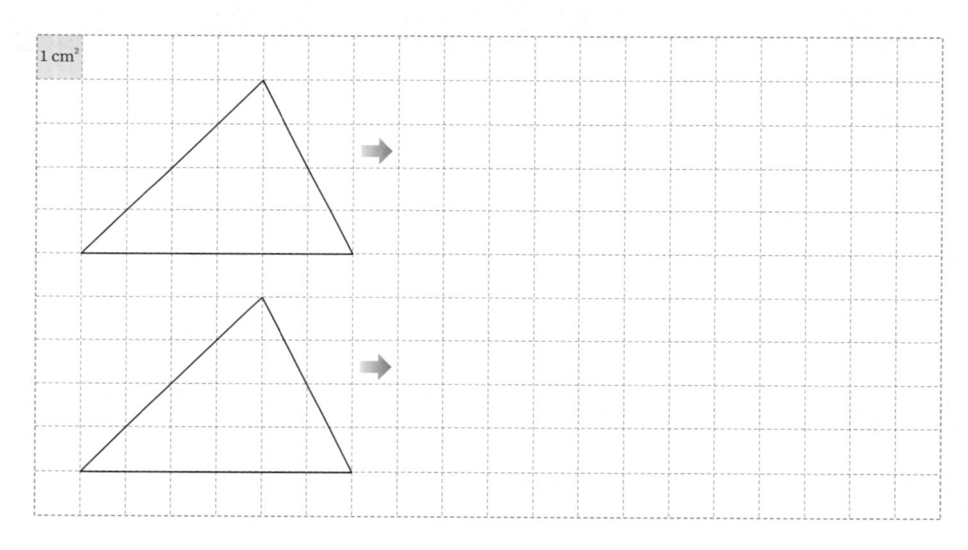

(3) (2)에서 만든 도형을 이용하여 삼각형의 넓이를 구하는 방법을 설명해 보세요.

(4) **나**의 넓이를 구하기 위해 도형을 어떤 모양으로 바꾸면 좋을까요?

(5) 사다리꼴을 자르거나 2개를 붙여서 넓이를 구하기 쉬운 도형으로 만들어 보세요.

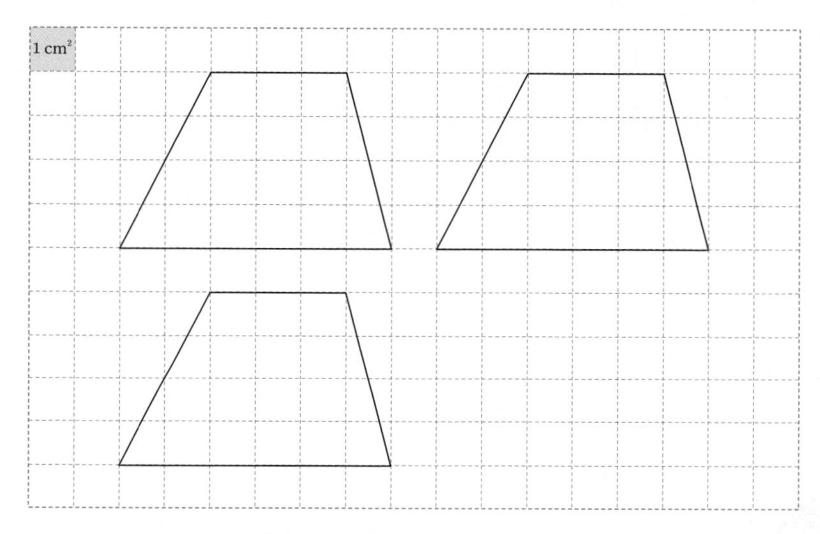

(6) 사다리꼴의 넓이를 여러 가지 방법으로 구하고 어떻게 구했는지 설명해 보세요.

(7) **가**와 **나** 중 어느 것이 더 넓은 조각인가요?

(　　　　　　　　　　)

개념활용 ❹-1

삼각형의 넓이

1 삼각형 2개를 이용하여 삼각형의 넓이를 구하는 방법을 알아보세요.

(1) 삼각형을 2개 붙여 넓이를 구할 수 있는 평행사변형으로 만들어 보세요.

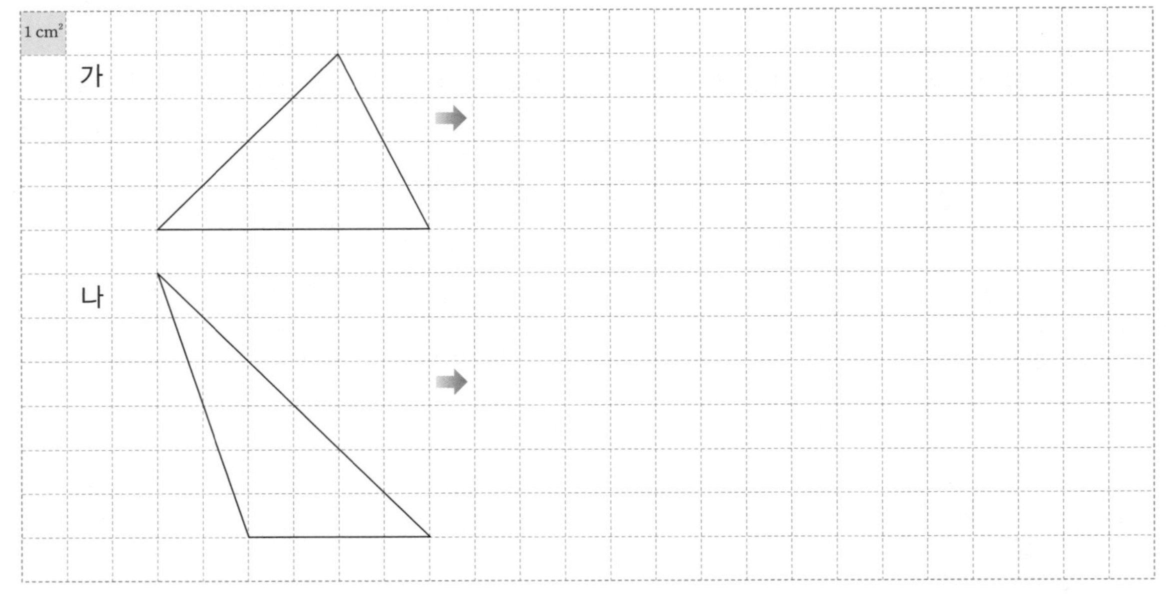

삼각형을 180° 돌려서 붙여 봐.

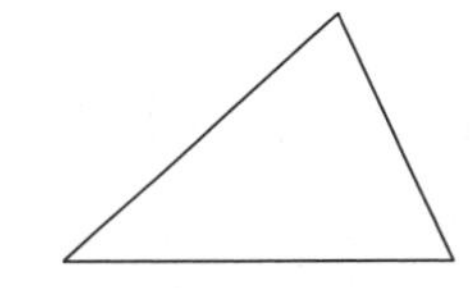

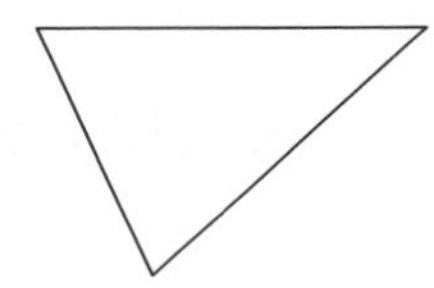

(2) 삼각형과 평행사변형의 넓이를 비교하고 그렇게 비교한 이유를 써 보세요.

(3) 평행사변형의 넓이를 이용하여 삼각형 **가**, **나**의 넓이를 구해 보세요.

가 ( ), 나 ( )

2 삼각형을 잘라서 넓이를 구하는 방법을 알아보세요.

(1) 삼각형을 높이의 절반인 점선을 따라 잘라 붙여서 넓이를 구하기 쉬운 평행사변형으로 만들어 보세요.

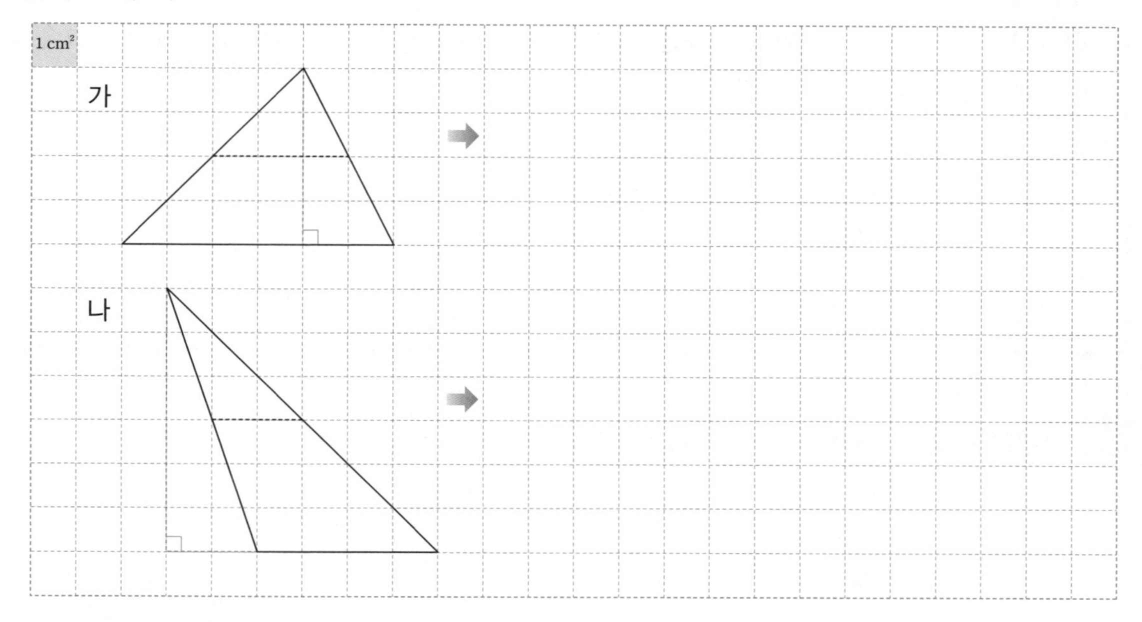

(2) 삼각형과 평행사변형의 넓이를 비교하고 그렇게 비교한 이유를 써 보세요.

(3) 평행사변형의 넓이를 이용하여 삼각형 **가**, **나**의 넓이를 구해 보세요.

가 (　　　　　　　　　　), **나** (　　　　　　　　　　)

(4) 삼각형 **가**에서 한 칸이 다 채워지지 않은 부분을 합친 다음 단위넓이($1\ \mathrm{cm}^2$)의 개수를 세어 (3)에서 구한 넓이와 같은지 확인해 보세요.

개념활용 ④-1

삼각형의 넓이

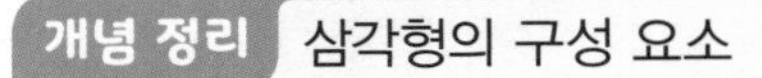

개념 정리 삼각형의 구성 요소

삼각형에서 한 변을 밑변이라고 하면, 밑변과 마주 보는 꼭짓점에서 밑변에 수직으로 그은 선분을 높이라고 합니다.

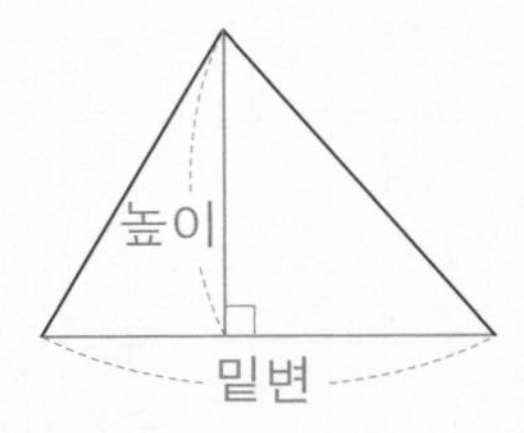

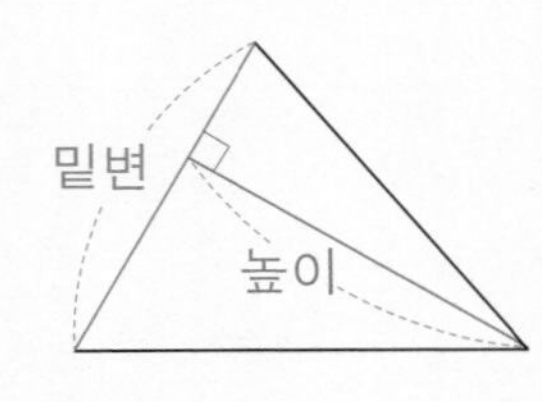

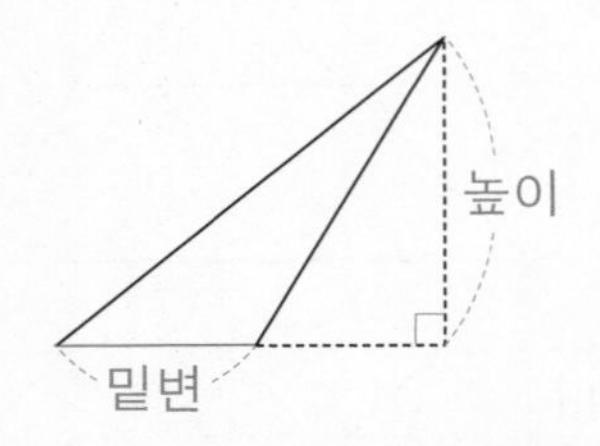

3 그림을 보고 삼각형의 넓이를 구하는 방법을 식으로 나타내어 보세요.

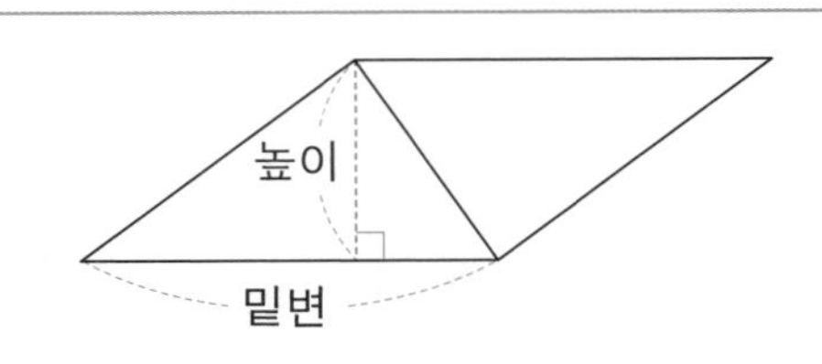

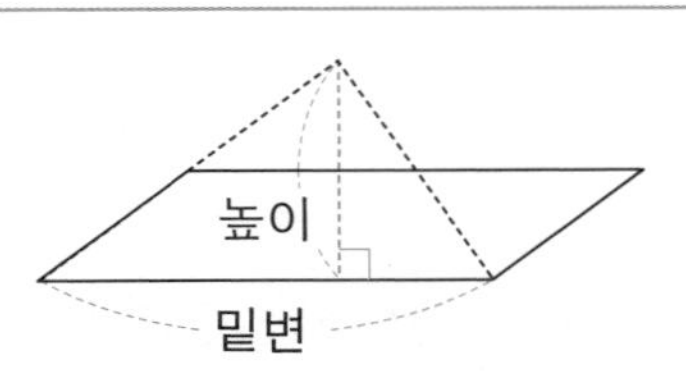

(삼각형의 넓이) =(평행사변형의 넓이)÷☐ =☐×☐÷2	(삼각형의 넓이)=(평행사변형의 넓이) =(밑변)×☐÷☐

4 삼각형의 넓이를 구해 보세요.

(1)

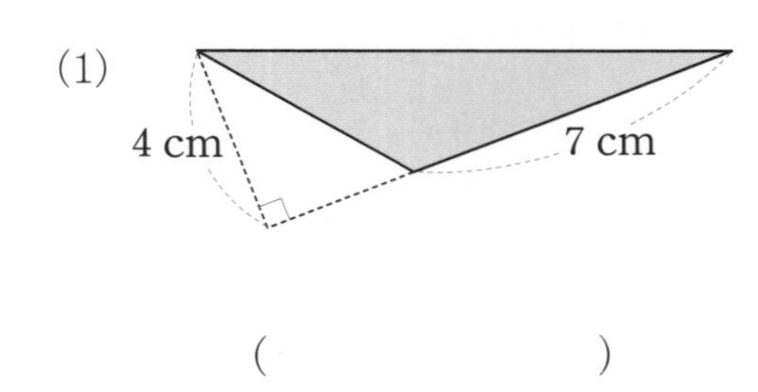

(　　　　　　)

(2)

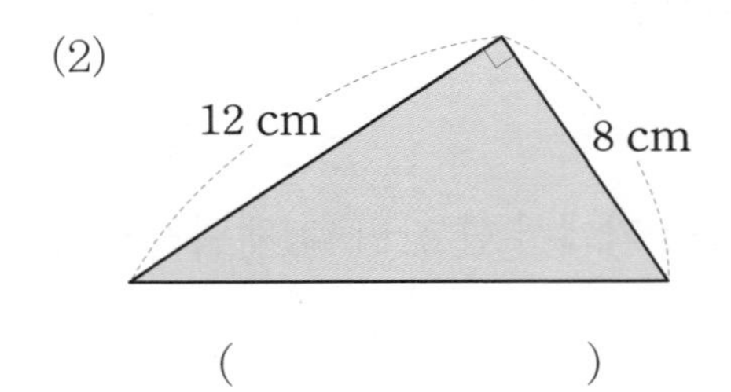

(　　　　　　)

개념 정리 삼각형의 넓이를 구하는 방법

- (삼각형의 넓이)=(밑변의 길이)×(높이)÷2

삼각형의 넓이를 비교해 보세요.

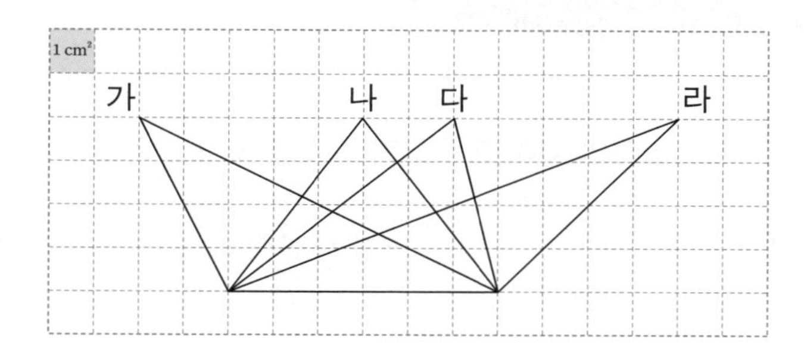

(1) 삼각형의 넓이를 구하려고 합니다. 표를 완성해 보세요.

모양	밑변	높이	넓이
가			
나			
다			
라			

(2) 삼각형의 넓이를 구하면서 알게 된 점을 써 보세요.

세 평행사변형의 넓이를 구하고 알게 된 점을 써 보세요.

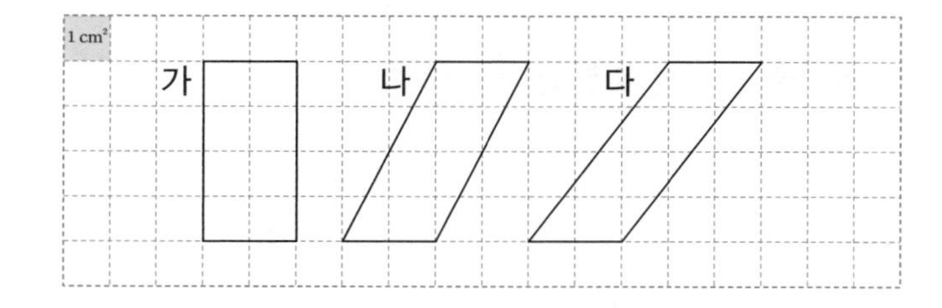

개념 정리

- 밑변의 길이와 높이가 같은 삼각형은 넓이가 모두 같습니다.
- 밑변의 길이와 높이가 같은 평행사변형은 넓이가 모두 같습니다.

개념활용 ④-2

사다리꼴의 넓이

사다리꼴 2개를 이용하여 사다리꼴의 넓이를 구하는 방법을 알아보세요.

(1) 사다리꼴을 2개 붙여 넓이를 구할 수 있는 평행사변형으로 만들어 보세요.

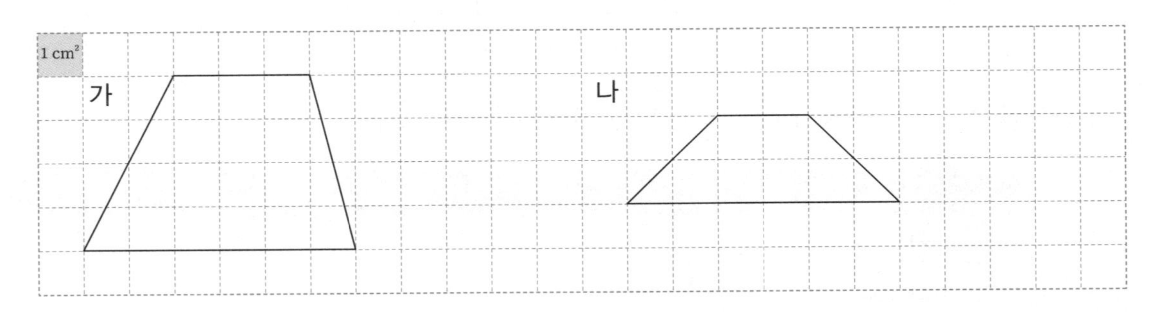

(2) 사다리꼴과 평행사변형의 넓이를 비교해 보세요.

(3) 평행사변형의 넓이를 이용하여 사다리꼴의 넓이를 구해 보세요.

가 ( ), 나 ( )

사다리꼴을 잘라서 넓이를 구하는 방법을 알아보세요.

(1) 사다리꼴을 높이의 절반인 점선을 따라 잘라 붙여서 넓이를 구할 수 있는 평행사변형으로 만들어 보세요.

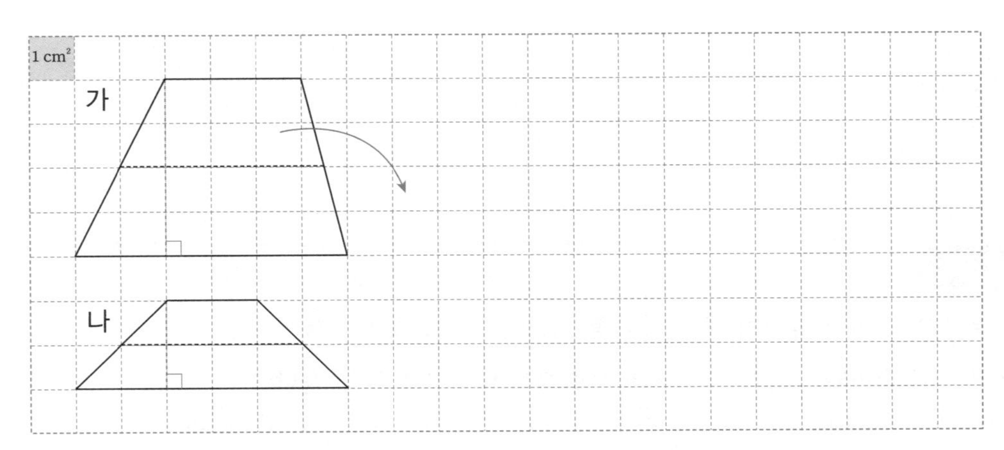

(2) 평행사변형의 넓이를 이용하여 사다리꼴의 넓이를 구해 보세요.

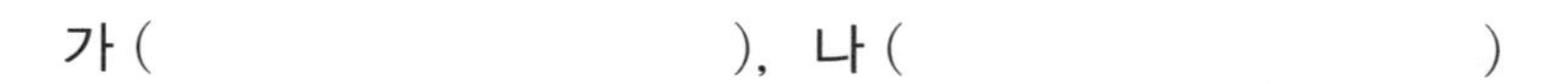

(3) 단위넓이(1 cm^2)의 수를 세어 사다리꼴의 넓이를 구하고, 문제 **1**과 **2**에서 구한 넓이와 비교해 보세요.

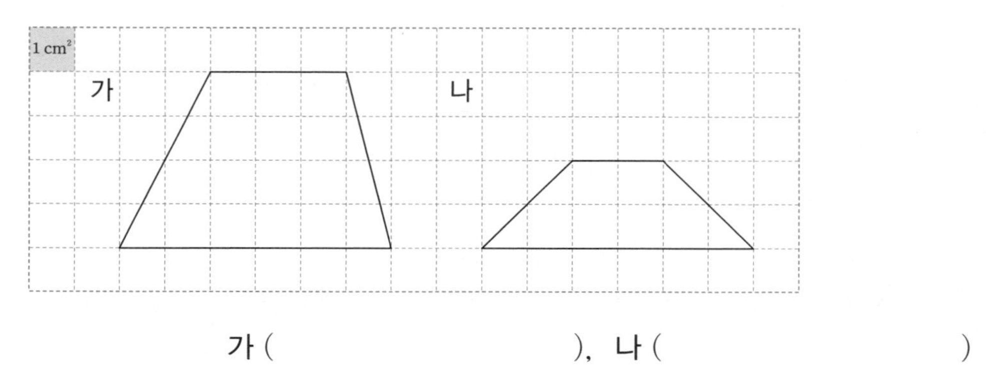

가 ( ), 나 ( )

개념 정리 사다리꼴의 구성 요소

사다리꼴에서 평행한 두 변을 밑변이라 하고, 한 밑변을 윗변, 다른 밑변을 아랫변이라고 합니다. 이때 두 밑변 사이의 거리를 높이라고 합니다.

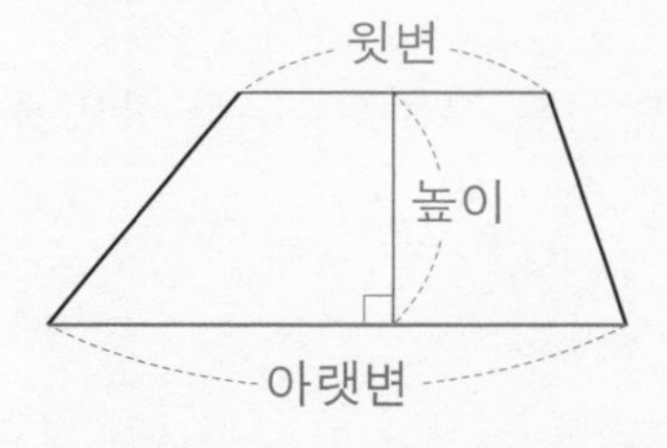

(4) 평행사변형의 넓이를 구하는 방법을 이용하여 사다리꼴의 넓이를 구하는 방법을 식으로 나타내어 보세요.

개념 정리 사다리꼴의 넓이를 구하는 방법

- (사다리꼴의 넓이)$=$(윗변의 길이$+$아랫변의 길이)$\times$(높이)$\div 2$

사다리꼴의 넓이

3 사다리꼴을 넓이를 구하기 쉬운 도형으로 나누려고 합니다. 그림을 보고 물음에 답하세요.

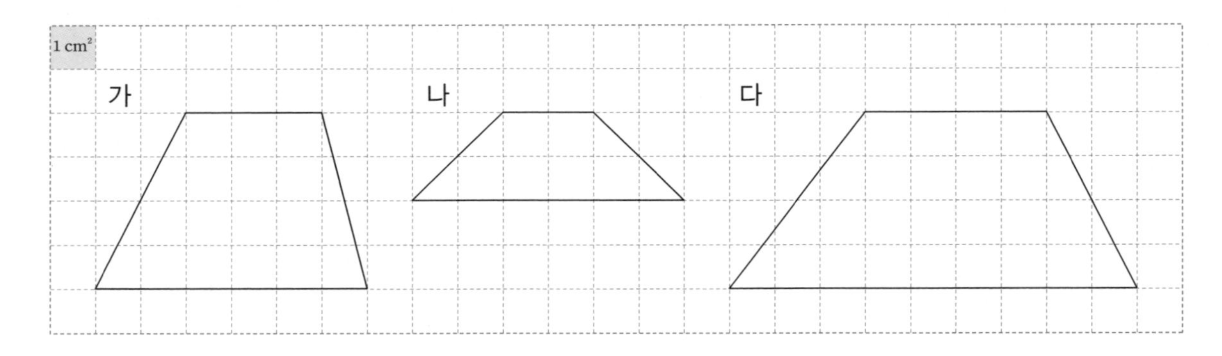

(1) **가**를 직사각형 1개와 삼각형 2개로 나누어 넓이를 구하고, 구한 방법을 설명해 보세요.

(2) **나**를 삼각형 2개로 나누어 넓이를 구하고, 구한 방법을 설명해 보세요.

(3) **다**를 평행사변형 1개와 삼각형 1개로 나누어 넓이를 구하고, 구한 방법을 설명해 보세요.

4 사다리꼴의 넓이를 구해 보세요.

(1)

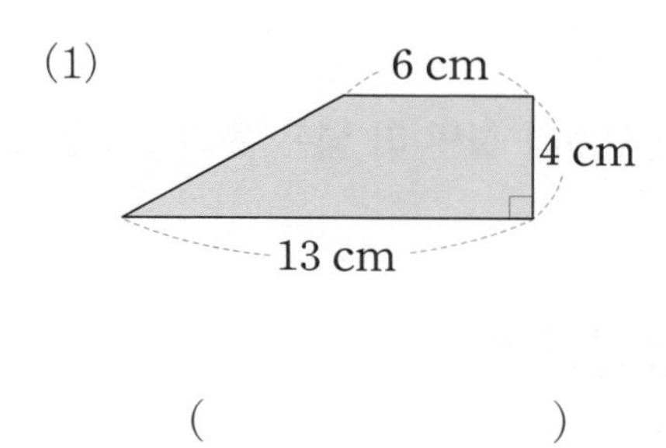

(　　　　　　　　)

(2)

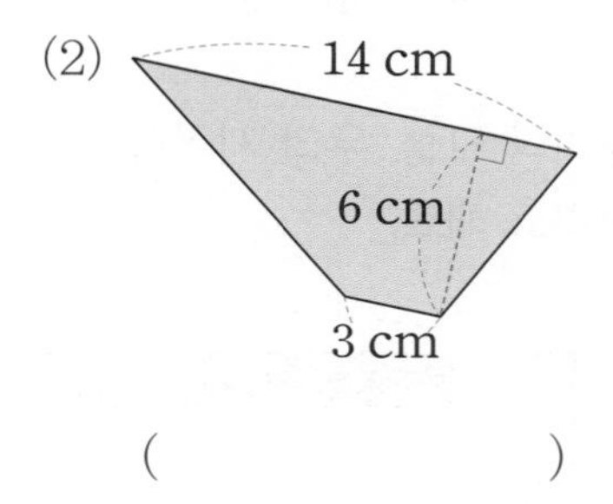

(　　　　　　　　)

5 □ 안에 알맞은 수를 써넣으세요.

(1)

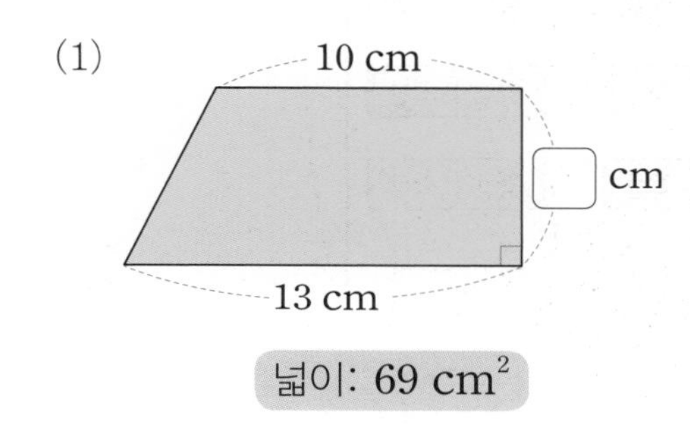

(2)

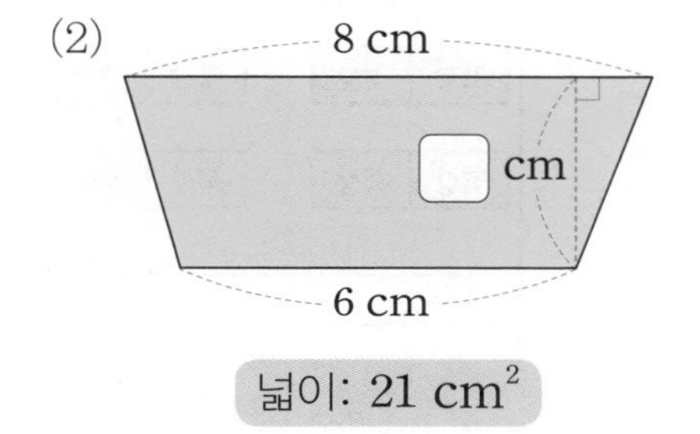

6 점판에 넓이가 8 cm^2인 사다리꼴을 2개 그려 보세요. (단, 점판 한 칸의 길이는 1 cm입니다.)

생각열기 5

교실이나 논의 넓이는 어떻게 나타낼까요?

1 바다와 산이는 방이나 교실, 우리 지역과 같이 퍼즐 조각의 넓이보다 훨씬 더 넓은 곳의 넓이는 얼마나 되는지 알아보려고 해요.

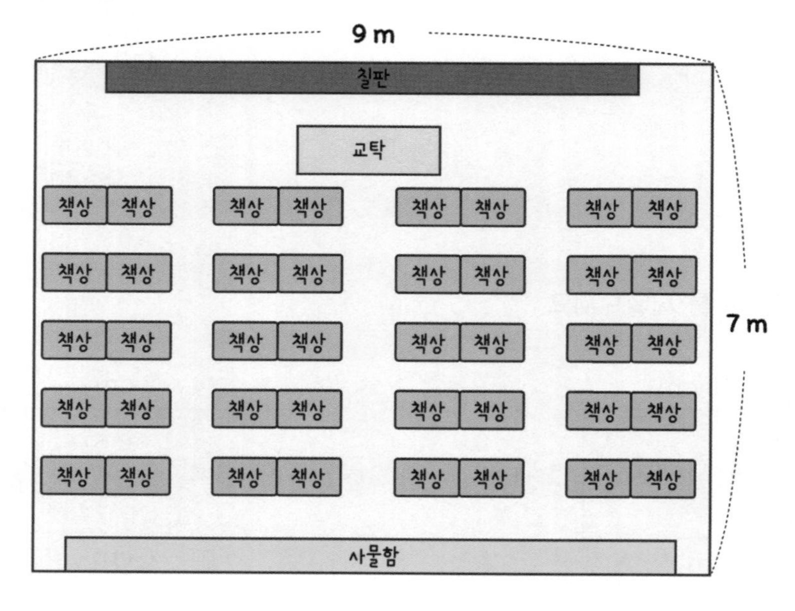

(1) 교실의 넓이는 몇 cm^2인가요? (　　　　　　　　)

(2) 교실의 넓이를 cm^2로 구했을 때 어떤 점이 불편했나요?

2 바다와 산이의 대화를 보고 다음 말을 알맞게 써넣으세요.

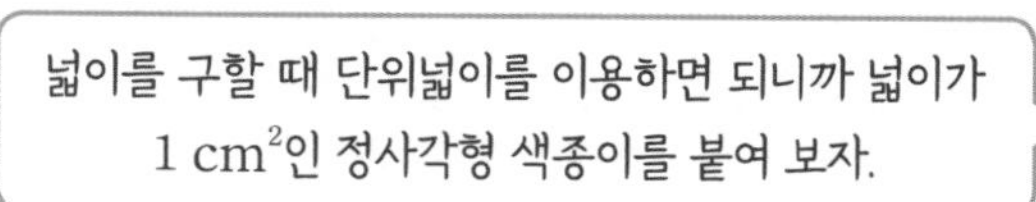

3 산이가 살고 있는 지역에서 논을 캔버스 삼아 벼를 심어 그림을 그리는 논아트를 작업하기 위해 논의 넓이를 구하려고 해요.

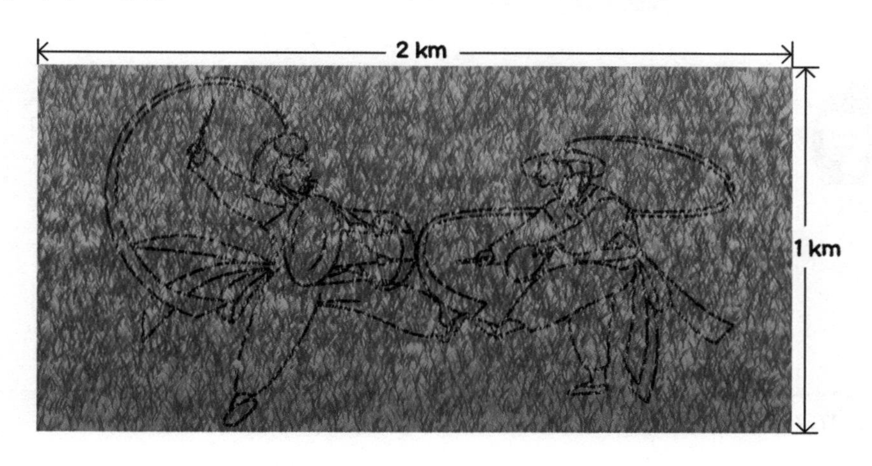

(1) 1 km는 몇 cm인가요?

( )

(2) 논의 가로와 세로를 cm로 나타내어 보세요.

가로 ( ), 세로 ( )

(3) 논의 넓이는 몇 cm^2인가요?

( )

4 cm^2로 나타내기 어려운 넓이를 3가지 써 보세요.

5 넓이를 cm^2로 나타내기 어려운 경우 어떻게 하면 좋을지 생각하여 써 보세요.

개념활용 ⑤-1

m^2 단위 사용하기

넓이가 커서 cm^2로 나타내기 어려우면 어떻게 해야 할까?

1 cm^2보다 더 큰 단위넓이가 있어. 함께 살펴보자.

개념 정리 1 m^2

넓이를 나타낼 때 한 변의 길이가 1 m인 정사각형의 넓이를 단위로 사용할 수 있습니다. 이 정사각형의 넓이를 1 m^2라 쓰고, 1 제곱미터라고 읽습니다.

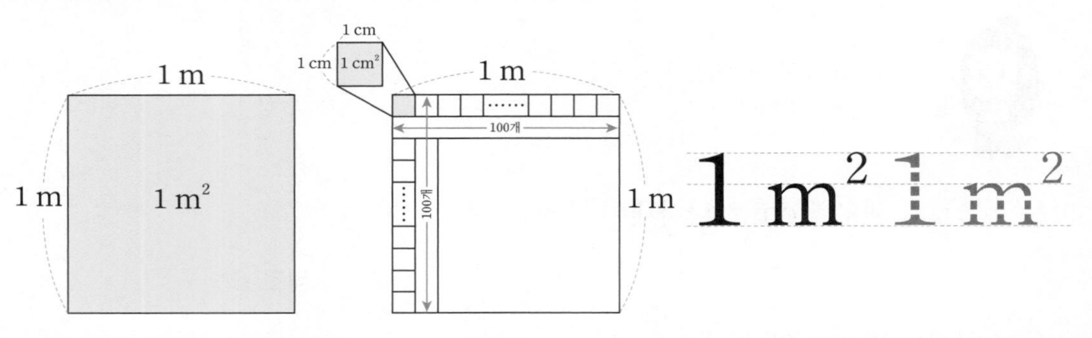

1 그림을 보고 1 m^2를 알아보세요.

(1) 1 m^2는 몇 cm^2인가요? (　　　　　)

(2) 1 m^2는 100 cm^2의 몇 배인가요? (　　　　　)

(3) 0.1 m^2는 몇 cm^2인가요? (　　　　　)

1 m
1 m^2
1 m

2 □ 안에 알맞은 수를 써넣으세요.

(1) 300000 cm^2=□ m^2

(2) 4500000 cm^2=□ m^2

(3) 23 m^2=□ cm^2

(4) 5.3 m^2=□ cm^2

3 직사각형의 넓이를 m^2 단위로 구하려고 해요.

(1) 서로 다른 단위가 섞여 있는 도형의 넓이는 어떻게 구할까요?

(2) 직사각형의 넓이는 몇 m^2인지 구해 보세요.

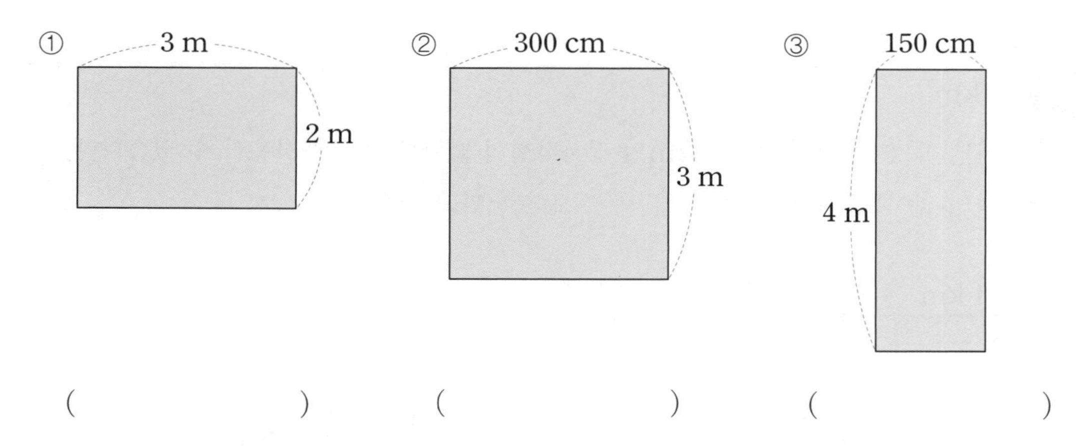

( ) ( ) ( )

4 줄자를 이용하여 우리 집 거실의 넓이를 구해 보세요.

(1) 거실의 넓이는 얼마쯤 되는지 어림해 보세요.

(2) 거실의 가로와 세로의 길이는 각각 몇 m인가요?

가로 ( ), 세로 ( )

(3) 거실의 넓이는 몇 m^2인가요?

( )

(4) 거실의 넓이는 몇 cm^2인가요?

( )

5 cm^2와 m^2를 비교하여 각각의 장점을 써 보세요.

개념활용 ⑤-2

km^2 단위 사용하기

바다: 오! m^2로 나타내면 큰 넓이를 좀 더 편리하게 나타낼 수 있어!

산: 1 m^2보다 더 큰 단위넓이도 있는걸?

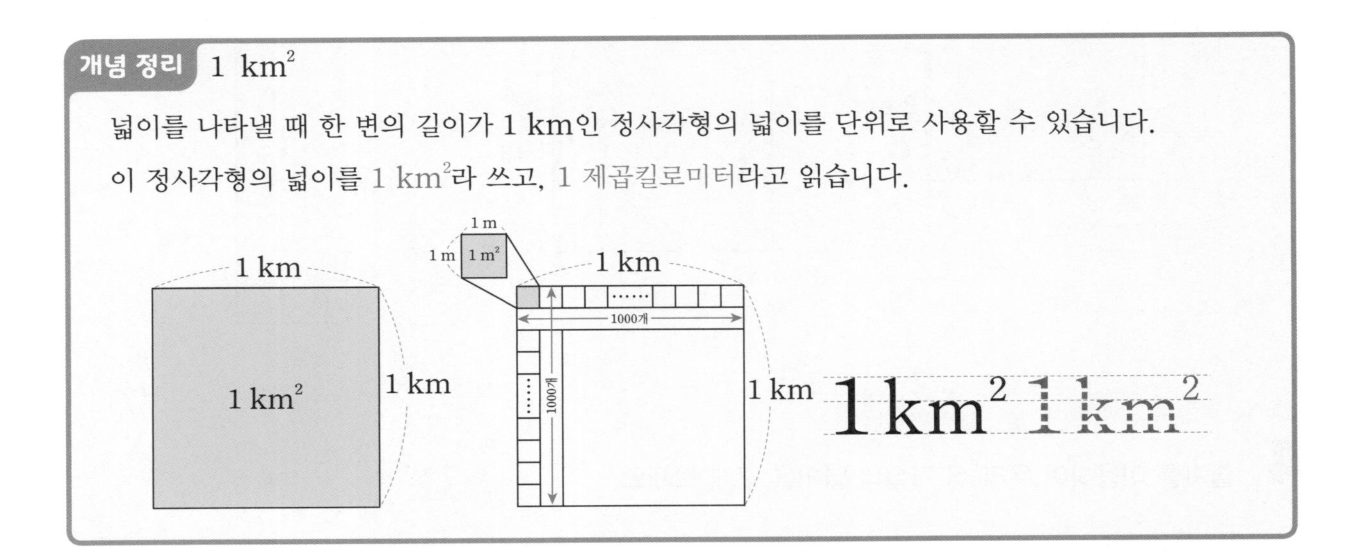

넓이를 나타낼 때 한 변의 길이가 1 km인 정사각형의 넓이를 단위로 사용할 수 있습니다.

이 정사각형의 넓이를 1 km^2라 쓰고, 1 제곱킬로미터라고 읽습니다.

1 그림을 보고 1 km^2를 알아 보세요.

(1) 1 km는 몇 m인가요? ( )

(2) 1 km^2는 몇 m^2인가요? ( )

(3) 1 km^2는 1000 m^2의 몇 배인가요? ( )

1 km

1 km^2

1 km

2 □ 안에 알맞은 수를 써넣으세요.

(1) 40000000 m^2= □ km^2

(2) 7200000 m^2= □ km^2

(3) 67 km^2= □ m^2

(4) 2.8 km^2= □ m^2

3 우리나라 도시의 넓이를 나타낸 그림입니다. 물음에 답하세요.

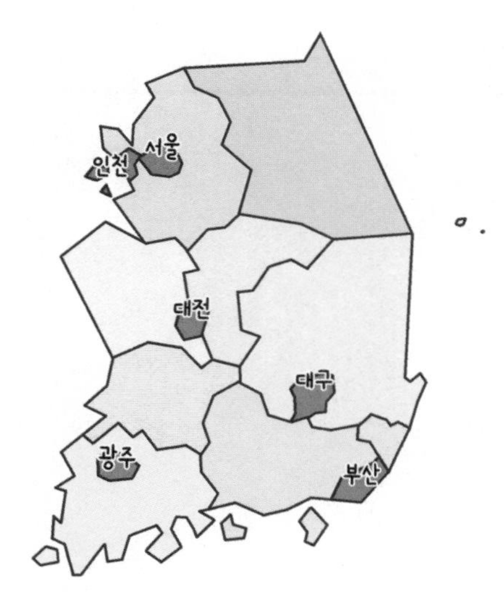

지역	넓이(m^2)	넓이(km^2)
전국	106,108,800,000	
서울	605,600,000	
부산		993.5
대구	883,600,000	883.6
인천	1,156,800,000	
광주	501,200,000	
대전		539.6

(1) 단위에 맞게 표를 완성해 보세요.

(2) 지역의 넓이를 표현하기에 적당한 단위는 무엇인가요?

( )

4 직사각형의 넓이는 몇 km^2인지 구해 보세요.

(1) 4 km, 5 km

( )

(2)

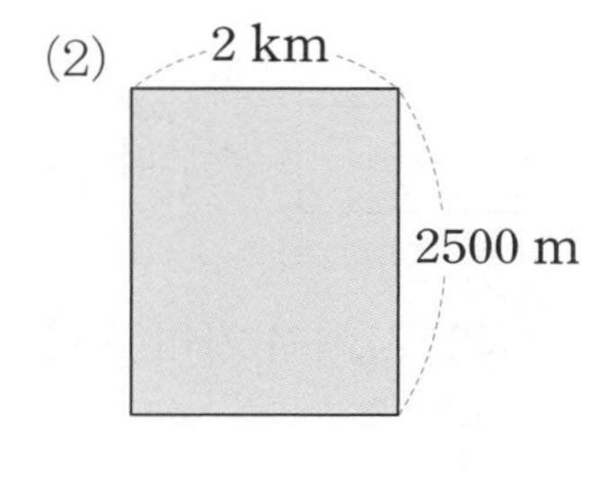

( )

(3)

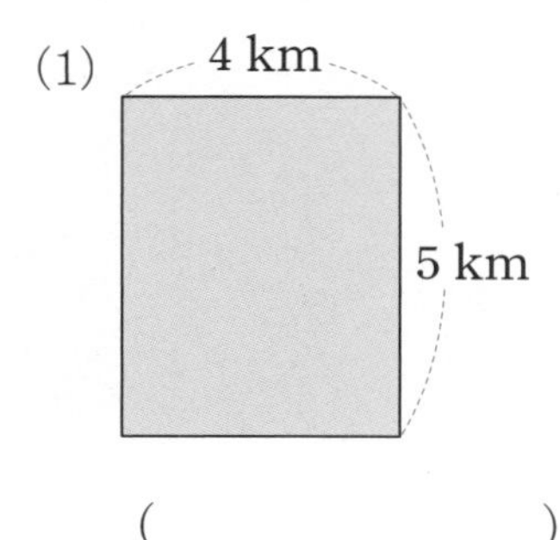

( )

(4)

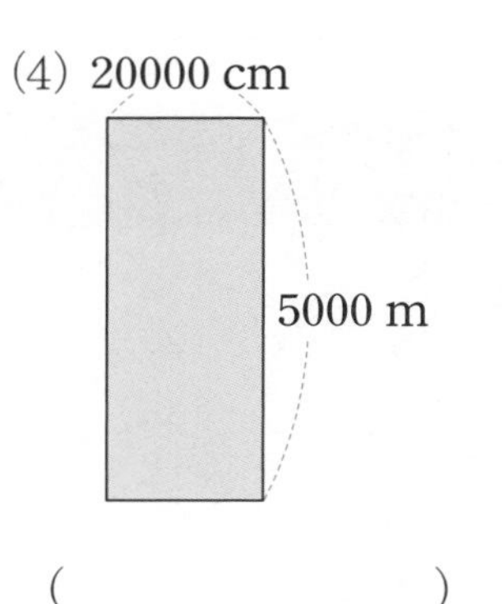

( )

표현하기

다각형의 둘레와 넓이

스스로 정리 여러 가지 공식을 정리해 보세요.

1

(1) (정다각형의 둘레)=☐×☐

(2) (직사각형의 둘레)=(☐+☐)×☐

(3) (마름모의 둘레)=☐×☐

(4) (직사각형의 넓이)=☐×☐

(5) (정사각형의 넓이)=☐×☐

(6) (평행사변형의 넓이)=☐×☐

(7) (삼각형의 넓이)=☐×☐÷☐

(8) (마름모의 넓이)=☐×☐÷☐

(9) (사다리꼴의 넓이)=(☐+☐)×☐÷☐

개념 연결 사다리꼴과 평행선 사이의 거리를 설명해 보세요.

주제	뜻 설명하기
사각형	사다리꼴의 뜻을 쓰고 그림에서 사다리꼴을 모두 골라 기호를 써 보세요. 가 나 다 라
평행선	평행선 사이의 거리를 나타내고 설명해 보세요.

1 평행사변형의 넓이를 구하는 과정을 친구에게 편지로 설명해 보세요.

선생님 놀이

1 그림에서 평행한 두 변 사이에 있는 삼각형과 직사각형, 평행사변형은 밑변의 길이가 모두 같습니다. 직사각형의 절반인 삼각형 ㄹㄴㄷ, 평행사변형의 절반인 삼각형 ㅁㄴㄷ, 그리고 삼각형 ㄱㄴㄷ의 넓이 중 큰 것부터 차례로 쓰고 다른 사람에게 설명해 보세요.

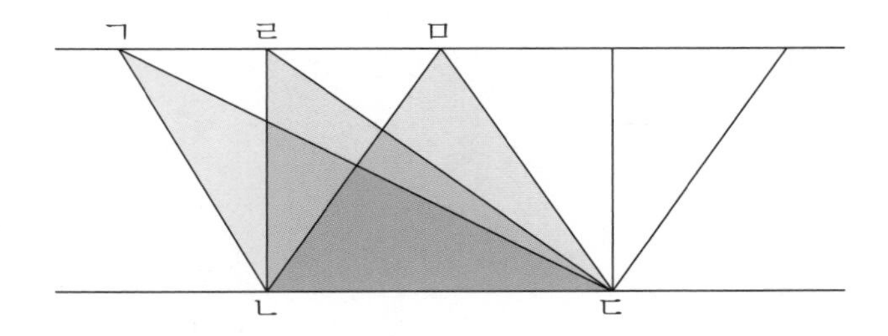

2 마름모를 잘라서 사각형으로 만들었습니다. 어떤 사각형이 만들어졌나요? 또 두 사각형의 넓이를 구하는 공식을 비교하고 다른 사람에게 설명해 보세요.

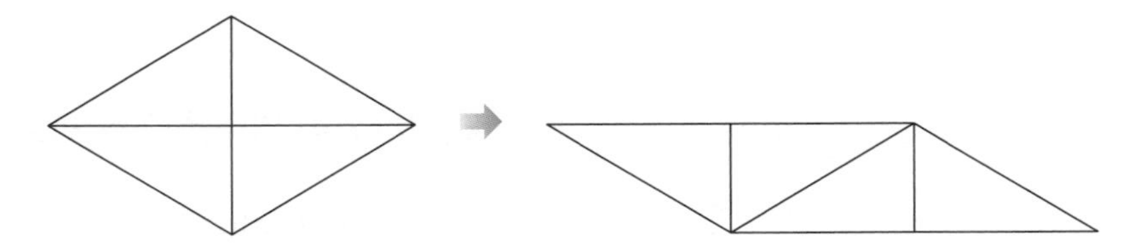

다각형의 둘레와 넓이는
이렇게 연결돼요

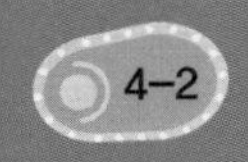

삼각형과 사각형

다각형의 둘레와 넓이

직육면체의 부피와 겉넓이

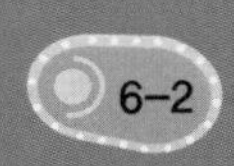

원의 넓이

단원평가 기본

1 다각형의 둘레를 구해 보세요.

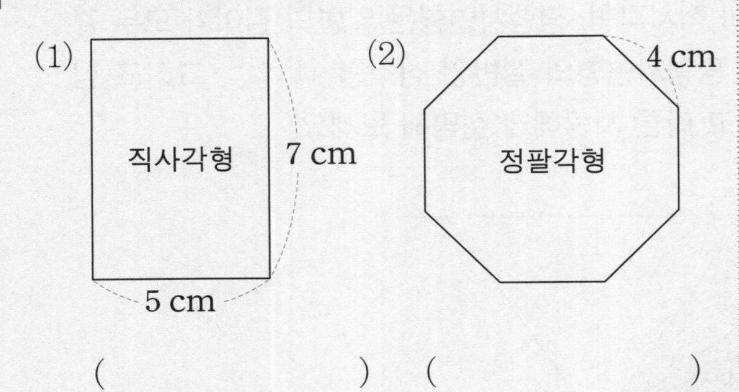

( ) ( )

2 □ 안에 알맞은 수를 써넣으세요.

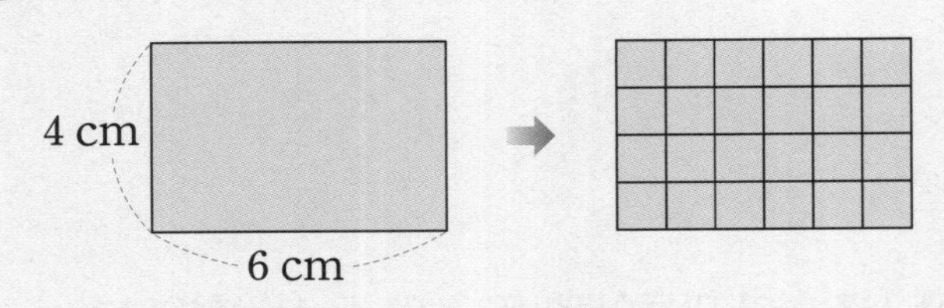

직사각형에는 단위넓이($1\ cm^2$)가 □개 있습니다.
따라서 직사각형의 넓이는 □ cm^2입니다.

3 색칠된 부분의 넓이를 구해 보세요.

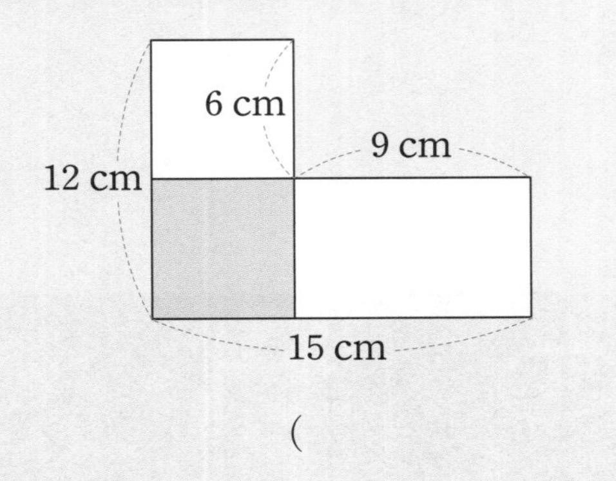

( )

4 넓이가 다른 하나를 찾아 기호를 써 보세요.

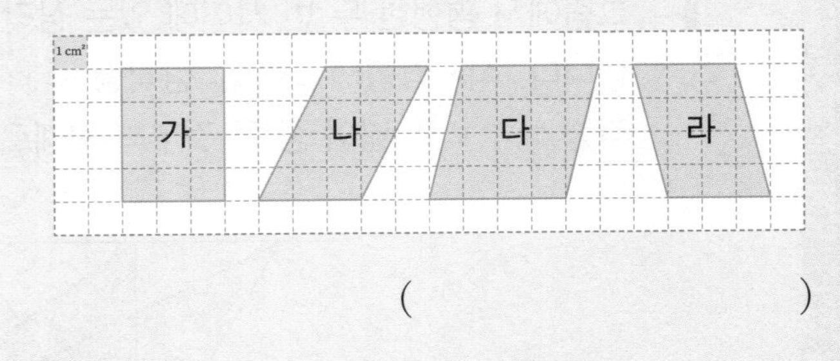

( )

5 삼각형의 높이를 나타내어 보세요.

(1)

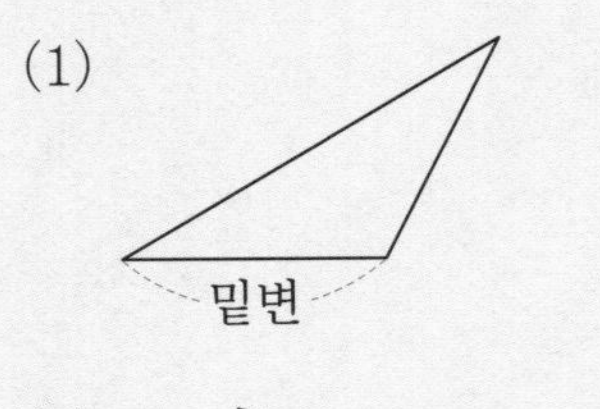

(2)

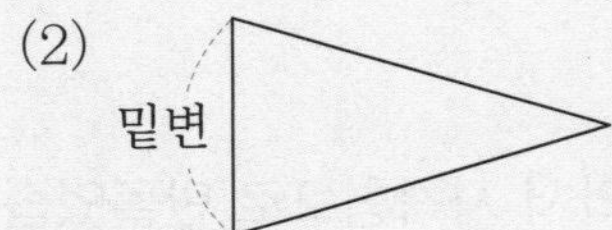

6 □ 안에 알맞은 수를 써넣으세요.

(1) $600000\ cm^2 =$ □ m^2

(2) $3\ km^2 =$ □ m^2

7 넓이가 넓은 것부터 차례대로 기호를 써 보세요.

㉠ $620000\ m^2$	㉡ $5.8\ km^2$
㉢ $7500000\ m^2$	㉣ $9\ km^2$

( )

8 삼각형과 평행사변형의 넓이를 구해 보세요.

(1)

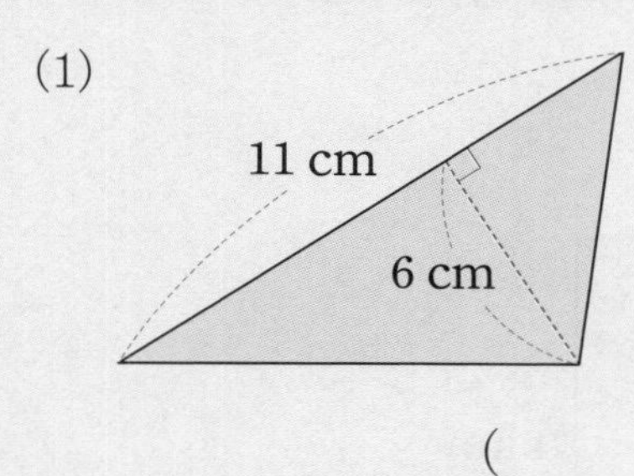

( )

(2)

13 cm

7 cm

( )

9 마름모의 넓이를 2가지 방법으로 구해 보세요.

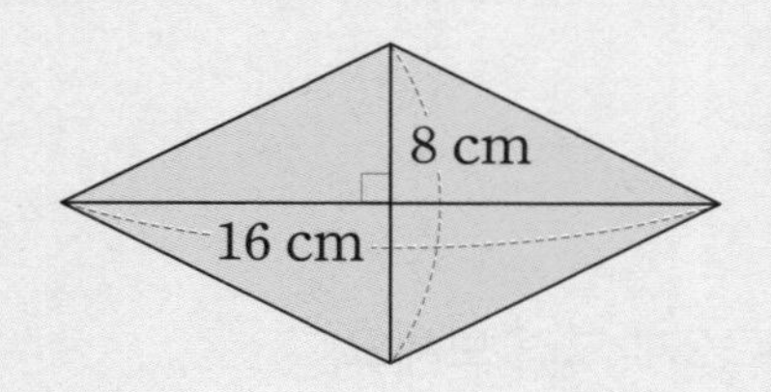

방법 1

방법 2

10 직사각형 안에 사다리꼴을 그렸습니다. 사다리꼴의 넓이는 몇 cm^2 인지 답을 구해 보세요.

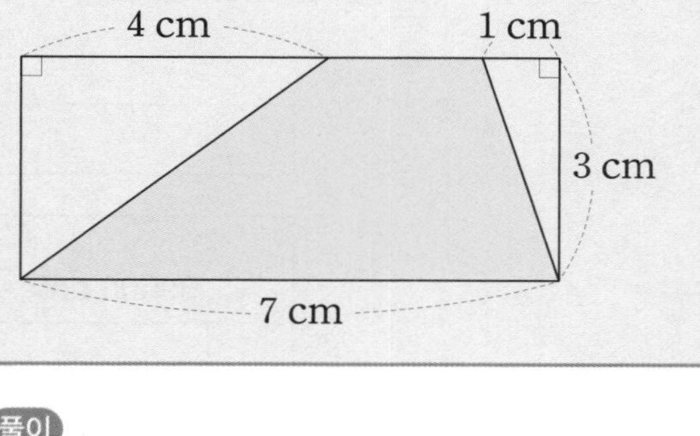

풀이

( )

11 □ 안에 알맞은 수를 써넣으세요.

(1)

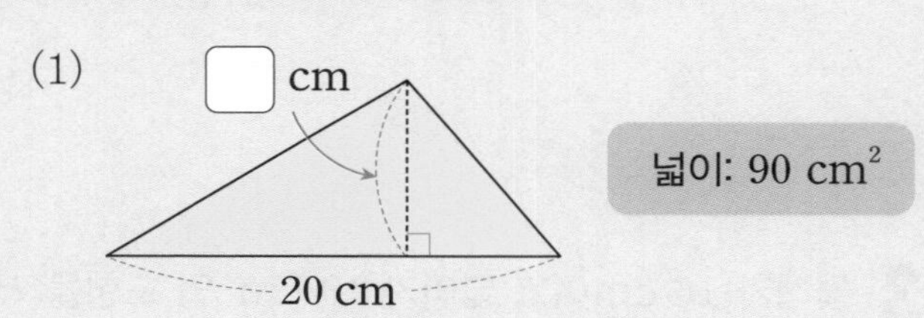

(2)

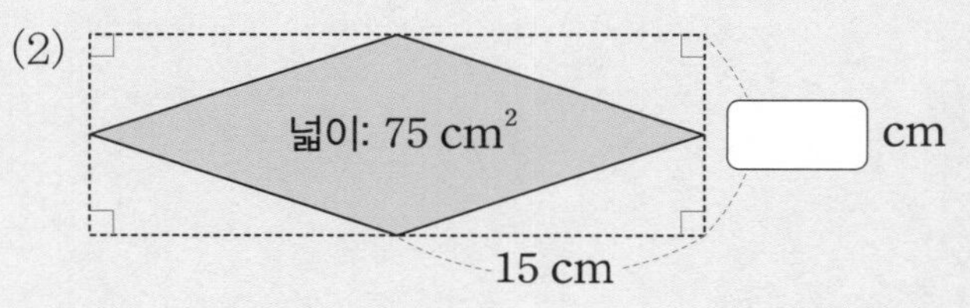

(3)

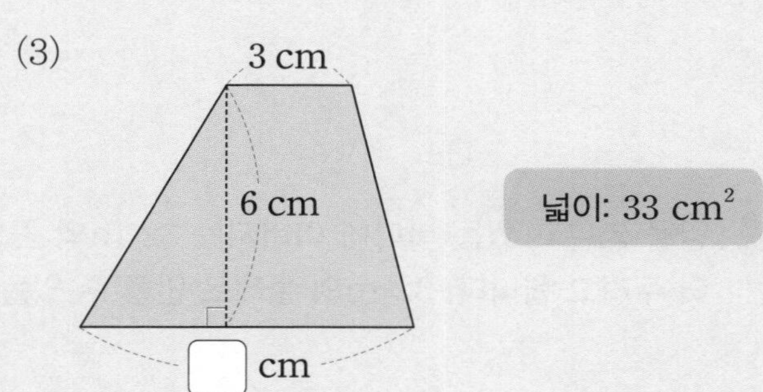

1 색칠한 부분의 넓이는 몇 km^2 인가요?

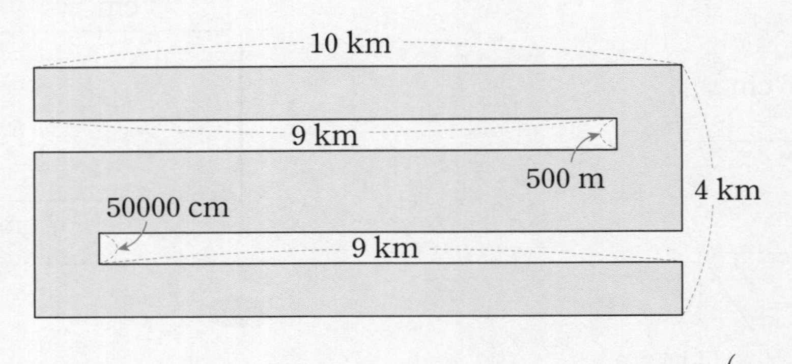

( )

2 두 평행사변형의 넓이가 같을 때, □ 안에 알맞은 수를 구해 보세요.

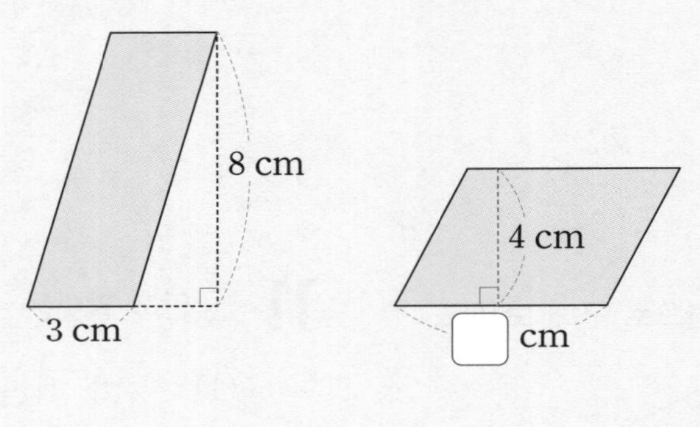

( )

3 둘레가 16 cm이고 넓이가 10 cm^2 인 도형을 서로 다른 모양으로 2개 그려 보세요.

4 양을 키우고 있는 바다네 아버지는 32 m의 끈으로 울타리를 쳐서 양들이 놀 수 있는 가장 넓은 공간을 만들어 주려고 합니다. 32 m의 둘레로 만들 수 있는 가장 넓은 직사각형의 넓이는 몇 m^2 인가요?

( )

5 산이는 여름 방학에 가족들과 스웨덴 여행을 가기로 하고 여행을 준비하던 중 스웨덴 국기를 발견하였습니다. 스웨덴 국기를 살펴보고 파란색과 노란색 부분의 넓이는 각각 몇 cm^2인지 구해 보세요

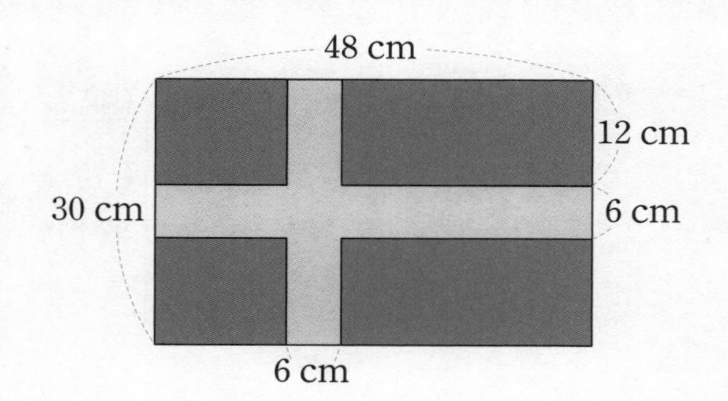

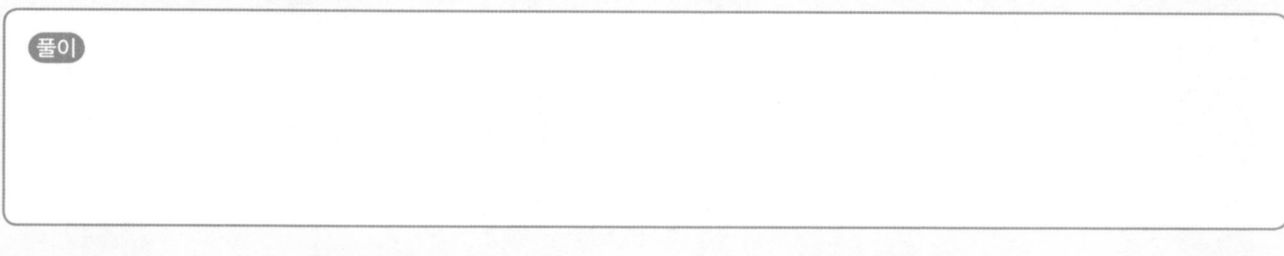

파란색 부분 (　　　　　　　　), 노란색 부분 (　　　　　　　　)

6 다각형의 넓이를 구해 보세요.

(1)

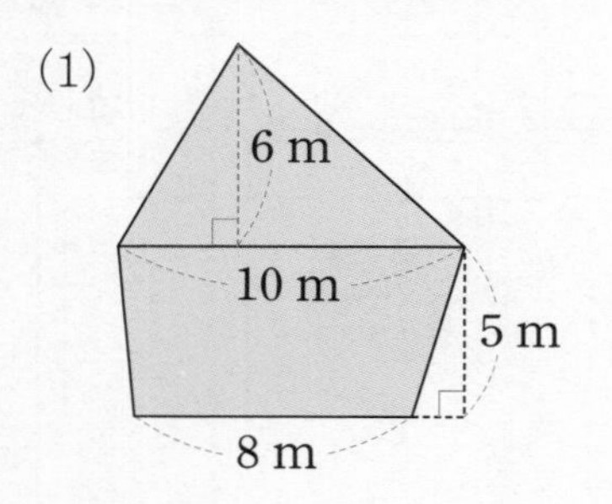

풀이

(　　　　　　　　)

(2)

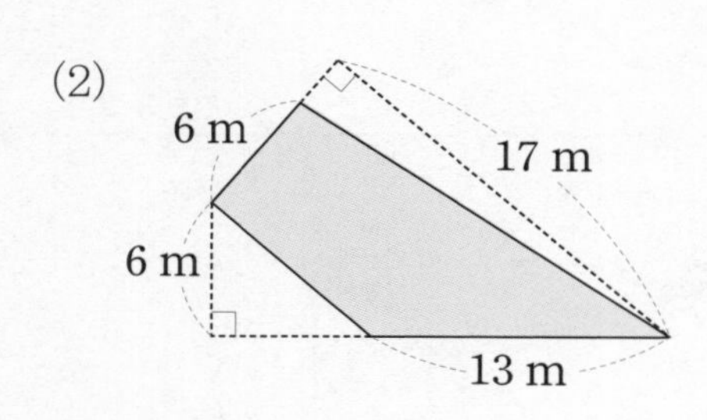

풀이

(　　　　　　　　)

초·중·고 수학 개념연결 지도

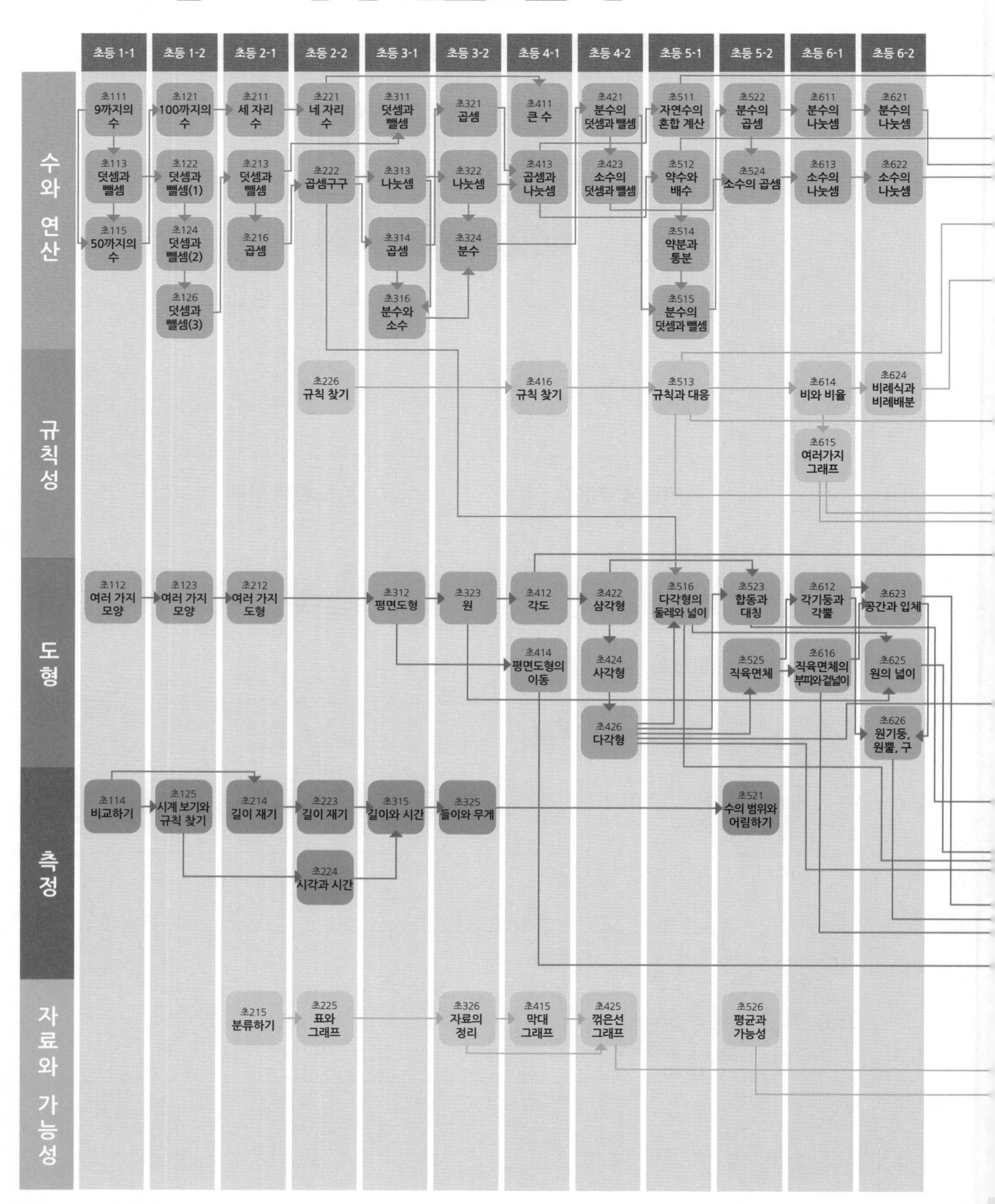

QR코드를 스캔하면
'수학개념 연결 지도'를 내려받을 수 있습니다.

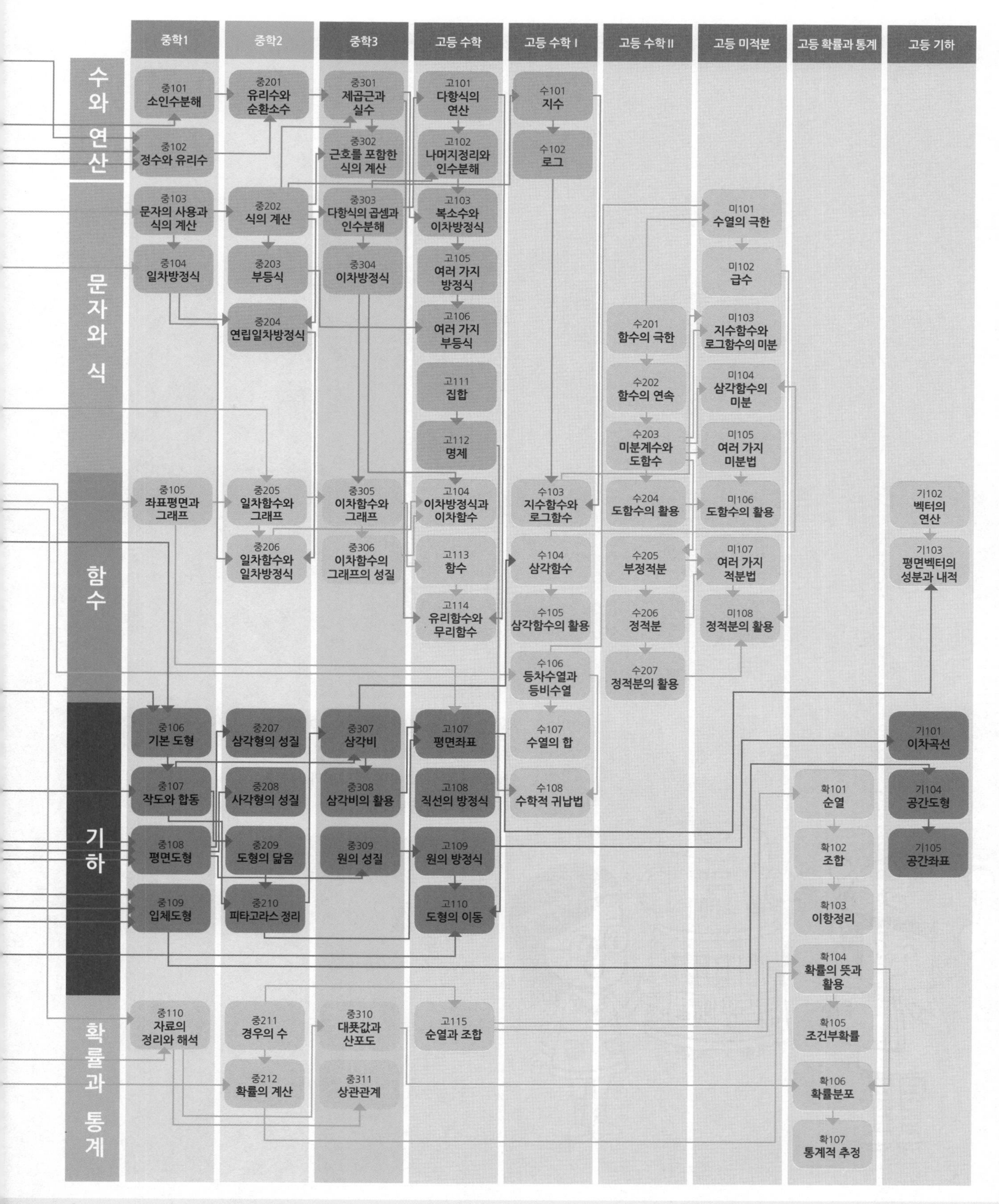

'생각열기'는 내 생각을 쓰는 문제이기 때문에 답이 여러 가지일 수 있어요. 답과 해설을 참고하여 여러분의 생각과 비교하고 수정해보세요.
5

초등 5-1

정답과 해설

1단원 자연수의 혼합 계산

기억하기

12~13쪽

1 34, 11

2 (1) 43
(2) 61

3 48, 384

4 (1) 14
(2) 73

5 (1) 36, 18
(2) 66, 528

6 (1) 8554
(2) 17528

7 32, 5

생각열기 ①

14~15쪽

1 (1) 요구르트 21개에서 낮에 먹은 7개, 저녁에 먹은 4개를 빼어 문제를 해결합니다.
(2) $21-7-4=10$
(3) 틀리게 썼습니다.
㉔ – 앞에서부터 차례로 계산하면 18이 나오므로 결과가 다릅니다.
– $21-7$한 값에서 4를 빼야 하는데 더했습니다.
(4) ㉔ 뒤에서부터 계산하려면 먼저 계산할 부분에 괄호를 치면 어떨까?

2 (1) 강이가 식을 알맞게 썼다고 생각합니다. 산이가 세운 식대로 계산하면 16이 나오는데 산이가 받은 미션 해결지는 $48\div12=4$가 나와야 하므로 틀렸습니다.
(2) 산이의 식: $48\div(6\times2)$

1 (2) 앞에서부터 차례로 계산합니다.
$21-7-4$에서 $21-7=14$이고,
$14-4=10$이므로 $21-7-4=10$입니다.
(4) ㉔ 먼저 계산할 부분에 밑줄을 그어 표시하면 어떨까?

선생님의 참견

덧셈과 뺄셈, 곱셈과 나눗셈의 혼합 계산식을 보고 계산 순서를 생각해 보는 활동이에요. 계산 순서에 따라 값이 달라짐을 깨달아 약속이 필요함을 느끼고, 어떻게 약속을 정해야 하는지 생각해 볼 수 있어요.

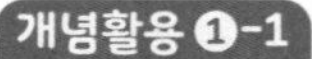

개념활용 ①-1

16~17쪽

1 (1) 식 $9+4=13$ 답 13자루
(2) 식 $17-13=4$ 답 4자루
(3) $17-9+4=8+4=12$, (2)의 계산 결과와 다릅니다.
(4) $17-9+4$에서 뒤에 있는 $9+4$를 먼저 계산해야 하므로 $9+4$를 괄호로 묶습니다.
/ $17-(9+4)=17-13=4$

2 (1) 식 $3500+2000=5500$ 답 5500원
(2) 식 $10000-5500=4500$ 답 4500원
(3) $10000-(3500+2000)=4500$

3 $46-12+4=38$ $46-(12+4)=30$

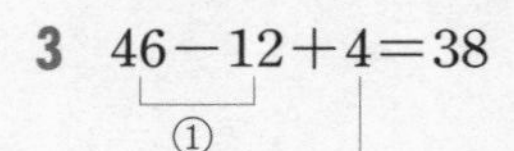

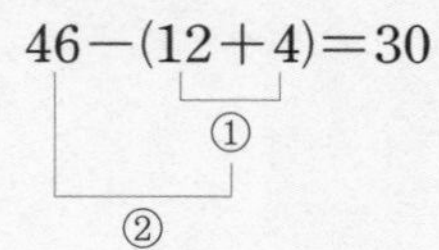

4 환경보호

1 (3) 덧셈과 뺄셈이 섞인 식은 앞에서부터 차례로 계산해야 하기 때문에 엉뚱한 결과가 나옵니다.

4 $32-6+9=35$, $26-(7+8)=11$
$17+(9-2)=24$, $30+3-7=26$

개념활용 ①-2

18~19쪽

1 (1) 식 $4\times3=12$ 답 12명
(2) 식 $36\div12=3$ 답 3개
(3) $36\div(4\times3)=3$

2 $5\times14\div7=10$ $96\div(6\times8)=2$

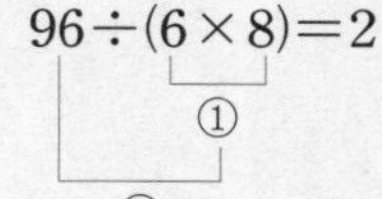

3 <

4 (1) ㉔ 사탕 16개를 4명씩 2모둠의 친구들에게 똑같이 나누어 주려고 합니다. 한 사람이 받는 사탕은 몇 개인가요?
(2) $16\div(4\times2)=16\div8=2$

3 $75\div(5\times3)=75\div15=5$, $75\div5\times3=15\times3=45$

생각열기 ❷

20~21쪽

1 (1) $20-4\times3+6=16\times3+6$
$=48+6$
$=54$

(2) 바르지 않습니다.

예 – 복주머니를 선물했는데 복주머니의 수가 더 많아졌기 때문입니다.

– 외국인 친구에게 선물한 복주머니의 수 4×3을 먼저 계산해야 합니다.

(3) 4×3을 ( )로 묶거나 곱셈을 먼저 계산하는 규칙을 정합니다.

(4) – 혼합 계산식에서 먼저 계산해야 하는 부분이 있으면 ( )로 묶습니다.

– 덧셈, 뺄셈, 곱셈이 섞여 있는 혼합 계산에서는 곱셈을 먼저 계산하는 규칙이 필요합니다.

2 (1) 하늘이는 앞에서부터 차례로 계산했고, 나타샤는 곱셈과 나눗셈을 먼저 계산한 후 덧셈과 뺄셈을 계산했습니다.

(2) – 하늘이가 바르게 계산했다고 생각합니다. 혼합 계산식은 앞에서부터 차례로 계산해야 하기 때문입니다.

– 나타샤가 바르게 계산했다고 생각합니다. 혼합 계산식에서는 곱셈과 나눗셈부터 계산해야 하기 때문입니다.

3 (1) $10000-(2000\times3+6000\div10\times5)$

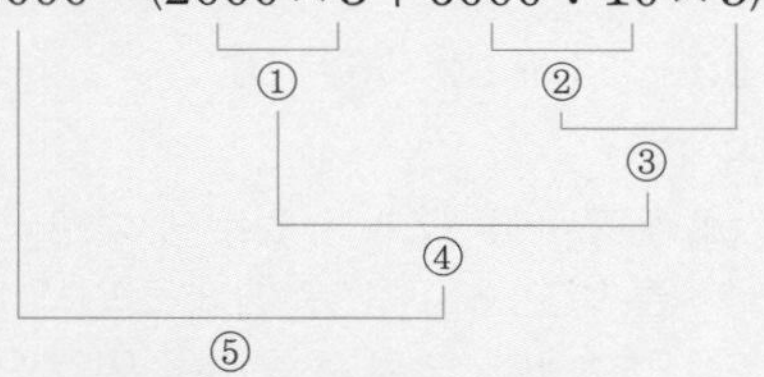

$=10000-(6000+3000)=1000$

(2) – ( ) 안을 가장 먼저 계산합니다.

– 덧셈, 뺄셈, 곱셈, 나눗셈이 섞여 있을 때는 곱셈과 나눗셈을 먼저 앞에서부터 차례로 계산합니다.

개념활용 ❷-1

22~23쪽

1 (1) $1000\times5+1000\times3=8000$(원) 또는 $1000\times(5+3)=8000$(원)

(2) $8000\div4=2000$(원)

(3) $5000-1000\times(5+3)\div4=3000$(원)

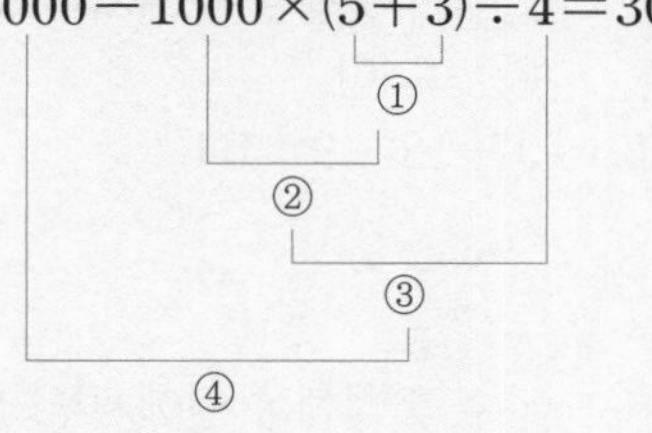

2 (1) 바다

(2) $16+3$을 ( )로 묶어 먼저 계산합니다.
$(16+3)\times8\div2-9$

3 (1) $300\div10+15-4\times8=30+15-4\times8$
$=30+15-32$
$=45-32$
$=13$
(① $300\div10$, ② 4×8, ③, ④)

(2) $300\div10+(15-4)\times8=300\div10+11\times8$
$=30+88$
$=118$
(① $15-4$, ② $300\div10$, ③, ④)

4 (1) 식 $3+24\div6\times2=11$
답 11장

(2) 식 $(2000\times2+3000\times3-1000)\div4=3000$
답 3000원

2 (2) $(16+3)\times8\div2-9$로 $16+3$을 ( )로 묶습니다.

4 (1) $3+24\div6\times2=3+4\times2=3+8=11$

(2) $(2000\times2+3000\times3-1000)\div4$
$=(4000+9000-1000)\div4$
$=12000\div4=3000$

선생님의 참견

덧셈, 뺄셈, 곱셈, 나눗셈의 혼합 계산을 알아보는 활동이에요. 두 친구의 혼합 계산 순서를 비교하면서 혼합 계산을 할 때는 정해진 순서대로 계산해야 함을 알 수 있어요. 문제 상황을 보고 제시된 식에서 계산 순서를 알아보는 과정을 통해 덧셈, 뺄셈, 곱셈, 나눗셈의 혼합 계산에서는 곱셈과 나눗셈을 먼저 계산한다는 것을 추론할 수 있어요.

표현하기

24~25쪽

스스로 정리

1 – ( )가 있으면 ( ) 안을 가장 먼저 계산합니다.

– 덧셈, 뺄셈보다 곱셈과 나눗셈을 먼저 앞에서부터 순서대로 계산합니다.

– 마지막에 덧셈과 뺄셈을 앞에서부터 순서대로 계산합니다.

개념 연결

세 수의 덧셈과 뺄셈

(1) $12+9+23=44$

21

44

세 수의 덧셈은 앞에서부터 차례로 계산합니다.

(2) $75-12-9=54$

63

54

세 수의 뺄셈은 앞에서부터 차례로 계산합니다.

곱셈과 나눗셈

(1) 3×4는 3을 4번 더하는 것이므로 $3\times4=3+3+3+3=12$입니다.

(2) $15\div5$는 15 속에 5가 들어가는 횟수를 뜻하므로 $15-5-5-5=0$에서 $15\div5=3$입니다.

---

1 $10+3\times7$은 물건이 낱개 10개, 3개씩 7묶음 있을 때 물건의 개수를 세는 식이야. 이것을 덧셈으로만 $10+3+3+3+3+3+3+3$으로 쓸 수 있지만, 이렇게 쓰면 식이 길어지니까 $3+3+3+3+3+3+3$을 간단하게 곱셈으로 나타내서 3×7이라고 썼어. 그러니까 $10+3\times7$을 앞에서부터 차례로 $10+3\times7=13\times7=91$이라고 계산하는 것이 아니라 뒤에 있더라도 곱셈을 그 본래 뜻대로 먼저 계산해야 해.

선생님 놀이

1 사과 52개가 있는데 철수는 4봉지, 영희는 6봉지를 담았고, 각 봉지에는 사과가 3개씩 들어 있습니다. 남은 사과는 몇 개인가요?

2 $48\div(\square\times\square)\times\square$

①

②

③

괄호를 먼저 계산한 다음, 앞쪽의 나눗셈, 그리고 마지막으로 뒤쪽의 곱셈을 계산하는 것이 순서입니다. 계산 결과가 가장 크려면 48을 나누는 수 $(\square\times\square)$가 최소이고 마지막에 곱하는 수 $\square$는 클수록 결과가 커집니다. 그러므로 $(\square\times\square)$는 2×3이나 3×2이고, 남은 수 8을 마지막에 넣으면 그 결과는 $48\div(2\times3)\times8=48\div6\times8=8\times8=64$입니다.

단원평가 기본 26~27쪽

1 (1) $52-13+9=39+9$
$=48$

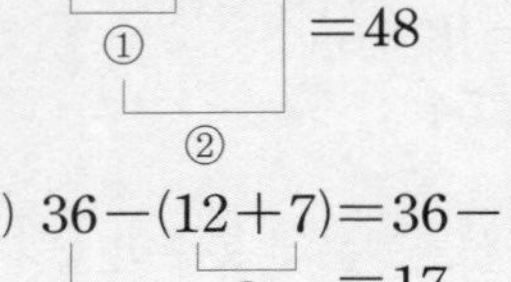

(2) $36-(12+7)=36-19$
$=17$

①

②

2 $47-35\div7=42$

3 식 $126\div(6\times3)=7$
답 7

4 산
덧셈, 뺄셈, 곱셈, 나눗셈의 혼합 계산은 곱셈과 나눗셈 중 앞에 있는 것을 먼저 계산해야 해.

5 ㉡, ㉢, ㉠, ㉣

6 ②, ③, ④

7 ㉢, ㉠, ㉡, ㉣

8 (1) 37
(2) 4
(3) 75
(4) 61

9 (1) 16
(2) 30
(3) 3

10 식 $160-(11+13)\times6=16$
답 16자루

11 문제 예 초콜릿이 17개 있었는데 부모님께 21개를 받고 친구 13명에게 하나씩 나누어 주었습니다. 남은 초콜릿은 몇 개인가요? / 해설 참조
답 25

8 (1) $27+21-11=48-11=37$
(2) $5\times12\div15=60\div15=4$
(3) $65+6\times5\div3=65+30\div3=65+10=75$
(4) $12\times8-5\times7=96-35=61$

9 (1) $(32+\square)\div8=6$에서 $48\div8=6$이므로 $32+\square=48$이고 $\square=16$입니다.
(2) $5\times(\square\div6)=25$에서 $5\times5=25$이므로 $\square\div6=5$이고 $\square=30$입니다.
(3) $12+4\times\square=24$에서 $12+12=24$이므로 $4\times\square=12$이고 $\square=3$입니다.

10 $160-(11+13)\times6=160-24\times6=160-144=16$

11 $17+21-13=38-13=25$

1 (1) $5\times7-3\times(2+8)+11=5\times7-3\times10+11$
$=35-30+11$
$=5+11$
$=16$

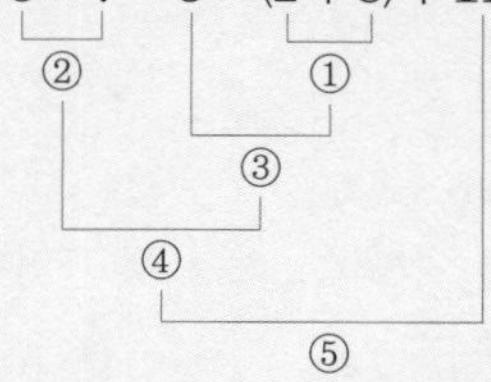

(2) $(6+15)\times3-(5+9)\div2=21\times3-14\div2$
$=63-7$
$=56$

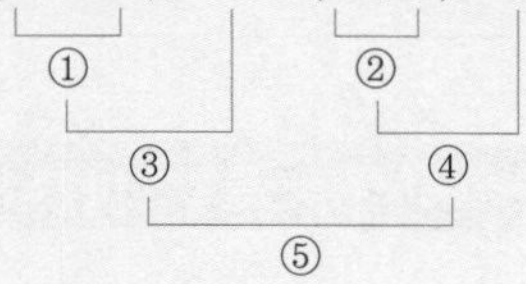

2 $>$

3 풀이 – 사랑 약국: $50\times15-3\times45$
$=750-135=615$
– 희망 약국: $30\times21-4\times38$
$=630-152=478$
$615-478=137$

답 사랑 약국에 마스크가 137장 더 많이 남아 있습니다.

4 풀이 $(\square-3)\times7+5=19$, $(\square-3)\times7=14$,
$\square-3=2$, $\square=5$
바르게 계산한 값:
$(5+3)\times7-5=8\times7-5=51$

답 51

5 $+$, $\div$

6 1, 2, 3

7 식 $263-(62\times3+50\div2)=52$

답 52 km

8 문제 – 자두 맛 사탕 16개, 멜론 맛 사탕 24개가 든 상자가 3개 있어요. 이 사탕을 4명이 똑같이 나누어 가지면 한 사람이 사탕을 몇 개씩 가질 수 있나요?
– 남자 16명, 여자 24명이 탄 버스가 3대 있어요. 버스에 탄 사람들이 식당에 가서 4명씩 모여 앉으려면 4명씩 앉을 수 있는 테이블이 모두 몇 개 필요한가요?

풀이 $(16+24)\times3\div4=40\times3\div4$
$=120\div4$
$=30$

답 30

2 $(7+5)\times4\div6=12\times4\div6=48\div6=8$
$63\div3-5\times4+6=21-20+6=7$

5 $36-5\times(3+2)+16\div4=36-5\times5+4$
$=36-25+4$
$=15$

6 $32\div(7-3)+5\times3=32\div4+15$
$=8+15=23$
$23>9+4\times\square$
$14>4\times\square$
따라서 $\square$ 안에 들어갈 수 있는 수는 1, 2, 3입니다.

7 $263-(62\times3+50\div2)=263-(186+25)$
$=263-211$
$=52$

기억하기

32~33쪽

1 (1) 14 (2) 4 (3) 7
(4) 3, 9, 9, 3 또는 9, 3, 3, 9
1, 27, 27, 1 또는 27, 1, 1, 27

2

1	(2)	3	(4)△	5	(6)	7	(8)△	9	(10)
11	(12)△	13	(14)	15	(16)△	17	(18)	19	(20)△
21	(22)	23	(24)△	25	(26)	27	(28)△	29	(30)
31	(32)△	33	(34)	35	(36)△	37	(38)	39	(40)△
41	(42)	43	(44)△	45	(46)	47	(48)△	49	(50)

3

곱셈식	나눗셈식
$9\times3=27$	$27\div9=3$
$3\times9=27$	$27\div3=9$

4

$148\div12$	$216(\div)36$	$120(\div)15$
$178(\div)89$	$459\div19$	$830\div3$

생각열기 ❶

34~35쪽

1 (1) 6묶음
(2) 쿠키 20개를 1개, 2개, 4개, 5개, 10개, 20개씩 묶어서 포장할 수 있습니다.
(나눗셈식) $20\div1=20$, $20\div2=10$,
$20\div4=5$, $20\div5=4$,
$20\div10=2$, $20\div20=1$
(곱셈식) $1\times20=20$, $2\times10=20$,
$4\times5=20$, $5\times4=20$,
$10\times2=20$, $20\times1=20$

2 (1) 예

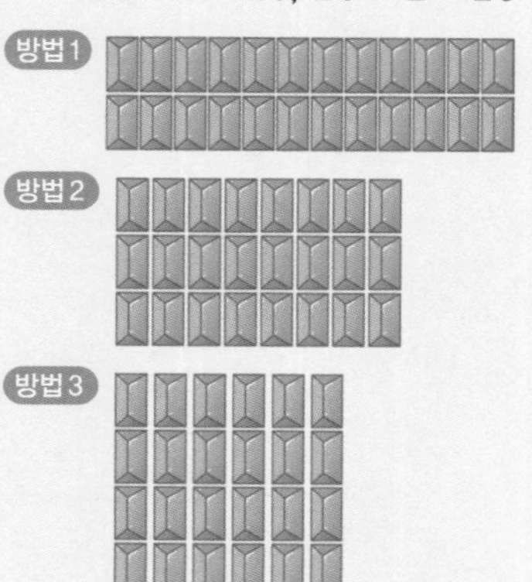

(2)

	곱셈식	나눗셈식
방법 1	$2\times12=24$, $12\times2=24$	$24\div2=12$, $24\div12=2$
방법 2	$3\times8=24$, $8\times3=24$	$24\div3=8$, $24\div8=3$
방법 3	$6\times4=24$, $4\times6=24$	$24\div6=4$, $24\div4=6$

3 (1) 3개
(2)

만들 세발자전거의 수(대)	필요한 바퀴의 수(개)
예 3	9
예 4	12
예 8	24

1 (1) 나눗셈으로 생각하면 $20\div3=6\cdots2$이므로 6묶음이 만들어지고, 2개는 포장할 수 없습니다.
(2) 남김없이 똑같은 개수로 포장하려면 나누어떨어져야 합니다. 따라서 쿠키 20개를 1개, 2개, 4개, 5개, 10개, 20개씩 포장하면 남는 것이 없이 포장할 수 있습니다. 이것은 곱셈식으로 나타낼 수도 있고, 나눗셈식으로도 나타낼 수 있습니다.

3 (2) 세발자전거 1대를 만들기 위해서는 바퀴가 3개 필요합니다. 만들 세발자전거의 수에 3을 곱한 수가 필요한 바퀴의 수입니다.

선생님의 참견

어떤 수를 나누어떨어지게 하는 여러 가지 수를 알 수 있어요. '남김없이'라는 조건을 잘 생각해 보세요. 이 과정에서 곱셈과 나눗셈의 관계를 연결하여 생각을 정리할 수 있어요.

개념활용 ❶-1

36~37쪽

1 (1) 2명일 때 보드게임을 시작할 수 있습니다.
/ 8 나누기 2를 해서 나머지가 없으면 카드를 남김없이 똑같이 나누어 줄 수 있습니다.
(2) 해설 참조
(3) 3명, 5명, 6명, 7명은 게임을 시작할 수 없습니다. 남는 카드가 있기 때문입니다.
(4) 1명, 2명, 4명, 8명
(5)

(1)	(2)	3	(4)	5	6	7	(8)

2 (1) 1, 2, 5, 10 / 3, 4, 6, 7, 8, 9

(2) $1\times10=10$, $10\times1=10$, $2\times5=10$, $5\times2=10$

(3) – 나눗셈을 하여 나누어떨어지게 하는 수를 모두 구합니다.

– 어떤 수를 만드는 곱셈식을 만들면, 곱하는 수와 곱해지는 수가 어떤 수의 약수입니다.

3 (1)

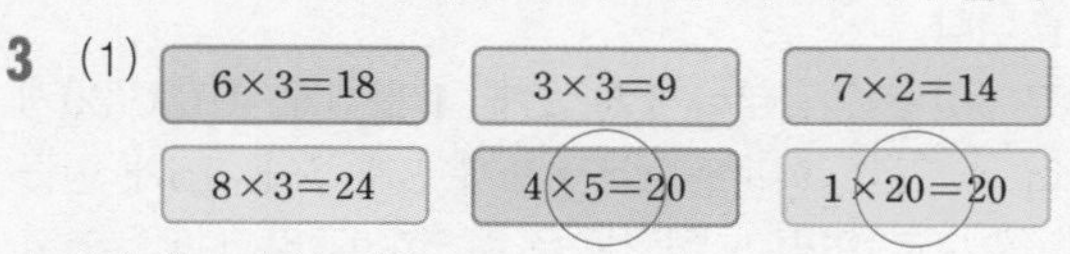

(2) $2\times10=20$

(3) 1, 2, 4, 5, 10, 20

1 (2)

참가자 수(명)	나눗셈식	한 명이 가지게 되는 카드 수(장)	남는 카드 수(장)
1	$8\div1=8$	8	0
2	$8\div2=4$	4	0
3	$8\div3=2\cdots2$	2	2
4	$8\div4=2$	2	0
5	$8\div5=1\cdots3$	1	3
6	$8\div6=1\cdots2$	1	2
7	$8\div7=1\cdots1$	1	1
8	$8\div8=1$	1	0

3 (3) 1×20에서 1, 20이 20의 약수임을 알 수 있습니다. 2×10에서 2와 10이 20의 약수임을 알 수 있습니다. 4×5에서 4와 5가 20의 약수임을 알 수 있습니다. 따라서 20의 약수는 1, 2, 4, 5, 10, 20입니다.

개념활용 ❶-2

38~39쪽

1 (1) 20

(2) 5의 1배부터 5의 20배까지 있습니다.

(3) 20개

(4) 5의 배수는 끝없이 많습니다.

2 (1) 60초

(2) 180초 / 3분은 1분의 3배이므로 60초의 3배입니다.

(3) 예 6000, $60\times100=6000$ / 420, $60\times7=420$

3 (1)

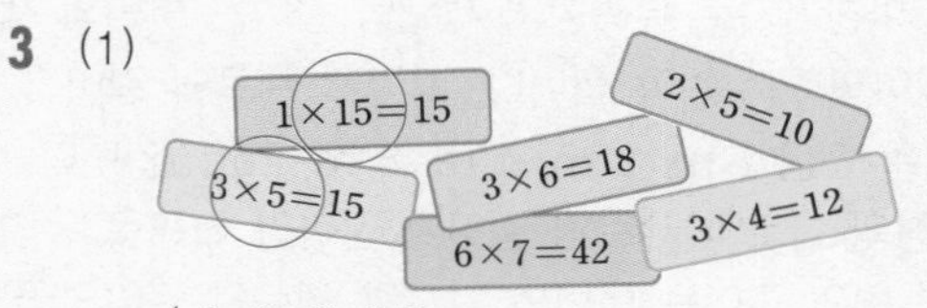

/ 1, 3, 5, 15

(2) 1, 3, 5, 15

(3) 예 – $3\times6=18$의 식에서 곱한 두 수 3과 6은 18의 약수입니다.

– 18은 3을 6배 한 수이므로 3의 배수입니다.

– 18은 6을 3배 한 수이므로 6의 배수입니다.

– 곱셈식을 통해 약수와 배수를 알 수 있습니다.

4 (1) 곱했을 때 28이 나오는 자연수는 더 없습니다.

(2) 1, 2, 4, 7, 14, 28

(3) 1, 2, 4, 7, 14, 28

1 (2) 5의 1배는 5, 5의 20배는 100입니다.

(3) 5의 20배가 100이므로 20개입니다.

2 (3) 6000은 60을 100배 한 수입니다.
420은 60을 7배 한 수입니다.

3 (1) 15의 약수는 곱했을 때 15가 되는 식에서 곱한 수들이므로 1, 3, 5, 15입니다.

(2) 15는 1의 15배 또는 15의 1배입니다. 그리고 15는 3의 5배 또는 5의 3배입니다. 따라서 15는 1, 3, 5, 15의 배수입니다.

4 (1) 28은 3으로 나누어떨어지지 않고, 5나 6으로도 나누어떨어지지 않습니다. 7 이후로는 다시 작은 수와 곱해서 짝을 이룹니다.

생각열기 ❷

40~41쪽

1 (1) 1 m, 2 m, 4 m, 5 m, 10 m, 20 m

(2) 1 m, 2 m, 4 m, 8 m, 16 m

(3) 1 m, 2 m, 4 m

(4) 4 m

2 (1) 15, 30, 45, 60, 75, 90, 105, 120, 135, 150

(2) 10, 20, 30, 40, 50, 60, 70, 80, 90, 100

(3) 예 30 cm, 60 cm, 90 cm

(4) 30 cm, 6장

1 (1) 벽면을 가득 채우려면 유리창의 가로의 길이는 벽면의 가로의 길이를 나누어떨어지게 하는 수여야 합니다. 이는 유리창의 가로의 길이가 벽면의 가로의 길이의 약수라는 것을 뜻합니다. 따라서 가로의 길이가 될 수 있는 것은 1 m, 2 m, 4 m, 5 m, 10 m, 20 m입니다.

(2) (1)과 마찬가지로 유리창의 세로의 길이는 벽면의 세로의 길이의 약수여야 합니다. 따라서 세로의 길이가 될 수 있는 것은 1 m, 2 m, 4 m, 8 m, 16 m입니다.

(3) 유리창의 가로와 세로의 길이가 같아야 하므로 유리창의 한 변의 길이는 벽면의 가로와 세로의 길이의 공약수여야 합니다. 따라서 한 변의 길이로 가능한 수는 1 m, 2 m, 4 m입니다.

(4) 유리창의 개수를 최소로 하려면 크기가 가장 큰 유리창을 골라야 합니다. 한 변의 길이가 4 m인 유리창이 가장 큽니다.

2 (3) 가로가 15 cm, 세로가 10 cm인 사진을 이어 붙여 정사각형 모양을 만들 때 가로와 세로의 길이는 10의 배수이면서 15의 배수가 됩니다.

(4) 가로가 15 cm, 세로가 10 cm인 사진을 이어 붙여 만들 수 있는 가장 작은 정사각형은 한 변의 길이가 30 cm인 정사각형입니다. 이 사진은 6장이 필요합니다.

선생님의 참견

두 수의 공통된 약수와 그중에서 가장 큰 수는 어떤 상황에서 필요할까요? 마찬가지로 두 수의 공통된 배수와 그중에서 가장 작은 수는 언제 필요할까요?

개념활용 ❷-1 42~43쪽

1 (1) 1개, 2개, 4개, 5개, 10개, 20개
(2) 1개, 3개, 5개, 15개
(3) 1개, 5개
(4) 5개

2 (1) 1, 2, 3, 5, 6, 10, 15, 30 / 1, 3, 5, 9, 15, 45
(2) 1, 3, 5, 15에 ○표
(3) 15

3 (1) 1, 2, 3, 4, 6, 12
(2) 1, 5, 7, 35
(3) 1
(4) 1

4 하늘, 바다
/ 8보다 17이 더 큰 수지만, 8의 약수는 4개, 17의 약수는 2개이므로 큰 수일수록 약수의 개수가 더 많은 것은 아닙니다. 또 8과 12의 공약수는 1, 2, 4로 3개이지만, 13과 17의 공약수는 1로 1개입니다. 두 수의 크기가 커진다고 공약수의 개수가 더 많아지는 것은 아닙니다.

1 (1) 20의 약수를 구해 꾸러미의 개수를 구할 수 있습니다. $20=20\times1$, $20=2\times10$, $20=4\times5$이므로 20의 약수는 20, 1, 2, 10, 4, 5입니다. 꾸러미를 20개, 1개, 2개, 10개, 4개, 5개 만들 수 있습니다.

(2) 15의 약수를 구해 꾸러미의 개수를 구할 수 있습니다. $15=15\times1$, $15=3\times5$이므로 15의 약수는 15, 1, 3, 5입니다. 꾸러미를 15개, 1개, 3개, 5개 만들 수 있습니다.

(3) 꾸러미를 연필로는 1개, 2개, 4개, 5개, 10개, 20개 만들 수 있고, 형광펜으로는 1개, 3개, 5개, 15개 만들 수 있으므로 연필과 형광펜을 꾸러미에 같이 넣는다고 할 때 만들 수 있는 꾸러미의 개수는 1개, 5개입니다.

(4) 만들 수 있는 꾸러미의 개수가 1개와 5개이므로 꾸러미를 최대한 많이 만들면 모두 5개까지 만들 수 있습니다.

개념활용 ❷-2 44~45쪽

1 (1)

8	12
$8=1\times8$ $8=2\times4$	$12=1\times12$ $12=2\times6$ $12=3\times4$

(2) 8의 경우 1과 2 다음 수인 3으로는 나누어 떨어지지 않으므로 3은 8의 약수가 아니고, 4×2, 8×1은 각각 2×4, 1×8과 겹치므로 4보다 큰 수에서는 8을 만드는 두 수의 곱이 없습니다.
12의 경우 3×4 다음은 4×3입니다.
$3\times4=4\times3$이므로 곱셈식은 더 없습니다.

(3) 1, 2, 4 / 4

2 (1) 4 / 4
(2) 마지막 남은 2와 3은 공약수가 1뿐이고 공약수는 더 없기 때문에 공약수의 곱 $2\times2=4$가 최대공약수가 됩니다.

3 (1) $30=1\times30=2\times15=3\times10=5\times6$
$18=1\times18=2\times9=3\times6$
/ 6
(2) 해설 참조 / 4
(3) 해설 참조 / 1

1 (3) 각 수를 곱셈식으로 나타낸 수가 약수이고, 이들 중 공통되는 수 1, 2, 4가 두 수 8과 12의 공약수이며, 공약수 중 가장 큰 4가 두 수 8과 12의 최대공약수입니다.

3 (2) 2) 28 32 또는 4) 28 32

2) 14 16 　　 7 8

7 8

(3) 1) 17 23

17 23

개념활용 ❷-3

46~47쪽

1 (1), (2)

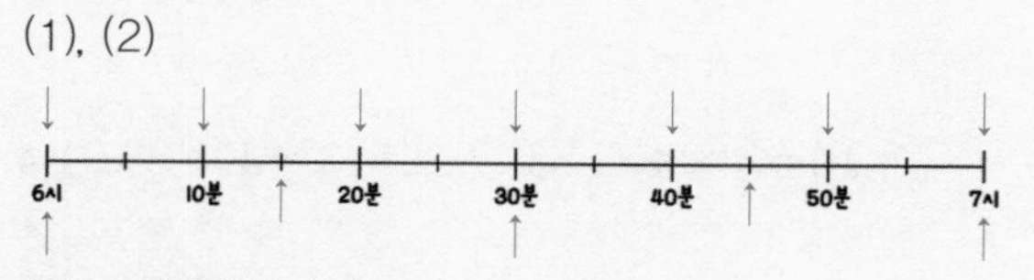

(3) 6시 30분, 7시

(4) 6시 30분

2 (1) 8, 16, 24, 32, 40, 48, 56, 64, 72, 80 / 12, 24, 36, 48, 60, 72, 84, 96, 108, 120

(2) 24, 48, 72에 ○표

(3) 24

(4) 3, 2

3 3의 배수: 3, 6, 9, 12, 15……

9의 배수: 9, 18, 27, 36, 45……

3과 9의 최소공배수: 9

3, 9와 같이 한 수가 다른 수의 배수이면 배수가 곧 최소공배수입니다.

4 (1) 7의 배수: 7, 14, 21, 28, 35, 42, 49, 56, 63, 70, 77, 84, 91, 98, 105, 112……

15의 배수: 15, 30, 45, 60, 75, 90, 105, 120……

7과 15의 최소공배수: 105

7, 15와 같이 두 수의 최대공약수가 1일 때는 두 수의 곱이 최소공배수입니다.

(2) 예 – 수의 몇 배까지 나열해야 하는지 알 수 없을 때가 있습니다.

– 수가 커지면 복잡하고 힘듭니다.

2 (4) 8과 12의 최소공배수는 24입니다.

개념활용 ❷-4

48~49쪽

1 8, 16, 24, 32, 40, 48…… / 12, 24, 36, 48, 60…… / 24에 ○표

2 (1) 두 수의 곱셈식에 들어 있는 수가 약수이고, 이 중 공통으로 들어 있는 수 1, 2, 4가 두 수 8과 12의 공약수이며, 이 중 4가 가장 크기 때문에 최대공약수입니다.

(2) 최소공배수는 공배수 중 가장 작은 수이므로 두 수의 약수의 곱을 모두 포함하는 것 중에서 가장 작은 것이 되어야 합니다. 따라서 공통인 약수는 중복되지 않도록 한 번만 곱하고 공통인 아닌 약수는 모두 곱해야 하기 때문에 $2\times3\times4=24$가 8과 12의 최소공배수입니다.

3 (1) 4는 두 수 8과 12의 공약수이고, 두 수를 4로 나눈 몫 2와 3의 공약수가 1 외에는 더 없기 때문입니다.

(2) 최소공배수는 공배수 중 가장 작은 수이므로 두 수의 약수의 곱을 모두 포함하는 것 중에서 가장 작은 것이 되어야 합니다. 따라서 공통인 약수는 중복되지 않도록 한 번만 곱하고 공통인 아닌 약수는 모두 곱해야 하기 때문에 $2\times3\times4=24$가 8과 12의 최소공배수입니다.

4 (1) 해설 참조 / 6 / 36

(2) $15=5\times3$, $20=5\times4$

5 / 60

(3) 최대공약수: 1, 최소공배수:117

1 8과 12의 공배수는 24의 배수입니다.

4 (1) 6) 12 18

2 3

(3) 1) 9 13

9 13

또는 $9=1\times9$, $13=1\times13$

9와 13의 최대공약수는 1입니다. 따라서 9와 13의 최소공배수는 $1\times9\times13=117$입니다.

표현하기

50~51쪽

스스로 정리

1 약수: 어떤 수를 나누어떨어지게 하는 수를 그 수의 약수라고 합니다.

공약수: 두 수의 공통된 약수를 두 수의 공약수라고 합니다.

최대공약수: 공약수 중 가장 큰 수를 두 수의 최대공약수라고 합니다.

2 배수: 어떤 수를 1배, 2배, 3배……한 수를 그 수의 배수라고 합니다.

공배수: 두 수의 공통된 배수를 두 수의 공배수라고 합니다.

최소공배수: 공배수 중 가장 작은 수를 두 수의 최소공배수라고 합니다.

개념 연결

곱셈과 나머지 (1) 6을 1, 2, 3으로 나눈 나머지는 모두 0이고, 4로 나눈 나머지는 2, 5로 나눈 나머지는 1입니다.
(2) $36=1\times36=2\times18=3\times12$
$=4\times9=6\times6$

곱셈과 나눗셈의 관계 □, □, △, △, □

1 처음 왼쪽에 쓴 파란색 5는 두 수 45와 75의 공약수이기 때문에 각각을 나눈 몫은 9와 15가 돼.
그런데 9와 15는 모두 3으로 나누어떨어지기 때문에 3도 공약수라고 할 수 있어.
이제 남은 3과 5를 동시에 나누어떨어지게 하는 약수는 1 외에는 더 없으니까 지금까지 나온 파란색 공약수 5와 3의 곱 15가 45와 75의 최대공약수야.

선생님 놀이

1 말뚝을 일정한 간격으로 설치하려면 가로와 세로를 똑같은 수로 나누어야 합니다. 그러므로 말뚝의 간격은 두 수 30과 12의 공약수의 간격입니다. 간격이 클수록 말뚝이 적게 필요하므로 말뚝의 간격은 30과 12의 최대공약수인 6(m)이고, $30\div6=5$이므로 울타리의 양쪽 가로에는 말뚝이 10개 필요합니다. 또 $12\div6=2$이므로 울타리의 양쪽 세로에는 말뚝이 4개 필요합니다. 따라서 말뚝은 최소한 14개가 필요합니다.

2 독서 동아리는 오늘부터 16일 후, 32일 후, 48일 후……에 정기 모임을 하고, 봉사 동아리는 오늘부터 24일 후, 48일 후, 72일 후……에 정기 모임을 하므로, 두 동아리는 48일 후 처음으로 다시 같은 날에 정기 모임을 합니다. 또는 16과 24의 최소공배수가 48이므로 48일 후에 모임을 갖게 됩니다.

단원평가 기본 52~53쪽

1 14는 4로 나누어떨어지지 않기 때문에 4는 14의 약수가 아닙니다.

2 5개

3 (1) 3, 12 또는 4, 12
(2) 12, 3 또는 12, 4

4 $40=1\times40=2\times20=4\times10=5\times8$
/ 1, 40, 2, 20, 4, 10, 5, 8

5 7의 약수는 1과 7, 10의 약수는 1, 2, 5, 10입니다. 7과 10의 약수 중 공통된 약수는 1이므로 7과 10의 공약수는 1입니다. / 1

6 (1)

16	12
$16=1\times16$ $16=2\times8$ $16=4\times4$	$12=1\times12$ $12=2\times6$ $12=3\times4$

(2) $16=4\times4$에 ○표 / $12=3\times4$에 ○표 / 4

7 (1)

8	14
$8=1\times8$ $8=2\times4$	$14=1\times14$ $14=2\times7$

(2) $8=2\times4$에 ○표 / $14=2\times7$에 ○표 / 56

8 4시 24분

9 40 cm

10 3봉지

11 10 m

12 **잘못된 부분**
18과 30은 둘 다 3으로 나누어떨어지니까 18과 30의 최대공약수는 3이야.
바르게 고치기
18과 30은 3으로 나누어떨어지지만 2로 한 번 더 나누어떨어집니다.

$$\begin{array}{r|rr} 3 & 18 & 30 \\ \hline 2 & 6 & 10 \\ \hline & 3 & 5 \end{array}$$

2 52, 56, 60, 64, 68

7 (2) 8과 14의 최대공약수는 2입니다. 따라서 8과 14의 최소공배수는 $2\times4\times7=56$입니다.

8 산이가 타는 버스는 8분 간격, 강이가 타는 버스는 12분 간격이므로 동시에 탈 수 있는 최대한 빠른 시각은 8과 12의 최소공배수를 구해서 알아볼 수 있습니다.
$8=2\times4$, $12=3\times4$이므로 최대공약수는 4, 최소공배수는 $4\times2\times3=24$입니다. 따라서 산이와 강이가 최대한 빨리 동시에 버스를 타고 가는 시각은 4시 24분입니다.

9 2 m는 200 cm, 1.2 m는 120 cm입니다. 정사각형 종이로 게시판을 빈틈없이 겹치지 않게 덮어야 하므로 200과 120의 공약수를 구해야 합니다. 이때, 가장 큰 정사각형 종이의 변의 길이를 구해야 하므로 최대공약수를 구합니다.

$$\begin{array}{r|rr} 10 & 200 & 120 \\ \hline 4 & 20 & 12 \\ \hline & 5 & 3 \end{array}$$

200과 120의 최대공약수는 $10 \times 4 = 40$이므로 가장 큰 정사각형 종이의 한 변은 40 cm입니다.

10 만두의 개수는 8의 배수이고, 6명이 똑같이 나누어 먹어야 하므로 6의 배수이기도 합니다. 즉, 8과 6의 공배수이면 남기지 않고 나누어 먹을 수 있는데, 최소한으로 사야 하므로 8과 6의 최소공배수인 24개만큼 사면 됩니다. 따라서 만두는 3봉지를 사야 합니다.

11 30 m와 50 m에 일정한 간격으로 꽃을 심어야 하므로 그 간격은 두 수 30과 50의 공약수의 간격입니다. 간격이 최대한 넓으려면 최대공약수의 간격으로 꽃을 심으면 됩니다.

$30 = 3 \times 10$, $50 = 5 \times 10$이므로 30과 50의 최대공약수는 10입니다. 꽃은 10 m 간격으로 심으면 됩니다.

12 18과 30의 최대공약수는 $3 \times 2 = 6$, 18과 30의 최소공배수는 $6 \times 3 \times 5 = 90$입니다.

단원평가 심화 54~55쪽

1 해설 참조 / 3바퀴
2 해설 참조 / 100명, 방울토마토 3개씩, 딸기 5개씩
3 해설 참조 / 1칸짜리 14개, 2칸짜리 7개, 7칸짜리 2개, 14칸짜리 1개
4 해설 참조 / 80
5 해설 참조 / 36번째

1 색칠된 톱니가 만나려면 각 톱니의 개수의 배수가 일치해야 합니다. 즉, 각 톱니바퀴의 톱니가 16과 24의 공배수만큼 맞물려 돌았을 때 색칠된 톱니가 만나고, 처음으로 다시 만나는 때는 두 수 16과 24의 최소공배수만큼 맞물렸을 때입니다.

16과 24를 공약수로 나누면 다음과 같습니다.

$$\begin{array}{r|rr} 4 & 16 & 24 \\ \hline 2 & 4 & 6 \\ \hline & 2 & 3 \end{array}$$

16과 24의 최소공배수는 $4 \times 2 \times 2 \times 3 = 48$입니다. 맞물려 돌아간 두 톱니의 수가 48개일 때 빨간색과 파란색의 톱니가 만나므로 톱니가 16개인 톱니바퀴가 3바퀴를 돌면 됩니다.

2 방울토마토가 23개 남았고, 딸기는 10개를 채워 넣었으므로 방울토마토 300개와 딸기 500개를 똑같이 가져갈 수 있도록 꾸러미에 담아야 합니다. 최대한 많은 사람이 똑같이 가져가야 하므로 300과 500을 동시에 나누어 떨어지게 하는 수, 즉 300과 500의 공약수 중 가장 큰 수, 최대공약수를 구합니다.

$300 = 3 \times 100$, $500 = 5 \times 100$이므로 최대공약수는 100입니다. 오늘 급식 꾸러미를 받을 수 있는 사람은 100명이고, 한 봉지에 방울토마토 3개, 딸기 5개씩을 담습니다.

3 빈칸이 14칸이므로 14의 약수를 구합니다. 14의 약수는 1, 2, 7, 14입니다.

4 어떤 수와 20의 최대공약수가 4이므로, 어떤 수는 4의 배수입니다.

어떤 수는 15보다 크고 20보다 작은 수이므로 4의 배수 중에서 15보다 크고 20보다 작은 수를 구하면 16입니다.

$16 = 4 \times 4$, $20 = 4 \times 5$이므로 16과 20의 최소공배수는 $4 \times 4 \times 5 = 80$입니다.

5 첫째 줄은 6개마다 주황색 공이 나오고, 둘째 줄은 9개마다 주황색 공이 나오므로 6과 9의 공배수를 구합니다.

$$\begin{array}{r|rr} 3 & 6 & 9 \\ \hline & 2 & 3 \end{array}$$

6과 9의 최소공배수는 18이므로 가장 처음으로 주황색 공이 세로로 나란히 놓이는 것은 18번째 공이고, 그다음에 주황색 공이 세로로 나란히 놓이는 것은 18×2인 36번째 공입니다.

3단원 규칙과 대응

기억하기

58~59쪽

1 (1) 65
(2) 3085

2

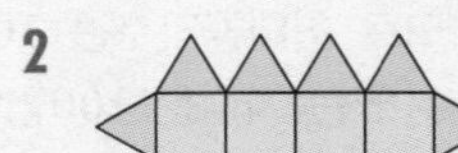

3 예 – 더하는 수가 100씩 커지면 덧셈식의 결과도 100씩 커지는 규칙이 있습니다.
– 더하는 식의 백의 자리 숫자가 1씩 커지면 덧셈식의 결과도 백의 자리 숫자가 1씩 커지는 규칙이 있습니다.

4 $54321 \times 9 = 488889$

생각열기 ①

60~61쪽

1 (1) 예 삼각형과 사각형이 사용되었습니다.
(2) 예 – 사각형 하나에 삼각형 4개를 붙여서 계속 연결했습니다.
– 사각형 1개와 삼각형 4개가 필요한 규칙을 나열하고 있습니다.
(3) 예 – 사각형이 하나 늘어날 때, 삼각형은 4개씩 늘어납니다.
– 삼각형 개수는 사각형 개수의 4배입니다.
– 사각형 개수는 삼각형 개수의 $\frac{1}{4}$입니다.
(4) 예 식으로 나타낼 수 있습니다.
(삼각형의 수)=(사각형의 수)×4 또는
(사각형의 수)=(삼각형의 수)÷4

2 (1) 하늘이와 동생 시은이의 나이에 대해 질문하셨습니다.
(2) – 하늘이 나이가 시은이 나이보다 2살 더 많습니다.
– 시은이 나이가 하늘이 나이보다 2살 더 적습니다.
(3) 예

연도	작년	올해	1년 뒤	2년 뒤	3년 뒤	……
하늘이의 나이(살)	11	12	13	14	15	……
시은이의 나이(살)	9	10	11	12	13	……

(4) – 식으로 나타낼 수 있습니다.
– 기호를 이용하여 표현할 수 있습니다.
– 말로 설명할 수 있습니다.

1 (4) 반드시 식으로 나타내야 하는 것은 아닙니다.

2 (3) 2학년부터 표에 대해서 배웠기 때문에 어느 정도는 나타낼 수 있을 것이지만 꼭 정확히 나타내야 하는 것은 아닙니다. 또 연도 순서대로만 작성했다면 형식은 어느 정도 자유로울 수 있습니다.

선생님의 참견

하나의 양이 변할 때 다른 양도 변하는 대응 관계를 알아보고, 표로 나타내어 규칙을 찾아 설명하며, □, △ 등을 이용하여 식으로 나타내어 보세요.

개념활용 ①-1

62~63쪽

1 (1) 4, 6, 8
(2)

사각형의 수(개)	1	2	3	4	5	……
원의 수(개)	2	4	6	8	10	……

(3) 예 – 사각형의 수가 하나 늘어날 때, 원의 수는 2개씩 늘어납니다.
– 원의 수는 사각형의 수의 2배입니다.
– 사각형의 수는 원의 수의 절반입니다.
(4) 15개

2 (1) 3, 4
(2)

색 테이프를 자른 횟수(번)	1	2	3	4	5	……
색 테이프 도막의 수(도막)	2	3	4	5	6	……

(3) 예 – 색 테이프를 자른 횟수는 색 테이프 도막의 수보다 1 작습니다.
– 색 테이프 도막의 수는 색 테이프를 자른 횟수보다 1 큽니다.
(4) 10번

2 (4) 자른 횟수가 색 테이프 도막의 수보다 1 작으므로 도막의 수가 11개이면 자른 횟수는 10번입니다.

개념활용 ❶-2

64~65쪽

1 (1)

	올해	1년 후	2년 후	3년 후	4년 후	……
형의 나이(살)	16	17	18	19	20	……
동생의 나이(살)	12	13	14	15	16	……

(2) ⓔ (형의 나이)=(동생의 나이)+4
(동생의 나이)=(형의 나이)−4

(3) □=△+4 또는 △=□−4

2 (1)

삼각형의 수(개)	1	2	3	4	5	……
성냥개비의 수(개)	3	6	9	12	15	……

(2) △=◇÷3 또는 ◇=△×3

3 (1)

식탁의 수(개)	1	2	3	4	5	……
의자의 수(개)	4	8	12	16	20	……

(2) (식탁의 수)=(의자의 수)÷4 또는
(의자의 수)=(식탁의 수)×4

(3) ◎=☆÷4 또는 ☆=◎×4

개념활용 ❶-3

66~69쪽

1 (1)

과자 봉지의 수(봉지)	1	2	3	4	……
낱개로 포장된 과자의 수(개)	15	30	45	60	……

(2) (봉지의 수)=(과자의 수)÷15 또는
(과자의 수)=(봉지의 수)×15

2 (1) ○=♡×6 또는 ♡=○÷6

(2) 7 kg

3 (1)

서울의 시각	오전 9시	오전 10시	오전 11시	낮 12시	오후 1시
파리의 시각	오전 1시	오전 2시	오전 3시	오전 4시	오전 5시

(2) ⓔ 서울의 시각과 파리의 시각은 8시간 차이가 납니다.

(3) 오후 3시

4 (1) 팔걸이의 수와 의자의 수 사이의 대응 관계

(2)

의자의 수(개)	1	2	3	4	5	……
팔걸이의 수(개)	2	3	4	5	6	……

(3) – 팔걸이의 수는 의자의 수보다 1 큽니다.
– 의자의 수는 팔걸이의 수보다 1 작습니다.

(4) (의자의 수)=(팔걸이의 수)−1 또는
(팔걸이의 수)=(의자의 수)+1

(5) 21개

5 (1) (입장료)=(학생 수)×1700

(2) (입장료)=(어른 수)×2500

(3) 18500원

2 (2) (달에서의 몸무게)=(지구에서의 몸무게)÷6이므로 42÷6=7(kg)입니다.

3 (2) 날짜가 같다는 설명이 없기 때문에 8시간 차이가 난다는 것이 정답이지만, 파리의 시각이 서울의 시각보다 8시간 늦다는 표현도 답이 될 수 있습니다.

(3) 8시간 차이로 답을 알아내는 데 어려움이 있다면 표를 보고 규칙을 이용해서 정답을 구할 수 있습니다.

5 (1) (학생 수)=(입장료)÷1700도 답이 될 수 있습니다.

(2) (어른 수)=(입장료)÷2500도 답이 될 수 있습니다.

(3) (입장료)=5×1700+4×2500
=8500+10000
=18500(원)

표현하기

70~71쪽

스스로 정리

1 4, 4

2 □=△×4

개념 연결

수 배열표에서 규칙 찾기

501	502	503	504	505
401	402	403	404	405
301	302	303	304	305
201	202	203	204	205
101	102	103	104	105

도형의 배열에서 규칙 찾기

분홍색 사각형을 중심으로 시계 방향으로 90° 씩 돌면서 파란색 사각형이 하나씩 늘어나는 규칙입니다.
다섯째는 분홍색 사각형 하나에 12시 방향으로 파란색 사각형이 5개 놓였으므로 여섯째는 분홍색 사각형 하나에 3시 방향으로 파란색 사각형이 6개 놓이게 됩니다.

1 - 세로로 내려갈수록 100씩 작아져. 첫째 줄의 수를 △라 하면 둘째 줄의 수는 △－100, 셋째 줄의 수는 △－200, 넷째 줄의 수는 △－300, 다섯째 줄의 수는 △－400으로 나타낼 수 있어.
- 오른쪽으로 갈수록 1씩 커져. 첫째 줄의 수를 □라 하면 둘째 줄의 수는 □＋1 …… 다섯째 줄의 수는 □＋4로 나타낼 수 있어.
- 오른쪽 위로 올라갈수록 101씩 커져. 왼쪽 맨 아래 칸의 수를 ◇라 하면, 오른쪽 한 칸 위의 수는 ◇＋101, 오른쪽 두 칸 위의 수는 ◇＋202 …… 오른쪽 가장 위 칸의 수는 ◇＋404로 나타낼 수 있어.

선생님 놀이

1

잠자리의 수(마리)	1	2	3	5	10	……
다리의 수(개)	6	12	18	30	60	……

한 마리의 다리는 6개이므로 잠자리 수 △와 다리 수 □ 사이의 대응 관계를 □＝6×△로 나타낼 수 있습니다.

2 소리는 1초에 340 m를 움직이므로 2초에는 340×2＝680(m), 3초에는 340×3＝1020(m)를 움직입니다. 따라서 □초에 움직인 거리를 △ m라고 하면 △＝340×□입니다.

단원평가 기본 72~73쪽

1 (1)

삼각형의 수(개)	1	2	3	4	5	……
사각형의 수(개)	3	6	9	12	15	……

(2) 예 - 삼각형의 수가 하나 늘어날 때마다 사각형의 수는 3개씩 늘어납니다.
- 사각형의 수는 삼각형의 수의 3배입니다.
- 사각형의 수를 3으로 나누면 삼각형의 수가 됩니다.

(3) 3

2 (1)

메뚜기의 수(마리)	1	2	3	4	5	……
다리의 수(개)	6	12	18	24	30	……

(2) △＝□×6 또는 □＝△÷6

3 16번

4 (1)

연필의 타수(타)	1	2	3	4	……
연필의 수(자루)	12	24	36	48	……

(2) 연필의 수 / 12 / 연필의 타수

5 ①, ②

6 (1) 3일
(2) 10500원

7 4

3 가래떡을 1번 자르면 2도막이 되고, 2번 자르면 3도막이 되므로 자른 횟수가 가래떡의 도막의 수보다 1 작습니다. 따라서 17도막을 만들려면 가래떡을 16번 자르면 됩니다.

5 (1) ☆보다 ♡가 2씩 더 크고, ☆이 ♡보다 2씩 더 작습니다. 따라서 ☆과 ♡의 관계를 식으로 바르게 나타내면 ☆＋2＝♡, ♡－2＝☆입니다.

6 (1) 하루에 1500원씩 저금하면 1500, 3000, 4500……이 됩니다.
(2) 하늘이는 하루에 700원씩 저금하므로 15일 동안 저금하면 15×700＝10500(원)이 됩니다.

7 1분에 4 L의 물을 받으므로 물을 받는 시간(분)에 4를 곱하면 받은 물의 양을 구할 수 있습니다.

단원평가 심화 74~75쪽

1 (1)

기린의 수(마리)	1	2	3	4	……
기린의 목뼈의 수(개)	7	14	21	28	……

(2) ○＝◇×7 또는 ◇＝○÷7
(3) 84개

2 ㉡

3 10000원

4 식 (사용하는 물의 양)=(사용한 시간)×12
답 60 L

5 해설 참조 / 11개

6 해설 참조 / 21개

1 (3) $12\times7=84$

2 하루에 단어를 25개씩 외우므로 (외운 단어 수)=(외운 날 수)×25입니다. 기호로 나타내면 □=●×25이므로 바르게 나타낸 것은 ㉡입니다. □÷25=●로 나타낼 수도 있습니다.

3 천 1 m가 2500원이므로 4 m를 사면 $2500\times4=10000$(원)을 내야 합니다.

4 샤워기 사용 시간을 5분 줄이면 $5\times12=60$(L)의 물을 아낄 수 있습니다.

5 작품 1장을 붙이는 데 누름 못이 2개 필요하고, 작품이 2장이면 3개, 3장이면 누름 못이 4개 필요하므로 식으로 나타내면 (누름 못의 수)=(작품의 장수)+1입니다. 따라서 10장을 붙이려면 누름 못은 11개가 필요합니다.

6 사각형 조각은 첫 번째: 3개, 두 번째: 5개, 세 번째: 7개, 네 번째: 9개 ……가 필요하므로 몇 번째를 □라 하고, 필요한 사각형 조각을 ●라고 하면 ●=□×2+1입니다. 따라서 열 번째에는 사각형 조각이 $10\times2+1=21$(개) 필요합니다.

4단원 약분과 통분

기억하기

78~79쪽

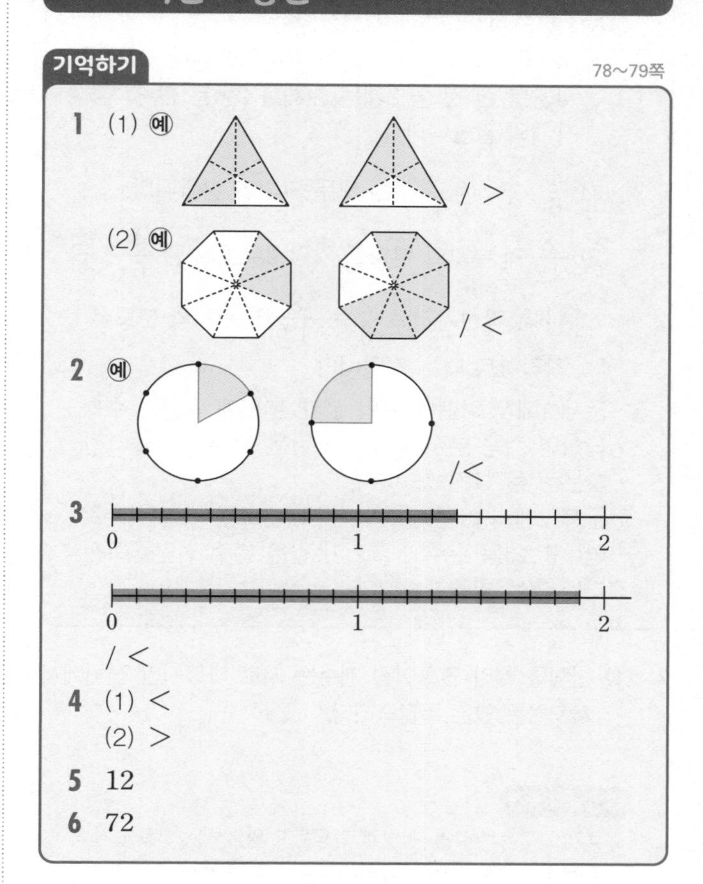

4 (1) <
(2) >

5 12

6 72

5 24의 약수: 1, 2, 3, 4, 6, 8, 12, 24
36의 약수: 1, 2, 3, 4, 6, 9, 12, 18, 36

6 24의 배수: 24, 48, 72, 96……
36의 배수: 36, 72, 108……

생각열기①

80~81쪽

1 (1) $\frac{1}{2}$의 분자와 분모에 각각 2를 곱하면 $\frac{2}{4}$가 됩니다.

(2)

$\frac{1}{2}$은 전체를 똑같이 2개로 나눈 것 중 1개를 뜻하므로 컵을 2등분 하여 1칸을 색칠했습니다. $\frac{2}{4}$는 전체를 똑같이 4개로 나눈 것 중 2개를 뜻하므로 컵을 4등분 하여 2칸을 색칠했습니다.

(3) $\frac{1}{2}$과 $\frac{2}{4}$는 크기가 같습니다.
(2)의 그림을 보면 물의 양이 같습니다. 전체를 4등분 한 것 중 2개는 전체를 2등분 한 것 중 1개와 같습니다.

2 (1) $\frac{4}{6}$, $\frac{2}{3}$ / 세 분수는 모두 크기가 같습니다.
(2) $\frac{8}{12}$의 분자와 분모를 각각 2로 나누면 $\frac{4}{6}$가 됩니다. 마찬가지로 $\frac{2}{3}$는 $\frac{8}{12}$의 분자와 분모를 각각 4로 나눈 것입니다.

3 문제 1에서 어떤 분수의 분자, 분모에 똑같은 수를 곱하면 처음 분수와 크기가 같은 분수가 만들어진다는 것을 발견했습니다.
문제 2에서 어떤 분수의 분자, 분모를 똑같은 수로 나누면 처음 분수와 크기가 같은 분수가 만들어진다는 것을 발견했습니다.

2 (1) 전체를 잘라 만들어진 개수는 서로 다르지만 전체에서 차지하는 양은 똑같습니다.

선생님의 참견

크기가 같은 분수를 어떻게 만드는지 알아보는 활동을 해요. 주어진 분수의 분모와 분자에 같은 수를 곱해서 크기가 같은 분수를 만드는 것처럼, 분모와 분자를 같은 수로 나누어서 크기가 같은 분수를 만들 수 있음을 그림을 통해 알아보세요.

개념활용 ❶-1 82~83쪽

1 (1) $\frac{3}{4}$의 분모와 분자에 0을 곱하면 $\frac{0}{0}$과 같은 분수가 되는데 분모가 0인 분수는 존재하지 않습니다.
(2) 어떤 수를 0으로 나눌 수 없기 때문에 $\frac{3}{4}$의 분모와 분자를 0으로 나누는 것도 불가능합니다.
(3) 분모와 분자에 0을 곱하여 $\frac{0}{0}$과 같은 분수를 만들거나 분자와 분모를 0으로 나누는 것은 결국 어떤 수를 0으로 나누는 것이므로 계산이 불가능합니다.

2 (1) $\left(\frac{4}{6}\right)$ $\left(\frac{6}{9}\right)$ $\left(\frac{8}{12}\right)$
(2) $\frac{2}{3}$의 분자, 분모에 각각 0이 아닌 같은 수를 곱하면 크기가 같은 분수가 됩니다.

3 (1) (왼쪽에서부터) 8, 12, 16, 20
(2) (왼쪽에서부터) 12, 18, 20, 25

4 (1) $\frac{14}{16}$, $\frac{21}{24}$, $\frac{28}{32}$, $\frac{35}{40}$, $\frac{42}{48}$
(2) $\frac{8}{18}$, $\frac{12}{27}$, $\frac{16}{36}$, $\frac{20}{45}$, $\frac{24}{54}$

5 (1) (왼쪽에서부터) 36, 24, 4
(2) (왼쪽에서부터) 24, 20, 10

2 (2) $\frac{4}{6}$, $\frac{6}{9}$, $\frac{8}{12}$은 $\frac{2}{3}$의 분자, 분모에 각각 2, 3, 4를 곱해서 만들었습니다.

개념활용 ❶-2 84~85쪽

1 (1) $\frac{2}{3}$, $\frac{4}{6}$
(2) $\frac{1}{3}$, $\frac{2}{6}$, $\frac{5}{15}$
(3) $\frac{1}{4}$, $\frac{2}{8}$
(4) $\frac{1}{3}$, $\frac{2}{6}$, $\frac{4}{12}$

2 (1) $\frac{2}{3}$ (2) $\frac{3}{4}$
(3) $\frac{1}{4}$ (4) $\frac{2}{5}$

3 (1) $\frac{6}{9}$, $\frac{2}{3}$ (2) $\frac{9}{12}$, $\frac{3}{4}$
(3) $\frac{15}{24}$, $\frac{10}{16}$, $\frac{5}{8}$ (4) $\frac{6}{9}$, $\frac{4}{6}$, $\frac{2}{3}$

4 (1) $\frac{2}{3}$ (2) $\frac{5}{6}$
(3) $\frac{2}{5}$ (4) $\frac{1}{4}$

5 (1) $\frac{2}{8}=\frac{2 \div 2}{8 \div 2}=\frac{1}{4}$

(2) $\frac{9}{15}=\frac{9 \div 3}{15 \div 3}=\frac{3}{5}$

(3) $\frac{14}{16}=\frac{14 \div 2}{16 \div 2}=\frac{7}{8}$

(4) $\frac{6}{18}=\frac{6 \div 6}{18 \div 6}=\frac{1}{3}$

6 $\frac{5}{9}$, $\frac{3}{11}$, $\frac{7}{12}$, $\frac{3}{13}$에 ○표

7 (1) – 기약분수는 분모와 분자의 공약수가 1뿐입니다. 그래서 분모와 분자의 최대공약수가 1입니다.

– 기약분수는 분모와 분자의 공약수가 1뿐이므로 더 약분되지 않습니다.

(2) – 기약분수는 분모와 분자의 공약수가 1뿐인 분수이므로 어떤 분수의 분모와 분자가 1보다 큰 공약수를 가진다면 그 공약수로 분자와 분모를 나누어야 합니다. 한 번 약분했는데도 분모와 분자의 공약수가 1보다 크면, 공약수가 1뿐일 때까지 계속 약분합니다.

– 어떤 분수를 단번에 기약분수로 만들려면 분수의 분모와 분자를 분모와 분자의 최대공약수로 나눕니다.

생각열기 ❷

86~87쪽

1 (1) – 분수를 그림으로 나타내서 비교할 수 있습니다.

– 시간을 분으로 바꿔서 비교할 수 있습니다.

(2) – 시간을 분으로 바꿉니다. 1시간이 60분이므로 $\frac{1}{2}$시간은 30분이고 $\frac{4}{6}$시간은 40분입니다. 따라서 하늘이가 정리하는 데 시간이 더 많이 걸렸습니다.

– 그림으로 나타내어 보면 $\frac{4}{6}$가 더 큽니다. 하늘이가 정리하는 데 시간이 더 많이 걸렸습니다.

$\frac{1}{2}$ ▭▭ (2칸 중 1칸 색칠)

$\frac{4}{6}$ ▭▭▭▭▭▭ (6칸 중 4칸 색칠)

(3) $\frac{4}{6}$

2 **소수로 나타내어 비교하기**

$\frac{7}{14}$은 가장 간단한 분수로 나타내면 $\frac{1}{2}$이고, 분수를 소수로 나타내기 위해서 분모를 10으로 만들면 $\frac{5}{10}$이므로, $\frac{7}{14}$은 소수로 나타내면 0.5입니다. 따라서 $\frac{7}{14}$과 0.5는 크기가 같습니다.

분수로 나타내어 비교하기

0.5를 분수로 나타내면 $\frac{5}{10}$이고, 가장 간단한 분수로 나타내면 $\frac{1}{2}$입니다. $\frac{7}{14}$은 가장 간단한 분수로 나타내면 $\frac{1}{2}$이므로, $\frac{7}{14}$과 0.5는 크기가 같습니다.

3 **소수로 나타내어 비교하기**

$3\frac{9}{12}$는 가장 간단한 분수로 나타내면 $3\frac{3}{4}$입니다. 분수를 소수로 나타내기 위해서 분모를 100으로 만듭니다. 분모와 분자에 25를 곱하면 $3\frac{75}{100}$이므로 소수로 나타내면 3.75입니다. 3.76은 3.75보다 크므로, 3.76이 $3\frac{9}{12}$보다 큰 수입니다.

분수로 나타내어 비교하기

3.76을 분수로 나타내면 $3\frac{76}{100}$입니다. $3\frac{9}{12}$는 가장 간단한 분수로 나타내면 $3\frac{3}{4}$인데, 비교를 위해서 분모와 분자에 25를 곱해 분모를 100으로 서로 같게 만들면, $3\frac{75}{100}$입니다. $3\frac{76}{100}$은 $3\frac{75}{100}$보다 크므로, 3.76이 $3\frac{9}{12}$보다 큰 수입니다.

4 예 – 소수를 분수로 나타내는 방법이 간단하므로, 소수를 분수로 나타내어 비교하는 방법이 좋다고 생각합니다.

– 분수를 소수로 나타내면 분모를 같게 하지 않아도 비교할 수 있으므로 분수를 소수로 나타내어 비교하는 방법이 좋다고 생각합니다.

선생님의 참견

분수와 소수의 크기를 비교하는 방법을 생각하기 위한 활동을 해요. 분모가 같은 두 분수의 크기를 비교하는 방법을 이용하려면 분모가 다른 경우에 어떻게 해야 하는지 추측해 보세요. 그리고 분수와 소수의 크기를 비교하는 다양한 방법을 익혀 보세요.

개념활용 ❷-1

88~89쪽

1 (1) $\frac{2}{4}, \frac{3}{6}, \frac{4}{8}, \frac{5}{10}, \frac{6}{12}$ / $\frac{4}{6}, \frac{6}{9}, \frac{8}{12}, \frac{10}{15}, \frac{12}{18}$

(2) $\left(\frac{3}{6}, \frac{4}{6}\right), \left(\frac{6}{12}, \frac{8}{12}\right)$

(3) 0 — 1 $\left(\frac{3}{6}\right)$

0 — 1 $\left(\frac{4}{6}\right)$

(4) $\frac{1}{2}=\frac{1\times \boxed{3}}{2\times \boxed{3}}=\frac{\boxed{3}}{6}$

$\frac{2}{3}=\frac{2\times \boxed{2}}{3\times \boxed{2}}=\frac{\boxed{4}}{6}$

(5) $\frac{2}{3}$

2 (1) $\frac{5}{6}=\frac{5\times 15}{6\times 15}=\frac{75}{90}$

$\frac{4}{15}=\frac{4\times 6}{15\times 6}=\frac{24}{90}$

(2) $\frac{5}{6}=\frac{5\times 5}{6\times 5}=\frac{25}{30}$

$\frac{4}{15}=\frac{4\times 2}{15\times 2}=\frac{8}{30}$

3 (1) 방법1 두 분모의 곱을 공통분모로 하여 통분하면, $9\times 21=189$이므로 $\frac{105}{189}, \frac{72}{189}$로 통분할 수 있습니다.

방법2 두 분모의 최소공배수로 통분하면, 최소공배수가 63이므로 $\frac{35}{63}, \frac{24}{63}$로 통분할 수 있습니다.

(2) 두 분모의 곱을 공통분모로 하여 통분하면 빠르게 계산할 수 있지만 수가 커지는 단점이 있고, 두 분모의 최소공배수를 공통분모로 하여 통분하면 계산 결과가 간단해서 좋지만 최소공배수를 구하는 과정이 쉽지 않은 단점이 있습니다.

1 (5) $\frac{1}{2}$과 $\frac{2}{3}$를 분모가 같은 분수로 나타내면 각각 $\frac{3}{6}$과 $\frac{4}{6}$가 됩니다. $\frac{3}{6}$은 $\frac{1}{6}$이 3개, $\frac{4}{6}$는 $\frac{1}{6}$이 4개이므로 $\frac{4}{6}$가 $\frac{3}{6}$보다 큽니다. 따라서 $\frac{2}{3}$가 $\frac{1}{2}$보다 더 큰 수입니다.

2 (1) 두 분모 6과 15의 곱은 $6\times 15=90$이므로, 분모를 90으로 통분합니다.

(2) 두 분모 6과 15의 최소공배수는 30이므로, 분모를 30으로 통분합니다.

개념활용 ❷-2

90~91쪽

1 (1) $\frac{7}{10}$의 분자, 분모에 각각 3을 곱하면 $\frac{21}{30}$이고, $\frac{21}{30}$이 $\frac{18}{30}$보다 크므로 $\frac{7}{10}$이 $\frac{18}{30}$보다 큽니다.

(2) $\frac{7}{10}$을 소수로 나타내면 0.7입니다. $\frac{18}{30}$을 소수로 나타내기 위해 분모와 분자를 3으로 나누면 $\frac{6}{10}$이고, 소수로 나타내면 0.6입니다. 0.7이 0.6보다 크므로 $\frac{7}{10}$이 $\frac{18}{30}$보다 큽니다.

2 (1) $\frac{3}{4}$을 소수로 나타내기 위해 분모와 분자에 25를 곱하면 $\frac{75}{100}$이고, 소수로 나타내면 0.75입니다. 0.75는 0.7보다 크므로, $\frac{3}{4}$이 0.7보다 큽니다.

(2) 0.7을 분수로 나타내면 $\frac{7}{10}$입니다. $\frac{3}{4}$과 $\frac{7}{10}$을 최소공배수를 공통분모로 하여 통분하면 $\frac{15}{20}, \frac{14}{20}$이므로 $\frac{3}{4}$이 0.7보다 큽니다.

3 (1) < (2) > (3) > (4) =
(5) < (6) < (7) = (8) <

4 (1) < (2) > (3) < (4) =
(5) = (6) > (7) = (8) >

5 $\frac{4}{10}$, 0.5, $\frac{9}{15}$, $\frac{5}{8}$, $\frac{7}{10}$, 0.8

3 (1) $\left(\frac{5}{6}, \frac{7}{8}\right) \Rightarrow \left(\frac{20}{24}, \frac{21}{24}\right)$

(2) $\left(\frac{1}{4}, \frac{2}{12}\right) \Rightarrow \left(\frac{3}{12}, \frac{2}{12}\right)$

(3) $\left(\frac{3}{5}, \frac{11}{25}\right) \Rightarrow \left(\frac{15}{25}, \frac{11}{25}\right)$

(4) $\left(\frac{9}{12}, \frac{12}{16}\right) \Rightarrow \left(\frac{36}{48}, \frac{36}{48}\right)$

(5) $\left(\frac{4}{7}, \frac{2}{3}\right) \Rightarrow \left(\frac{12}{21}, \frac{14}{21}\right)$

(6) $\left(\frac{5}{7}, \frac{7}{9}\right) \Rightarrow \left(\frac{45}{63}, \frac{49}{63}\right)$

(7) $\left(\frac{10}{12}, \frac{15}{18}\right) \Rightarrow \left(\frac{30}{36}, \frac{30}{36}\right)$

(8) $\left(\frac{7}{18}, \frac{10}{24}\right) \Rightarrow \left(\frac{28}{72}, \frac{30}{72}\right)$

4 (1) $\frac{2}{5}=\frac{4}{10}=0.4$

(2) $\frac{5}{8}=\frac{625}{1000}=0.625$

(3) $\frac{10}{20}=\frac{5}{10}=0.5$

(4) $\frac{12}{16}=\frac{3}{4}=\frac{75}{100}=0.75$

(5) $\frac{15}{30}=\frac{5}{10}=0.5$

(6) $\frac{7}{8}=\frac{875}{1000}=0.875$

(7) $3\frac{3}{12}=3\frac{1}{4}=3\frac{25}{100}=3.25$

(8) $2\frac{9}{12}=2\frac{3}{4}=2\frac{75}{100}$, $2.7=2\frac{7}{10}=2\frac{70}{100}$

5 $\frac{9}{15}=\frac{3}{5}=\frac{6}{10}=0.6$, $\frac{7}{10}=0.7$,
$\frac{5}{8}=\frac{625}{1000}=0.625$, $\frac{4}{10}=0.4$

표현하기

92~93쪽

스스로 정리

1 분자, 분모에 각각 0이 아닌 수를 곱하거나 분자, 분모를 각각 0이 아닌 수로 나눕니다.

2 분자, 분모를 각각 공약수로 나누어 간단한 분수로 만드는 것을 약분한다고 합니다.
$\frac{6}{8}$ 또는 $\frac{3}{4}$

3 분자와 분모의 공약수가 1뿐인 분수를 기약분수라고 합니다.
$\frac{2}{3}$

4 분수의 분모를 같게 하는 것을 통분한다고 합니다.
$\left(\frac{40}{48}, \frac{42}{48}\right)$ 또는 $\left(\frac{20}{24}, \frac{21}{24}\right)$

개념 연결

분수의 크기 비교

(1) $\frac{1}{2}$은 전체를 똑같이 2로 나눈 것 중 1이고, $\frac{1}{3}$은 전체를 똑같이 3으로 나눈 것 중 1이므로 $\frac{1}{2}>\frac{1}{3}$입니다.

(2) $\frac{2}{5}$는 단위분수 $\frac{1}{5}$이 2개이고, $\frac{3}{5}$은 $\frac{1}{5}$이 3개이므로 $\frac{2}{5}<\frac{3}{5}$입니다.

최대공약수와 최소공배수

(1) 1, 2, 3, 4, 6, 12
1, 2, 3, 6, 9, 18
6

(2) 6, 12, 18, 24……
8, 16, 24, 32……
24

1 분수의 크기를 비교하려면 통분해서 분모를 같게 만들어야 해.
$\frac{5}{6}$, $\frac{7}{8}$을 통분할 때 ① 두 분모의 곱을 공통분모로 하는 방법과 ② 두 분모의 최소공배수를 공통분모로 하는 방법을 쓸 수 있어.

① $\left(\frac{5}{6}, \frac{7}{8}\right) \Rightarrow \left(\frac{5\times8}{6\times8}, \frac{7\times6}{8\times6}\right) \Rightarrow \left(\frac{40}{48}, \frac{42}{48}\right)$
이므로 $\frac{5}{6}<\frac{7}{8}$이야.

② $\left(\frac{5}{6}, \frac{7}{8}\right) \Rightarrow \left(\frac{5\times4}{6\times4}, \frac{7\times3}{8\times3}\right) \Rightarrow \left(\frac{20}{24}, \frac{21}{24}\right)$
이므로 $\frac{5}{6}<\frac{7}{8}$이야.

두 분모의 곱을 공통분모로 하는 것이 편리하지만, 분모가 클 때는 최소공배수를 공통분모로 하여 통분하는 것이 훨씬 간편해.

선생님 놀이

1 산 / 세 사람은 각각 감자 하나를 똑같이 자른 것이므로 먹은 양은 순서대로 $\frac{3}{4}$, $\frac{10}{12}$, $\frac{7}{8}$입니다. 세 분수를 분모의 최소공배수인 24로 통분하면 $\frac{18}{24}$, $\frac{20}{24}$, $\frac{21}{24}$이므로 가장 큰 수는 $\frac{7}{8}$입니다. 따라서 산이가 가장 많이 먹었습니다.

2 ÷ / 7 / 7 / 2 / 5
기약분수로 나타내려면 두 수의 최대공약수로 나누어야 하므로 □ 안에 알맞은 연산은 나눗셈(÷)이고 ㉠과 ㉡에 들어갈 수는 두 수의 최대공약수입니다. 14의 약수는 1, 2, 7, 14이고, 35의 약수는 1, 5, 7, 35이므로 두 수의 최대공약수는 7입니다. 분자와 분모를 각각 7로 나누면 ㉢=2, ㉣=5입니다.

단원평가 기본

94~95쪽

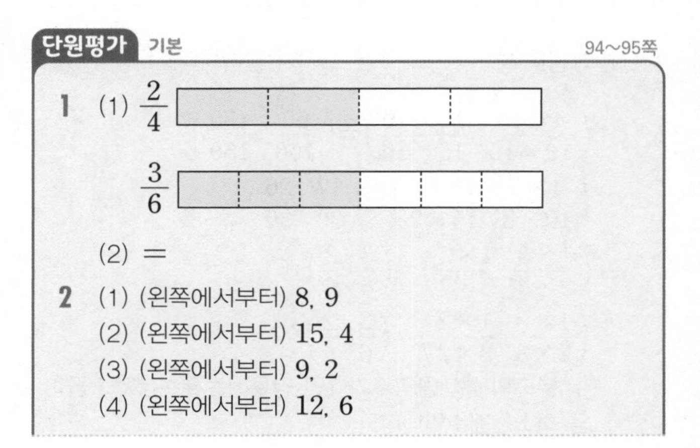

1 (1) $\frac{2}{4}$ / $\frac{3}{6}$

(2) =

2 (1) (왼쪽에서부터) 8, 9
(2) (왼쪽에서부터) 15, 4
(3) (왼쪽에서부터) 9, 2
(4) (왼쪽에서부터) 12, 6

3 (1) $\frac{12}{36}=\frac{12\div\boxed{12}}{36\div\boxed{12}}=\frac{\boxed{1}}{\boxed{3}}$

(2) $\frac{8}{28}=\frac{8\div\boxed{4}}{28\div\boxed{4}}=\frac{\boxed{2}}{\boxed{7}}$

(3) $\frac{5}{6}$

(4) $\frac{1}{2}$

4 (1) $\frac{4}{12}$, $\frac{5}{15}$, $\frac{9}{27}$에 ○표

(2) $\frac{3}{4}$, $\frac{6}{8}$, $\frac{9}{12}$에 ○표

5 $\frac{3}{8}$, $\frac{5}{12}$, $\frac{7}{18}$에 ○표

6 (1) 두 분모의 곱 $\frac{60}{150}$, $\frac{130}{150}$

두 분모의 최소공배수 $\frac{12}{30}$, $\frac{26}{30}$

(2) 두 분모의 곱 $\frac{3}{6}$, $\frac{2}{6}$

두 분모의 최소공배수 $\frac{3}{6}$, $\frac{2}{6}$

(3) 두 분모의 곱 $\frac{168}{294}$, $\frac{210}{294}$

두 분모의 최소공배수 $\frac{24}{42}$, $\frac{30}{42}$

7 (1) $>$
(2) $>$
(3) $=$
(4) $>$

8 (1) $=$
(2) $>$
(3) $<$
(4) $=$

9 $\frac{6}{16}$ L, $\frac{5}{12}$ L, $\frac{1}{2}$ L

1 (1) 그림을 보면 $\frac{2}{4}$와 $\frac{3}{6}$은 크기가 같습니다.

6 (1) $\left(\frac{4\times15}{10\times15}, \frac{13\times10}{15\times10}\right)=\left(\frac{60}{150}, \frac{130}{150}\right)$

$\left(\frac{4\times3}{10\times3}, \frac{13\times2}{15\times2}\right)=\left(\frac{12}{30}, \frac{26}{30}\right)$

(2) $\left(\frac{1\times3}{2\times3}, \frac{1\times2}{3\times2}\right)=\left(\frac{3}{6}, \frac{2}{6}\right)$

$\left(\frac{1\times3}{2\times3}, \frac{1\times2}{3\times2}\right)=\left(\frac{3}{6}, \frac{2}{6}\right)$

두 분모의 최대공약수가 1인 경우에는 두 분모의 곱이 곧 최소공배수입니다.

(3) $\left(\frac{8\times21}{14\times21}, \frac{15\times14}{21\times14}\right)=\left(\frac{168}{294}, \frac{210}{294}\right)$

$\left(\frac{8\times3}{14\times3}, \frac{15\times2}{21\times2}\right)=\left(\frac{24}{42}, \frac{30}{42}\right)$

7 (1) $\frac{3}{4}=\frac{9}{12}$, $\frac{4}{6}=\frac{8}{12}$

(2) $\frac{3}{5}=\frac{6}{10}$

(3) $\frac{2}{3}=\frac{4}{6}$

(4) $\frac{7}{12}=\frac{21}{36}$, $\frac{5}{9}=\frac{20}{36}$

8 (1) $\frac{1}{2}=0.5$

(2) $\frac{3}{5}=0.6$

(3) $\frac{1}{5}=0.2$

(2) $\frac{16}{20}=\frac{80}{100}=0.8$

9 세 물통에 들어 있는 물의 양을 통분하면 $\frac{1}{2}$ L, $\frac{5}{12}$ L, $\frac{6}{16}$ L는 각각 $\frac{24}{48}$ L, $\frac{20}{48}$ L, $\frac{18}{48}$ L입니다.

심화 96~97쪽

1 $\frac{2}{3}$, $\frac{4}{6}$, $\frac{6}{9}$, $\frac{8}{12}$, $\frac{10}{15}$

2 해설 참조 / 5조각

3 (1) $\frac{2}{3}$

(2) $\frac{1}{2}$

(3) $\frac{2}{5}$

(4) $\frac{3}{4}$

4 해설 참조 / 1, 5, 7, 11

5 해설 참조 / 24, 48

6 (1) $>$
(2) $<$
(3) $<$
(4) $<$

7 해설 참조 / 하늘, 바다, 산

8 해설 참조 / 4, 5, 6, 7

1 $\frac{18}{27}$을 기약분수로 나타내면 $\frac{2}{3}$이므로, $\frac{2}{3}$의 분자와 분모에 각각 1, 2, 3, 4, 5를 곱한 분수를 씁니다.

2 강이는 케이크 8조각 중 2조각을 먹었으므로 분수로 나타내면 $\frac{2}{8}=\frac{1}{4}$만큼 먹었습니다. 산이는 20조각으로 나누었으므로 분수로 나타내면 분모가 20이므로 $\frac{1}{4}=\frac{1\times5}{4\times5}=\frac{5}{20}$만큼 먹으면 됩니다.

4 □는 12보다 작고 12와 공약수가 1뿐인 수로 12의 약수가 아닌 수와 1입니다.

5 두 분모 8과 12의 최소공배수는 24이므로
$\left(\frac{7}{12}, \frac{1}{8}\right)=\left(\frac{14}{24}, \frac{3}{24}\right)=\left(\frac{28}{48}, \frac{6}{48}\right)$입니다.
따라서 50보다 작은 공통분모는 24와 48입니다.

6 (1) $1\frac{3}{4}=1\frac{75}{100}=1.75$

(2) $0.33=\frac{33}{100}=\frac{99}{300}$, $\frac{1}{3}=\frac{100}{300}$

(3) $2\frac{1}{8}=2\frac{125}{1000}=2.125$

(4) $0.93=\frac{93}{100}=\frac{1488}{1600}$, $\frac{15}{16}=\frac{1500}{1600}$

7 바다는 전체의 $\frac{3}{10}$, 하늘이는 전체의 $\frac{2}{5}$, 산이는 전체의 $\frac{4}{15}$만큼 먹었으므로 $\frac{3}{10}$, $\frac{2}{5}$, $\frac{4}{15}$를 통분하여 비교합니다. 바다는 $\frac{9}{30}$, 하늘이는 $\frac{12}{30}$, 산이는 $\frac{8}{30}$이므로 하늘, 바다, 산이 순서로 많이 먹었습니다.

8 분모를 30으로 통분하면 $\frac{10}{30}<\frac{\square\times3}{30}<\frac{22}{30}$입니다.
□×3은 11부터 21까지의 수이므로 □는 4, 5, 6, 7입니다.

5단원 분수의 덧셈과 뺄셈

기억하기

100~101쪽

1 (1) $\frac{5}{7}$ (2) $1\frac{4}{8}$
(3) $\frac{1}{4}$ (4) $\frac{4}{7}$

2 (1) $4\frac{1}{5}$ (2) $6\frac{1}{4}$
(3) $1\frac{1}{4}$ (4) $2\frac{4}{9}$

3 (1) $\frac{5}{9}$ (2) $\frac{4}{7}$
(3) $1\frac{1}{2}$ (4) $1\frac{4}{5}$

4 (1) $\frac{8}{12}$, $\frac{9}{12}$
(2) $1\frac{16}{24}$, $2\frac{15}{24}$

1 (2) $\frac{12}{8}=1\frac{4}{8}$

2 (1) $1+2+\frac{2}{5}+\frac{4}{5}=3+1\frac{1}{5}=4\frac{1}{5}$

(2) $\frac{19}{8}+\frac{31}{8}=\frac{50}{8}=6\frac{2}{8}=6\frac{1}{4}$

(3) $2-1+\frac{5}{8}-\frac{3}{8}=1+\frac{2}{8}=1\frac{2}{8}=1\frac{1}{4}$

(4) $4-2+\frac{5}{9}-\frac{1}{9}=2+\frac{4}{9}=2\frac{4}{9}$

3 (1) $\frac{9}{9}-\frac{4}{9}=\frac{5}{9}$

(2) $\frac{7}{7}-\frac{3}{7}=\frac{4}{7}$

(3) $1\frac{5}{4}-\frac{3}{4}=1\frac{2}{4}=1\frac{1}{2}$

(4) $\frac{17}{5}-\frac{8}{5}=\frac{9}{5}=1\frac{4}{5}$

생각열기 ①

102~103쪽

1 (1) 메밀가루의 양$\left(2\frac{3}{4}\text{컵}\right)$과 밀가루의 양$\left(3\frac{1}{2}\text{컵}\right)$을 더합니다.

(2) 메밀가루의 양 :

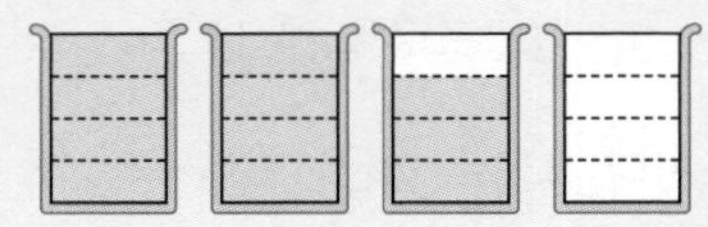

밀가루의 양 :

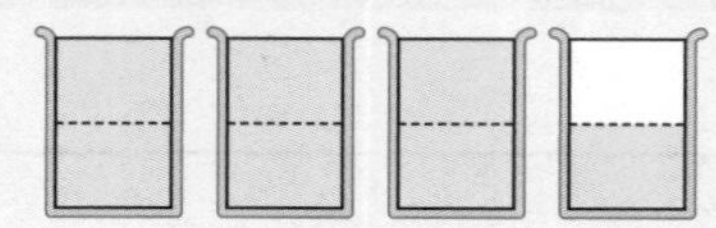

(3) 분수 부분의 그림을 보면 $\frac{3}{4}+\frac{1}{2}$이 1보다 큰데 $\frac{4}{6}$로 계산되었습니다. 분수의 덧셈에서 분모는 분모끼리 분자는 분자끼리 더하면 틀립니다.

(4) 2와 3만 더해도 5가 되는데 전체의 합이 3입니다. 또 분수의 분모가 다르기 때문에 $4+2=6$과 같이 바로 덧셈을 할 수 없습니다.

(5) 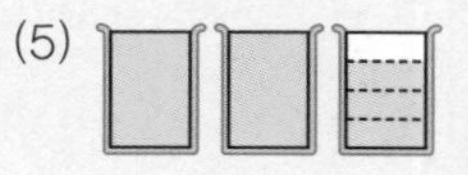 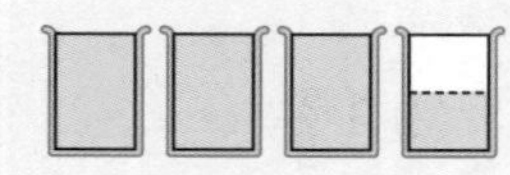

$(2+3)+\left(\frac{3}{4}+\frac{2}{4}\right)=5+\frac{5}{4}$

$=5+1\frac{1}{4}=6\frac{1}{4}$(컵)

(6) $2\frac{3}{4}+3\frac{1}{2}=\frac{11}{4}+\frac{7}{2}=\frac{11}{4}+\frac{14}{4}$

$=\frac{25}{4}=6\frac{1}{4}$(컵)

식을 세우면 분모가 다른 분수의 덧셈이 되므로 통분을 이용해서 분모를 같게 만들어 계산합니다.

1 (5) 분수로 된 부분을 같은 기준량으로 맞추기 위해서 $\frac{1}{2}$을 반씩 쪼개어 $\frac{2}{4}$로 생각합니다.

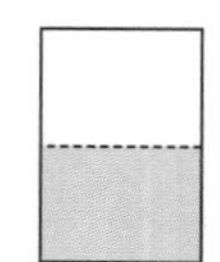 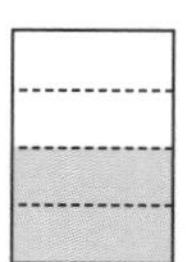

선생님의 참견

분모가 같은 분수의 덧셈과 달리 분모가 다른 분수는 바로 더할 수 없으므로 분모를 같게 만들어야 해요. 이때 통분이 필요하다는 사실을 알 수 있어요.

개념활용 ❶-1 104~105쪽

1 (1) 둘 다 $\frac{1}{2}$보다 작으므로 합은 1보다 작습니다.

(2) $\frac{3}{4}$이 $\frac{1}{2}$보다 크므로 합은 1보다 큽니다.

2 (1) $\frac{1}{3}+\frac{2}{5}=\frac{1\times5}{3\times5}+\frac{2\times3}{5\times3}$

$=\frac{5}{15}+\frac{6}{15}=\frac{11}{15}$

(2) $\frac{3}{4}+\frac{1}{6}=\frac{3\times6}{4\times6}+\frac{1\times4}{6\times4}$

$=\frac{18}{24}+\frac{4}{24}=\frac{22}{24}=\frac{11}{12}$

(3) $\frac{3}{8}+\frac{9}{10}=\frac{3\times10}{8\times10}+\frac{9\times8}{10\times8}$

$=\frac{30}{80}+\frac{72}{80}=\frac{102}{80}$

$=1\frac{22}{80}=1\frac{11}{40}$

3 (1) $\frac{1}{2}+\frac{3}{8}=\frac{1\times\boxed{4}}{2\times\boxed{4}}+\frac{3}{8}=\frac{\boxed{4}}{\boxed{8}}+\frac{\boxed{3}}{\boxed{8}}$

$=\boxed{\frac{7}{8}}$

(2) $\frac{3}{4}+\frac{4}{5}=\frac{3\times\boxed{5}}{4\times\boxed{5}}+\frac{4\times\boxed{4}}{5\times\boxed{4}}$

$=\frac{\boxed{15}}{\boxed{20}}+\frac{\boxed{16}}{\boxed{20}}=\frac{\boxed{31}}{\boxed{20}}=\boxed{1\frac{11}{20}}$

(3) $\frac{5}{6}+\frac{7}{8}=\frac{5\times\boxed{4}}{6\times\boxed{4}}+\frac{7\times\boxed{3}}{8\times\boxed{3}}$

$=\frac{\boxed{20}}{\boxed{24}}+\frac{\boxed{21}}{\boxed{24}}=\frac{\boxed{41}}{\boxed{24}}=\boxed{1\frac{17}{24}}$

4 (1) $\frac{4}{5}$ (2) $\frac{1}{2}$ (3) $1\frac{7}{12}$ (4) $1\frac{16}{35}$

5 $\frac{5}{8}$ L

6 $1\frac{17}{40}$ kg

4 (1) $\frac{5}{10}+\frac{3}{10}=\frac{8}{10}=\frac{4}{5}$

(2) $\frac{4}{10}+\frac{1}{10}=\frac{5}{10}=\frac{1}{2}$

(3) $\frac{9}{12}+\frac{10}{12}=\frac{19}{12}=1\frac{7}{12}$

(4) $\frac{21}{35}+\frac{30}{35}=\frac{51}{35}=1\frac{16}{35}$

5 간장과 식초의 양을 더합니다.

$\frac{1}{2}+\frac{1}{8}=\frac{4}{8}+\frac{1}{8}=\frac{5}{8}$

6 오전에 딴 딸기와 오후에 딴 딸기를 더합니다.

$\frac{4}{5}+\frac{5}{8}=\frac{32}{40}+\frac{25}{40}=\frac{57}{40}=1\frac{17}{40}$

개념활용 ❶-2

106~107쪽

1 (1)

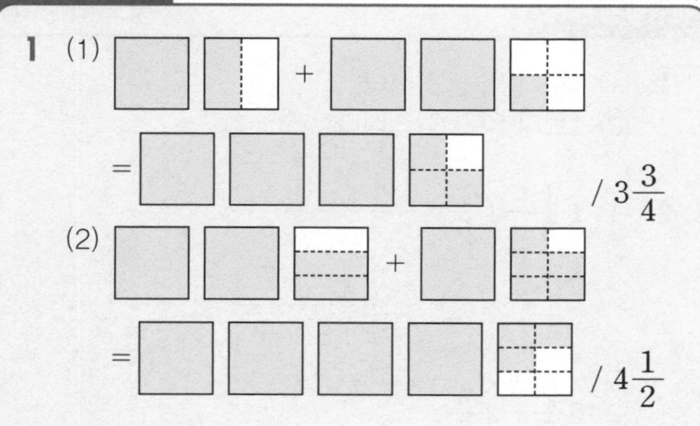

/ $3\frac{3}{4}$

(2) / $4\frac{1}{2}$

2 (1) $2\frac{2}{7}+3\frac{3}{5}$

$=(2+3)+\left(\frac{2\times 5}{7\times 5}+\frac{3\times 7}{5\times 7}\right)$

$=5+\frac{10}{35}+\frac{21}{35}=5\frac{31}{35}$

(2) $1\frac{1}{3}+1\frac{1}{6}=\frac{4}{3}+\frac{7}{6}$

$=\frac{8}{6}+\frac{7}{6}=\frac{15}{6}=2\frac{1}{2}$

3 (1) $1\frac{1}{3}+2\frac{2}{5}=(1+2)+\frac{1}{3}+\frac{2}{5}$

$=3+\frac{5}{15}+\frac{6}{15}=3\frac{11}{15}$

(2) $2\frac{4}{5}+3\frac{7}{10}=(2+3)+\frac{4}{5}+\frac{7}{10}$

$=5+\frac{8}{10}+\frac{7}{10}$

$=5\frac{15}{10}=6\frac{1}{2}$

4 (1) $1\frac{1}{3}+2\frac{3}{4}=\frac{4}{3}+\frac{11}{4}$

$=\frac{16}{12}+\frac{33}{12}=\frac{49}{12}$

$=4\frac{1}{12}$

(2) $1\frac{3}{5}+2\frac{9}{10}=\frac{8}{5}+\frac{29}{10}$

$=\frac{16}{10}+\frac{29}{10}=\frac{45}{10}$

$=4\frac{1}{2}$

5 (1) $3\frac{9}{14}$ (2) $5\frac{4}{15}$

(3) $5\frac{3}{8}$ (4) $6\frac{4}{35}$

6 $7\frac{1}{8}$ kg

6 $5\frac{3}{4}+1\frac{3}{8}=(5+1)+\frac{6}{8}+\frac{3}{8}=6\frac{9}{8}=7\frac{1}{8}$

생각열기 ❷

108~109쪽

1 (1) 오늘 마셔야 하는 양$\left(1\frac{3}{4}\text{컵}\right)$에서 지금까지 마신 양$\left(\frac{1}{2}\text{컵}\right)$을 뺍니다.

(2)

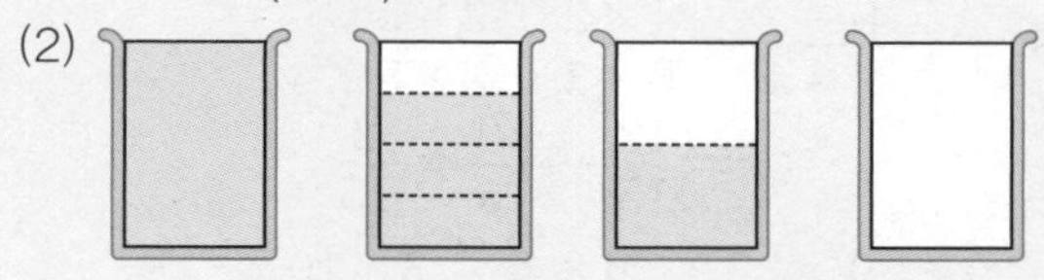

(3) 오늘 마셔야 할 물의 양에서 지금까지 마신 물의 양을 빼야 하는데 더했습니다.

(4) 분모가 다른 분수의 뺄셈에서 분모끼리 뺄셈과 분자끼리 뺄셈을 할 수 없습니다.

(5) 한 컵에서 이미 마신 $\frac{1}{2}$컵을 빼고 남은 물의 양과 $\frac{3}{4}$컵을 더합니다.

$1\frac{3}{4}-\frac{1}{2}=1-\frac{1}{2}+\frac{3}{4}=\frac{1}{2}+\frac{3}{4}$

$=\frac{2}{4}+\frac{3}{4}=\frac{5}{4}=1\frac{1}{4}$

(6) 하늘이가 오늘 마셔야 하는 물의 양에서 지금까지 마신 물의 양을 뺍니다. 식을 세우면 분모가 다른 분수의 뺄셈이 되므로 통분을 이용하여 식을 계산합니다.

$1\frac{3}{4}-\frac{1}{2}=\frac{7}{4}-\frac{1}{2}=\frac{7}{4}-\frac{2}{4}=\frac{5}{4}=1\frac{1}{4}$

선생님의 참견

분모가 같은 분수의 뺄셈과 달리 분모가 다른 분수는 바로 뺄 수 없으므로 분모를 같게 만들어야 하는데, 이때 통분이 필요해요. 통분하는 과정은 분수의 덧셈에서 이미 경험했으므로 분수의 뺄셈에서는 보다 수월할 것이에요.

개념활용 ❷-1

110~111쪽

1 (1) 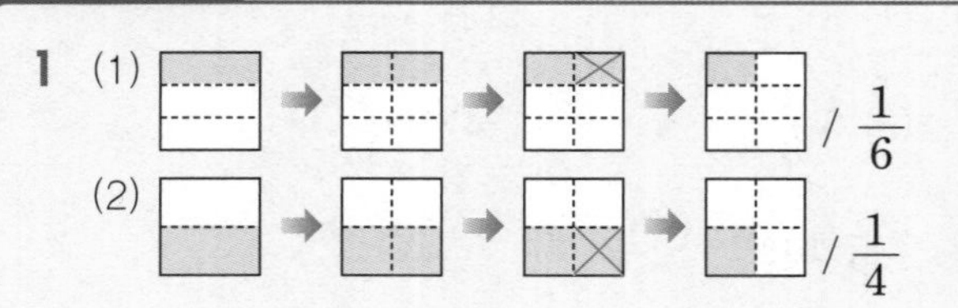 / $\frac{1}{6}$

(2) / $\frac{1}{4}$

2 (1) $\frac{5}{8}-\frac{1}{2}=\frac{5}{8}-\frac{1\times\boxed{4}}{2\times\boxed{4}}=\frac{\boxed{1}}{\boxed{8}}$

(2) $\frac{2}{3}-\frac{1}{6}=\frac{2\times\boxed{2}}{3\times\boxed{2}}-\frac{1}{6}=\frac{\boxed{1}}{\boxed{2}}$

(3) $\frac{3}{8}-\frac{1}{4}=\frac{3}{8}-\frac{1\times\boxed{2}}{4\times\boxed{2}}=\frac{\boxed{1}}{\boxed{8}}$

(4) $\frac{1}{2}-\frac{1}{4}=\frac{1\times\boxed{2}}{2\times\boxed{2}}-\frac{1}{4}=\frac{\boxed{1}}{\boxed{4}}$

3 (1) $\frac{4}{5}-\frac{2}{3}=\frac{4\times3}{5\times3}-\frac{2\times5}{3\times5}$

$=\frac{12}{15}-\frac{10}{15}=\frac{2}{15}$

(2) $\frac{9}{10}-\frac{3}{4}=\frac{9\times4}{10\times4}-\frac{3\times10}{4\times10}$

$=\frac{36}{40}-\frac{30}{40}=\frac{6}{40}=\frac{3}{20}$

4 (1) $\frac{5}{7}-\frac{2}{5}=\frac{5\times5}{7\times5}-\frac{2\times7}{5\times7}$

$=\frac{25}{35}-\frac{14}{35}=\frac{11}{35}$

(2) $\frac{7}{8}-\frac{1}{6}=\frac{7\times3}{8\times3}-\frac{1\times4}{6\times4}$

$=\frac{21}{24}-\frac{4}{24}=\frac{17}{24}$

5 (1) $\frac{1}{3}$ (2) $\frac{1}{40}$

(3) $\frac{13}{20}$ (4) $\frac{7}{36}$

6 $\frac{4}{5}$와 $\frac{7}{8}$을 통분하면 각각 $\frac{32}{40}$, $\frac{35}{40}$이고

$\frac{7}{8}-\frac{4}{5}=\frac{35}{40}-\frac{32}{40}=\frac{3}{40}$이므로 바다가

$\frac{3}{40}$ L 더 많이 마셨습니다.

5 (1) $\frac{1}{2}-\frac{1}{6}=\frac{3}{6}-\frac{1}{6}=\frac{2}{6}=\frac{1}{3}$

(2) $\frac{5}{8}-\frac{3}{5}=\frac{25}{40}-\frac{24}{40}=\frac{1}{40}$

(3) $\frac{3}{4}-\frac{1}{10}=\frac{15}{20}-\frac{2}{20}=\frac{13}{20}$

(4) $\frac{5}{12}-\frac{2}{9}=\frac{15}{36}-\frac{8}{36}=\frac{7}{36}$

개념활용 ❷-2

112~113쪽

1 (1) 1보다 약간 큽니다.

(2) 1보다 약간 작습니다.

2 (1) $1\frac{1}{3}-1\frac{1}{6}=\frac{\boxed{4}}{3}-\frac{\boxed{7}}{6}$

$=\frac{\boxed{8}}{\boxed{6}}-\frac{\boxed{7}}{\boxed{6}}=\boxed{\frac{1}{6}}$

(2) $5\frac{2}{7}-2\frac{3}{5}$

$=(\boxed{4}-\boxed{2})+\left(\frac{9\times\boxed{5}}{7\times\boxed{5}}-\frac{3\times\boxed{7}}{5\times\boxed{7}}\right)$

$=\boxed{2}+\frac{\boxed{45}}{\boxed{35}}-\frac{\boxed{21}}{\boxed{35}}=\boxed{2\frac{24}{35}}$

3 (1) $2\frac{2}{3}-\frac{2}{5}=(2-0)+\left(\frac{2}{3}-\frac{2}{5}\right)$

$=2+\left(\frac{10}{15}-\frac{6}{15}\right)=2\frac{4}{15}$

(2) $3\frac{1}{2}-1\frac{7}{8}=2\frac{3}{2}-1\frac{7}{8}$

$=(2-1)+\left(\frac{3}{2}-\frac{7}{8}\right)$

$=1+\left(\frac{12}{8}-\frac{7}{8}\right)=1\frac{5}{8}$

4 (1) $3\frac{3}{4}-1\frac{2}{3}=\frac{15}{4}-\frac{5}{3}$

$=\frac{45}{12}-\frac{20}{12}=\frac{25}{12}=2\frac{1}{12}$

(2) $3\frac{1}{2}-1\frac{2}{3}=\frac{7}{2}-\frac{5}{3}$

$=\frac{21}{6}-\frac{10}{6}=\frac{11}{6}=1\frac{5}{6}$

5 (1) $3\frac{5}{14}$ (2) $\frac{1}{15}$

(3) $1\frac{7}{8}$ (4) $1\frac{24}{35}$

6 $3\frac{3}{7}-1\frac{4}{5}=(2-1)+\left(\frac{10}{7}-\frac{4}{5}\right)$

$=1+\left(\frac{50}{35}-\frac{28}{35}\right)=1\frac{22}{35}$(m)

남는 철사의 길이는 $1\frac{22}{35}$ m입니다.

1 (1) 자연수끼리 빼면 1이고 분수끼리 빼면 분수는 $\frac{1}{2}-\frac{1}{4}$이므로 0보다 큰 수가 나오기 때문에 1보다 약간 큽니다.

(2) 자연수끼리 빼면 1이고 분수끼리 빼면 분수는 $\frac{1}{3}-\frac{5}{6}$이므로 0보다 작기 때문에 1보다 작습니다.

5 (1) $5\frac{1}{2}-2\frac{1}{7}=\frac{11}{2}-\frac{15}{7}=\frac{77}{14}-\frac{30}{14}=\frac{47}{14}=3\frac{5}{14}$

(2) $2\frac{2}{3}-2\frac{3}{5}=\frac{8}{3}-\frac{13}{5}=\frac{40}{15}-\frac{39}{15}=\frac{1}{15}$

(3) $3\frac{1}{2}-1\frac{5}{8}=(2-1)+\left(\frac{3}{2}-\frac{5}{8}\right)$

$=1+\left(\frac{12}{8}-\frac{5}{8}\right)=1\frac{7}{8}$

(4) $4\frac{2}{5}-2\frac{5}{7}=(3-2)+\left(\frac{7}{5}-\frac{5}{7}\right)$

$=1+\left(\frac{49}{35}-\frac{25}{35}\right)=1\frac{24}{35}$

표현하기

114~115쪽

스스로 정리

1 (1) $\frac{1}{6}+\frac{3}{8}=\frac{1\times8}{6\times8}+\frac{3\times6}{8\times6}$

$=\frac{8}{48}+\frac{18}{48}$

$=\frac{26}{48}=\frac{13}{24}$

(2) $\frac{1}{6}+\frac{3}{8}=\frac{1\times4}{6\times4}+\frac{3\times3}{8\times3}=\frac{4}{24}+\frac{9}{24}=\frac{13}{24}$

2 (1) $3\frac{2}{5}-1\frac{1}{4}=(3-1)+\left(\frac{2}{5}-\frac{1}{4}\right)$

$=2+\left(\frac{2\times4}{5\times4}-\frac{1\times5}{4\times5}\right)$

$=2+\left(\frac{8}{20}-\frac{5}{20}\right)$

$=2+\frac{3}{20}=2\frac{3}{20}$

(2) $3\frac{2}{5}-1\frac{1}{4}=\frac{17}{5}-\frac{5}{4}=\frac{17\times4}{5\times4}-\frac{5\times5}{4\times5}$

$=\frac{68}{20}-\frac{25}{20}=\frac{43}{20}=2\frac{3}{20}$

개념 연결

분모가 같은 분수의 덧셈과 뺄셈

(1) $\frac{4}{7}+\frac{5}{7}=\frac{9}{7}=1\frac{2}{7}$

(2) $1\frac{5}{9}+2\frac{2}{9}=(1+2)+\left(\frac{5}{9}+\frac{2}{9}\right)$

$=3\frac{7}{9}$

(3) $\frac{3}{4}-\frac{2}{4}=\frac{1}{4}$

(4) $4\frac{9}{11}-2\frac{3}{11}$

$=(4-2)+\left(\frac{9}{11}-\frac{3}{11}\right)=2\frac{6}{11}$

약분과 통분

(1) 약분의 뜻: 분자, 분모를 각각 공약수로 나누어 간단한 분수로 만드는 것을 약분한다고 합니다.

(2) 통분의 뜻: 분수의 분모를 같게 하는 것을 통분한다고 합니다.

1 그림으로 설명할게.

$\frac{1}{2}$은 절반이고, $\frac{1}{4}$은 반의반이므로 둘을 더하면 절반에 반의반을 더한 것과 같은데, $\frac{2}{6}$는 절반도 안 되기 때문에 절대 나올 수 없는 결과야. 그림에서 보면 둘의 합은 $\frac{3}{4}$이야. 통분해서 더하면 되는데, $\frac{1}{2}+\frac{1}{4}=\frac{2}{4}+\frac{1}{4}=\frac{3}{4}$으로 구할 수 있어.

선생님 놀이

1 땅콩 가루가 모자라서 더 넣었으므로 두 양을 더합니다.

$\frac{7}{8}+\frac{1}{5}=\frac{7\times5}{8\times5}+\frac{1\times8}{5\times8}$

$=\frac{35}{40}+\frac{8}{40}=\frac{43}{40}=1\frac{3}{40}$(컵)

2 쌀가루를 덜어 냈으므로 사용한 쌀가루의 양은 처음 넣은 양에서 나중에 덜어 낸 양을 빼서 구합니다.

$3\frac{3}{8}-1\frac{5}{6}=2\frac{11}{8}-1\frac{5}{6}$

$=(2-1)+\left(\frac{11}{8}-\frac{5}{6}\right)$

$=1+\left(\frac{11\times3}{8\times3}-\frac{5\times4}{6\times4}\right)$

$=1+\left(\frac{33}{24}-\frac{20}{24}\right)$

$=1+\frac{13}{24}=1\frac{13}{24}$(컵)

1 (1) $\frac{1}{3}+\frac{2}{9}=\frac{\boxed{3}}{9}+\frac{\boxed{2}}{9}=\frac{\boxed{5}}{\boxed{9}}$

(1) $\frac{3}{4}-\frac{2}{5}=\frac{3\times\boxed{5}}{4\times\boxed{5}}-\frac{2\times\boxed{4}}{5\times\boxed{4}}$

$=\frac{\boxed{15}}{\boxed{20}}-\frac{\boxed{8}}{\boxed{20}}=\frac{\boxed{7}}{\boxed{20}}$

2 (1) $\frac{7}{12}$ (2) $\frac{33}{35}$

(3) $\frac{1}{4}$ (4) $\frac{11}{24}$

3 (1) $2\frac{2}{3}+2\frac{6}{7}=\frac{\boxed{8}}{3}+\frac{\boxed{20}}{7}$

$=\frac{\boxed{56}}{\boxed{21}}+\frac{\boxed{60}}{\boxed{21}}=\boxed{5\frac{11}{21}}$

(2) $3\frac{5}{9}-1\frac{7}{8}=3\frac{\boxed{40}}{72}-1\frac{\boxed{63}}{72}$

$=(\boxed{2}-\boxed{1})+\left(\frac{\boxed{112}}{72}-\frac{\boxed{63}}{72}\right)$

$=\boxed{1}+\frac{\boxed{49}}{\boxed{72}}=\boxed{1\frac{49}{72}}$

4 방법1 $(2+2)+\left(\frac{4}{5}+\frac{3}{8}\right)=4+\left(\frac{32}{40}+\frac{15}{40}\right)$

$=4\frac{47}{40}=5\frac{7}{40}$

방법2 $\frac{14}{5}+\frac{19}{8}=\frac{112}{40}+\frac{95}{40}$

$=\frac{207}{40}=5\frac{7}{40}$

5 방법1 $(2-1)+\left(\frac{9}{7}-\frac{4}{9}\right)$

$=1+\left(\frac{81}{63}-\frac{28}{63}\right)=1\frac{53}{63}$

방법2 $\frac{23}{7}-\frac{13}{9}=\frac{207}{63}-\frac{91}{63}=1\frac{53}{63}$

6 (1) $4\frac{17}{30}$ (2) $4\frac{53}{56}$

(3) $2\frac{1}{8}$ (4) $1\frac{5}{18}$

7 (1) $\frac{29}{30}$

(2) $4\frac{5}{8}$

8 (1) $>$ (2) $<$

9 바른 계산 $3\frac{7}{8}+2\frac{1}{8}=5\frac{8}{8}=6$ / 6

10 두 길을 한 번씩 걸었으므로 가온이가 걸은 거리는

$\frac{3}{8}+\frac{7}{12}=\frac{9}{24}+\frac{14}{24}=\frac{23}{24}$(km)입니다.

/ $\frac{23}{24}$ km

2 (1) $\frac{1}{3}+\frac{1}{4}=\frac{4}{12}+\frac{3}{12}=\frac{7}{12}$

(2) $\frac{4}{5}+\frac{1}{7}=\frac{28}{35}+\frac{5}{35}=\frac{33}{35}$

(3) $\frac{1}{2}-\frac{1}{4}=\frac{2}{4}-\frac{1}{4}=\frac{1}{4}$

(4) $\frac{5}{6}-\frac{3}{8}=\frac{20}{24}-\frac{9}{24}=\frac{11}{24}$

6 (1) $1\frac{2}{5}+2\frac{7}{6}=(1+2)+\left(\frac{12}{30}+\frac{35}{30}\right)=3\frac{47}{30}=4\frac{17}{30}$

(2) $3\frac{4}{7}+1\frac{3}{8}=(3+1)+\left(\frac{32}{56}+\frac{21}{56}\right)=4\frac{53}{56}$

(3) $2\frac{3}{4}-\frac{5}{8}=(2-0)+\left(\frac{6}{8}-\frac{5}{8}\right)=2\frac{1}{8}$

(4) $2\frac{5}{6}-1\frac{5}{9}=(2-1)+\left(\frac{15}{18}-\frac{10}{18}\right)=1\frac{5}{18}$

7 (1) $2\frac{4}{5}-1\frac{5}{6}=(1-1)+\left(\frac{9}{5}-\frac{5}{6}\right)$

$=\frac{54}{30}-\frac{25}{30}=\frac{29}{30}$

(2) $1\frac{7}{8}+2\frac{3}{4}=(1+2)+\left(\frac{7}{8}+\frac{3}{4}\right)$

$=3+\left(\frac{7}{8}+\frac{6}{8}\right)=3\frac{13}{8}=4\frac{5}{8}$

8 (1) $\frac{5}{6}+\frac{3}{4}=\frac{10}{12}+\frac{9}{12}=\frac{19}{12}$

$\frac{2}{3}+\frac{4}{5}=\frac{10}{15}+\frac{12}{15}=\frac{22}{15}$

$\frac{19}{12}$와 $\frac{22}{15}$를 통분하면 각각 $\frac{95}{60}$, $\frac{88}{60}$이므로

$\frac{5}{6}+\frac{3}{4}>\frac{2}{3}+\frac{4}{5}$입니다.

(2) $\frac{7}{8}-\frac{2}{3}=\frac{21}{24}-\frac{16}{24}=\frac{5}{24}$

$\frac{5}{6}-\frac{4}{9}=\frac{15}{18}-\frac{8}{18}=\frac{7}{18}$

$\frac{5}{24}<\frac{7}{18}$이므로 $\frac{7}{8}-\frac{2}{3}<\frac{5}{6}-\frac{4}{9}$입니다.

9 어떤 수: $1\frac{3}{4}+2\frac{1}{8}=3+\left(\frac{6}{8}+\frac{1}{8}\right)=3\frac{7}{8}$

바르게 계산한 값: $3\frac{7}{8}+2\frac{1}{8}=5\frac{8}{8}=6$

단원평가 심화 118~119쪽

1 $\frac{12}{7}$에 ○표

$\frac{7}{8}+1\frac{2}{7}=\frac{7}{8}+\frac{9}{7}=\frac{49}{56}+\frac{72}{56}=\frac{121}{56}=2\frac{9}{56}$

2 $\frac{27}{45}-\frac{10}{45}$에 ○표

$3\frac{2}{9}-1\frac{3}{5}=(2-1)+\left(\frac{11}{9}-\frac{3}{5}\right)$

$=1+\left(\frac{55}{45}-\frac{27}{45}\right)=1\frac{28}{45}$

3 (1) $5\frac{1}{14}$

(2) $2\frac{1}{14}$

4 $\frac{3}{8}+\frac{2}{9}=\frac{27}{72}+\frac{16}{72}=\frac{43}{72}$이므로 강이가 자동차를 탄 시간은 하루의 $\frac{43}{72}$시간입니다. / $\frac{43}{72}$시간

5 $4\frac{3}{10}-3\frac{3}{7}=1\frac{3}{10}-\frac{3}{7}=\frac{13}{10}-\frac{3}{7}$

$=\frac{91}{70}-\frac{30}{70}=\frac{61}{70}$이므로 바다가 $\frac{61}{70}$ km 더 달렸습니다. / 바다, $\frac{61}{70}$ km

6 (1) $\frac{5}{6}+2\frac{1}{2}=\frac{5}{6}+2\frac{3}{6}=2\frac{8}{6}=3\frac{2}{6}=3\frac{1}{3}$

이므로 강이가 만든 레모네이드의 양은 $3\frac{1}{3}$ L입니다. / $3\frac{1}{3}$ L

(2) $3\frac{1}{3}-\frac{1}{3}=3$이므로 강이가 마시고 남은 레모네이드의 양은 3 L입니다. / 3 L

3 (1) $3\frac{4}{7}+1\frac{2}{4}=4+\left(\frac{4}{7}+\frac{1}{2}\right)=4+\left(\frac{8}{14}+\frac{7}{14}\right)$

$=4\frac{15}{14}=5\frac{1}{14}$

(2) $3\frac{4}{7}-1\frac{2}{4}=2+\left(\frac{4}{7}-\frac{1}{2}\right)=2+\left(\frac{8}{14}-\frac{7}{14}\right)$

$=2\frac{1}{14}$

6단원 다각형의 둘레와 넓이

기억하기 122~123쪽

1 (1) 6, 60

(2) 9, 40

2 (1) 둔각삼각형

(2) 예각삼각형

(3) 직각삼각형

3 ②

4 (1)

(2) 7 cm / 2 cm / 평행사변형 / 2 cm / 7 cm

생각열기① 124~125쪽

1 (1) 사각형

(2)

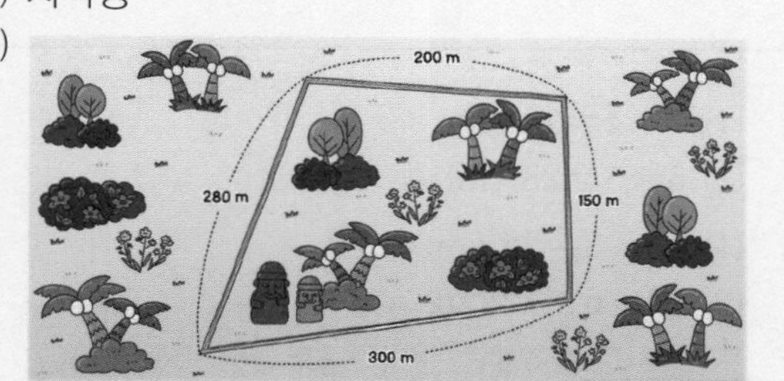

(3) 930 m

(4) – 둘레길 한 바퀴의 길이를 모두 더합니다.
– 사각형 네 변의 길이를 모두 더합니다.

2 (1) 정오각형

(2) 예 변 5개의 길이가 모두 같습니다.

(3) 1750 m

(4) – 350 m를 5번 더했습니다.
– 350 m×5를 계산했습니다.

(5) – 정오각형 모양의 둘레길의 길이는 한 변을 5번 더하면 알 수 있습니다.
– 정오각형 모양의 둘레길의 길이는 (한 변×5)를 계산하면 알 수 있습니다.

선생님의 참견

다각형의 둘레는 그 다각형을 둘러싸고 있는 모든 변의 길이의 합으로 구할 수 있어요. 정다각형의 경우 모든 변의 길이가 같다는 특징에서 둘레를 구하는 아이디어가 만들어져요.

개념활용 ❶-1 126~127쪽

1 (1) 120 m
(2) 6개
(3) 120+120+120+120+120+120 =720(m)
(4) $120 \times 6 = 720$(m)

2 (1)

	한 변의 길이(cm)	변의 수(개)	둘레(cm)
정칠각형	4	7	28
정십이각형	2	12	24

(2) 예 정다각형의 둘레는 (한 변의 길이)×(변의 수)로 구할 수 있습니다.

3 (1) 28 cm
(2) 25 cm

4 (1) 36 cm
(2) 72 cm

3 (1) $7 \times 4 = 28$(cm)
(2) $5 \times 5 = 25$(cm)

4 (1) $12 \times 3 = 36$(cm)
(2) $12 \times 6 = 72$(cm)

개념활용 ❶-2 128~129쪽

1 (1) 직사각형
(2) – 네 변의 길이를 모두 더합니다.
– 가로의 길이와 세로의 길이를 더한 후 2배 합니다.
(3) 105+68+105+68=346(m)
(4) $(105+68) \times 2 = 346$(m)

2 (1) 30 cm
(2) 26 cm

3 (1) 평행사변형 마주 보는 두 변의 길이가 서로 같습니다.
마름모 네 변의 길이가 모두 같습니다.
(2) 놀이터(평행사변형): $7 \times 2 + 5 \times 2 = 24$(m)
연못(마름모): $6 \times 4 = 24$(m)

4 (1) 34 cm
(2) 36 cm

2 (1) $(11+4) \times 2 = 30$(cm)
(2) $(9+4) \times 2 = 26$(cm)

4 (1) $10 \times 2 + 7 \times 2 = 34$(cm)
(2) $9 \times 4 = 36$(cm)

생각열기 ❷ 130~131쪽

1 (1) 예 크기가 비슷해서 짐작으로는 어느 게시판이 더 넓은지 잘 알 수 없습니다. 나를 잘라서 가에 붙여 보면 비교가 될 것 같습니다.
(2) 나 / 해설 참조

2 ㉠
예 정사각형이 빈틈없이 채우기 쉬우므로 넓이의 단위로 사용하기에 정사각형 모양이 가장 적당합니다.

3 (1) 가 메모판이 더 넓습니다. 가 메모판에는 메모지를 32장 붙였고, 나 메모판에는 메모지를 30장 붙였기 때문입니다.
(2) 예 하나씩 세기보다 여러 개를 한꺼번에 세면 빠르게 셀 수 있습니다. 가는 메모지가 한 줄에 8개씩 4줄이므로 $8 \times 4 = 32$로 계산할 수 있고, 나도 가로와 세로의 개수를 곱하여 $6 \times 5 = 30$으로 계산할 수 있습니다. 가에 붙인 메모지의 수는 32장이고, 나에 붙인 메모지의 수는 30장입니다.
(3) 예 가의 넓이: 메모지 32장 / 32□ / 32넓이
나의 넓이: 메모지 30장 / 30□ / 30넓이

4 하늘이는 넓이를 잘 비교할 수 없습니다. 똑같은 크기의 단위넓이를 이용해야 정확히 비교할 수 있기 때문입니다.

1 (2) ◯의 크기가 같은데 나에는 4개가 들어가고 남는 부분이 있으므로 나가 더 넓습니다.

3 (3) 자신만의 새로운 표현으로 나타낼 수 있습니다.

선생님의 참견

'넓다' 또는 '좁다' 등 넓이에 대한 느낌을 확장하여 수치화하는 과정이므로 넓이를 구하는 방법을 어떻게 고안할지 모색하는 상상력을 발휘해 보세요.

개념활용 ❷-1 132~133쪽

1 (1) 12 cm^2
(2) 10 cm^2
(3) 12 cm^2
(4) 7 cm^2

2 (1) 5, 4
(2) 20, 20

3 11 cm^2, 9 cm^2

4 예

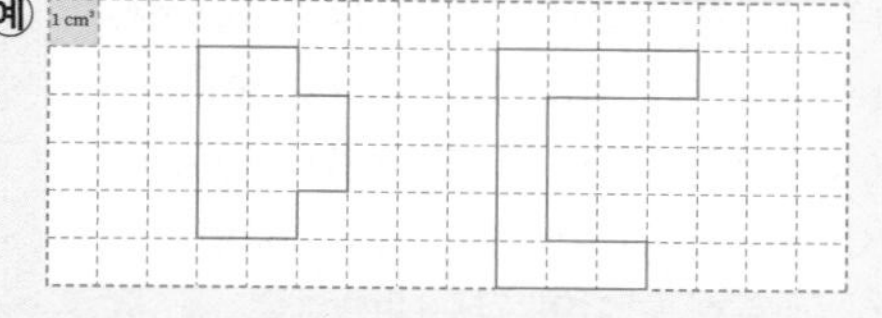

개념활용 ❷-2 134~135쪽

1 9 cm^2, 6 cm^2, 10 cm^2, 35 cm^2

2 (1) 6 cm^2
(2) 12 cm^2
(3) 9 cm^2

3 (1) (직사각형의 넓이)=(가로)×(세로)
(2) (정사각형의 넓이)=(한 변의 길이)×(한 변의 길이)

4 (1) 44 cm^2
(2) 25 cm^2

5 (1) 14
(2) 8

5 (1) 112÷8=14
(2) 128÷16=8

생각열기❸ 136~137쪽

1 (1) – 마주 보는 두 변의 길이가 같습니다.
– 마주 보는 두 각의 크기가 같습니다.
– 이웃하는 두 각의 크기의 합은 180°입니다.

(2) 평행사변형의 이웃하는 두 각의 크기의 합은 180°이므로 잘라서 옮겨 붙였을 때 만나는 지점은 일직선이 되고, 이때 새로 만들어지는 사각형의 네 각의 크기가 모두 90°이므로 이 사각형은 직사각형입니다.

(3) 평행사변형을 직사각형으로 만들 수 있으므로 직사각형과 같이 가로의 길이와 세로의 길이를 곱하여 평행사변형의 넓이를 구할 수 있습니다.

2 (1) – 마주 보는 두 각의 크기가 같습니다.
– 이웃한 두 각의 크기의 합이 180°입니다.
– 마주 보는 꼭짓점끼리 이은 선분이 서로 수직으로 만나고 이등분합니다.

(2)

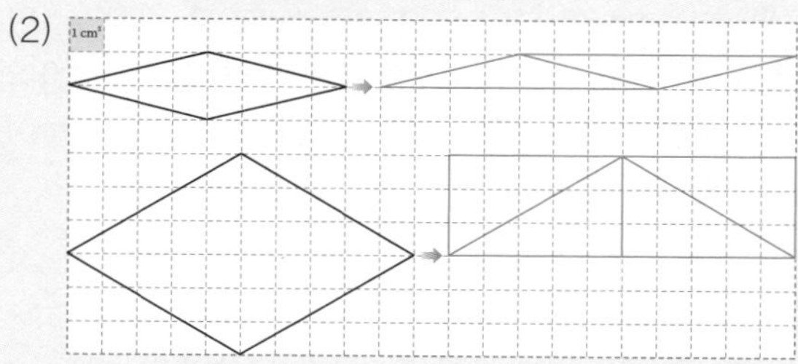

(3) 마름모의 넓이와 직사각형 또는 평행사변형의 넓이는 같습니다. 일부를 자르고 옮겨 붙여 만든 모양이므로 넓이는 변함이 없기 때문입니다.

(4) 예 직사각형의 넓이를 구하는 방법으로 마름모의 넓이를 구할 수 있습니다.
(마름모의 넓이)
=(직사각형의 넓이)=(가로)×(세로)
=(한 대각선의 길이)×(다른 대각선의 길이)÷2

선생님의 참견

평행사변형이나 마름모는 그 일부를 잘라서 붙이면 직사각형이 돼요. 그 이유를 설명할 수 있어야 해요. 평행사변형이나 마름모를 직사각형으로 만드는 이유는 무엇일까요?

개념활용 ❸-1 138~139쪽

1 (1)

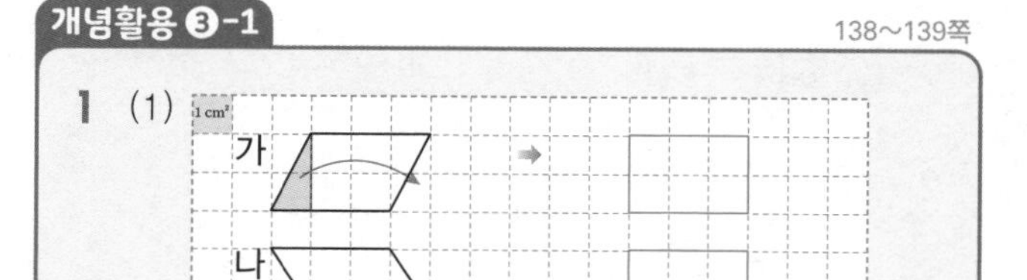

(2) 평행사변형의 넓이는 직사각형의 넓이와 같습니다. 모양이 변해도 넓이는 변하지 않기 때문입니다.
(3) $6\ cm^2$, $9\ cm^2$
(4) 단위넓이의 개수를 세어 넓이를 구하면 평행사변형 **가**의 넓이는 $6\ cm^2$이고 (3)에서 구한 넓이와 같습니다.

2 (1) 밑변, 높이
(2) (평행사변형의 넓이)=(밑변의 길이)×(높이)

3 (1) $36\ cm^2$ (2) $77\ cm^2$ (3) $50\ cm^2$
(4) $414\ cm^2$

2 (2) 직사각형의 넓이는 (가로)×(세로)로 구할 수 있고, 가로와 세로는 평행사변형에서 각각 밑변과 높이와 같으므로 평행사변형의 넓이는 (밑변의 길이)×(높이)로 구할 수 있습니다.

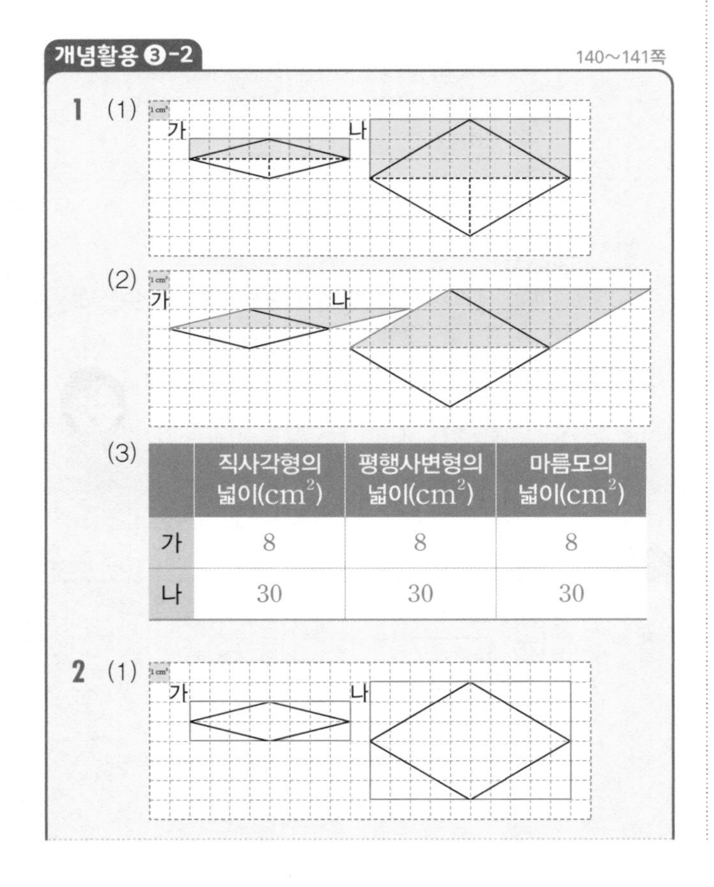

개념활용 ③-2 140~141쪽

1 (1)
(2)
(3)

	직사각형의 넓이(cm^2)	평행사변형의 넓이(cm^2)	마름모의 넓이(cm^2)
가	8	8	8
나	30	30	30

2 (1)

(2) 2배
(3)

	직사각형의 넓이(cm^2)	마름모의 넓이(cm^2)
가	16	8
나	60	30

(4) $8\ cm^2$, $30\ cm^2$ / 해설 참조

3 (1) $48\ cm^2$
(2) $45\ cm^2$

1 (3) **가**: (직사각형의 넓이)=(평행사변형의 넓이)
$=8\times1=8(cm^2)$
나: (직사각형의 넓이)=(평행사변형의 넓이)
$=10\times3=30(cm^2)$

2 (3) **가**: (직사각형의 넓이)$=8\times2=16(cm^2)$
(마름모의 넓이)$=16\div2=8(cm^2)$
나: (직사각형의 넓이)$=10\times6=60(cm^2)$
(마름모의 넓이)$=60\div2=30(cm^2)$
(4) **1**, **2**에서 구한 넓이와 같습니다.

생각열기 ④ 142~143쪽

1 (1)

모양	이름	성질
가	삼각형	삼각형 세 각의 크기의 합은 180°입니다.
나	사다리꼴	사다리꼴은 한 쌍 또는 두 쌍의 마주 보는 변이 평행합니다.

(2)

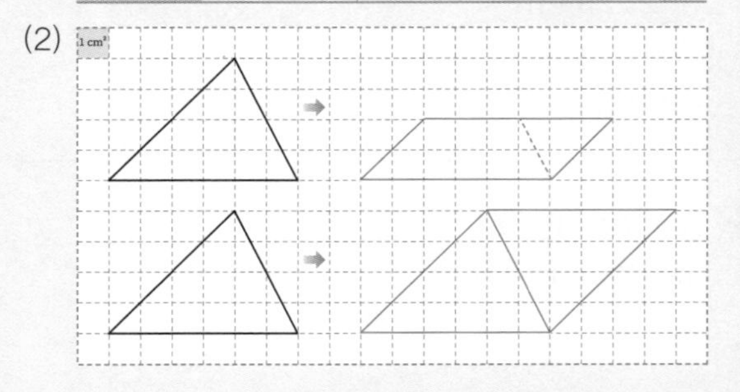

(3) – 삼각형의 넓이는 삼각형 하나를 변형시켜 만든 평행사변형의 넓이와 같습니다.
– 삼각형의 넓이는 삼각형 2개를 붙여 만든 평행사변형의 넓이의 반입니다.
(4) 평행사변형이나 직사각형 / 삼각형과 사각형

(5) 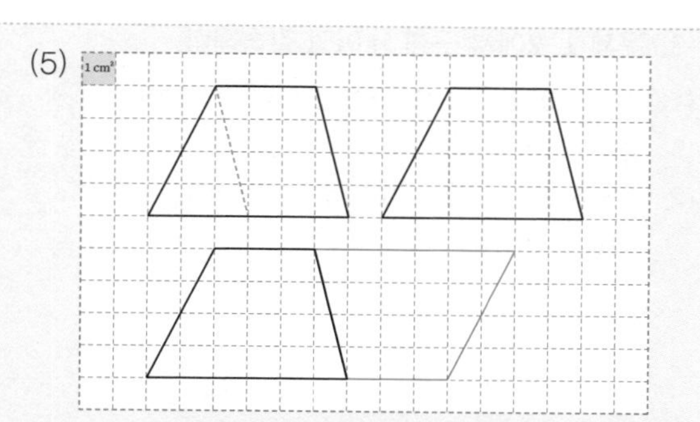

(6) – 사다리꼴을 삼각형과 평행사변형으로 자릅니다. 삼각형의 넓이는 $3\times4\div2=6(cm^2)$, 평행사변형의 넓이는 $3\times4=12(cm^2)$이므로 사다리꼴의 넓이는 $6+12=18(cm^2)$입니다.

– 사다리꼴을 2개 붙여 평행사변형을 만듭니다. 평행사변형의 넓이를 구한 다음 2로 나누어 사다리꼴의 넓이를 구하면 $9\times4\div2=18(cm^2)$입니다.

(7) 나

선생님의 참견

삼각형이나 사다리꼴을 하나 더 만들고 회전하여 붙이면 평행사변형이 되는 이유를 스스로 생각해 보세요. 또 삼각형이나 사다리꼴을 하나 더 만들고 붙여서 평행사변형을 만드는 이유는 무엇일까요?

개념활용 ❹-1 144~147쪽

1 (1) 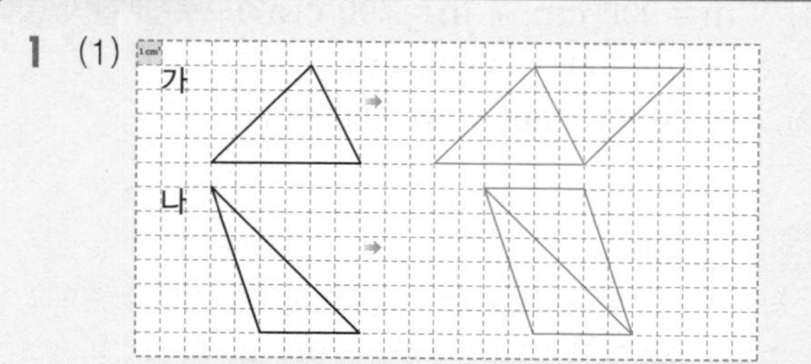

(2) 삼각형의 넓이는 평행사변형의 넓이의 $\frac{1}{2}$입니다. 삼각형 2개를 붙여서 평행사변형을 만들었기 때문입니다.

(3) $12\ cm^2$, $12\ cm^2$

2 (1) 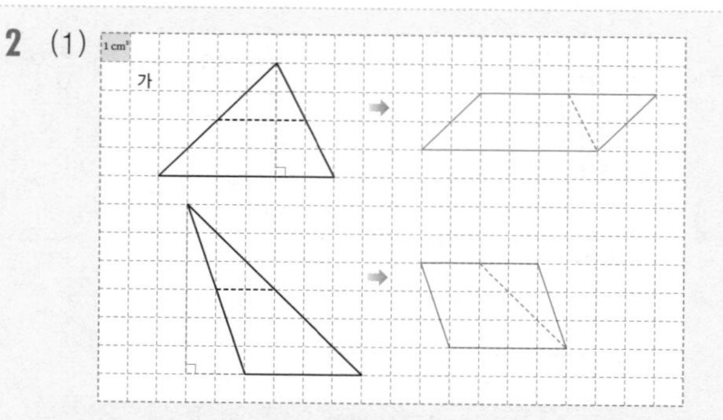

(2) 삼각형의 넓이는 평행사변형의 넓이와 같습니다. 모양이 바뀌어도 넓이는 변함이 없기 때문입니다.

(3) $12cm^2$, $12cm^2$

(4) 단위넓이의 개수를 세면 삼각형 **가**의 넓이는 $12\ cm^2$이고 (3)에서 구한 넓이와 같습니다.

3 2, 밑변, 높이 / 높이, 2

4 (1) $14\ cm^2$

(2) $48\ cm^2$

5 (1)

모양	밑변(cm)	높이(cm)	넓이(cm^2)
가	6	4	12
나	6	4	12
다	6	4	12
라	6	4	12

(2) 삼각형 모양이 달라도 밑변의 길이와 높이가 같으면 넓이가 같습니다.

6 가: $8\ cm^2$, 나: $8\ cm^2$, 다: $8\ cm^2$ / 평행사변형의 밑변의 길이와 높이가 같으면 넓이가 같습니다.

1 (3) **가** 평행사변형의 넓이: $6\times4=24(cm^2)$
삼각형의 넓이: $24\div2=12(cm^2)$
나 평행사변형의 넓이: $4\times6=24(cm^2)$
삼각형의 넓이: $24\div2=12(cm^2)$

4 (1) $4\times7\div2=14(cm^2)$
(2) $12\times8\div2=48(cm^2)$

5 (1) 네 삼각형의 밑변의 길이는 6 cm, 높이는 4 cm이므로 넓이는 모두 $6\times4\div2=12(cm^2)$입니다.

개념활용 ❹-2 148~151쪽

1 (1) 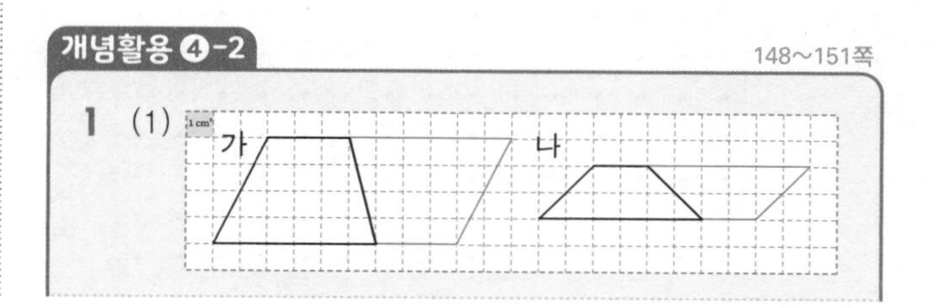

(2) 사다리꼴의 넓이는 평행사변형의 넓이의 $\frac{1}{2}$입니다.

(3) 18 cm^2, 8 cm^2

2 (1)

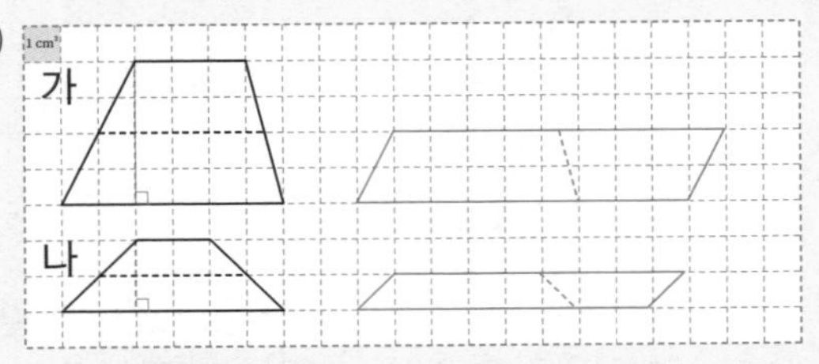

(2) 18 cm^2, 8 cm^2

(3) 18 cm^2, 8 cm^2 / 해설 참조

(4) (사다리꼴의 넓이)=(평행사변형의 넓이)÷2
=(윗변+아랫변)×높이÷2

3 (1)

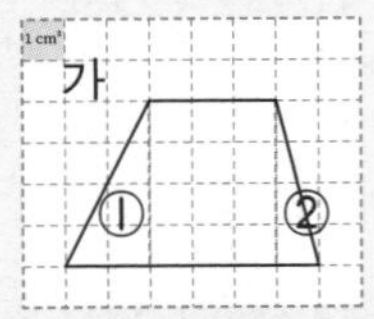

- 삼각형 ①의 넓이: $2\times4\div2=4(cm^2)$
- 직사각형의 넓이: $3\times4=12(cm^2)$
- 삼각형 ②의 넓이: $1\times4\div2=2(cm^2)$
- 사다리꼴의 넓이: $4+12+2=18(cm^2)$

(2)

- 삼각형 ①의 넓이: $6\times2\div2=6(cm^2)$
- 삼각형 ②의 넓이: $2\times2\div2=2(cm^2)$
- 사다리꼴의 넓이: $6+2=8(cm^2)$

(3)

- 삼각형의 넓이: $5\times4\div2=10(cm^2)$
- 평행사변형의 넓이: $4\times4=16(cm^2)$
- 사다리꼴의 넓이: $26(cm^2)$

4 (1) 38 cm^2 (2) 51 cm^2

5 (1) 6 (2) 3

6 예

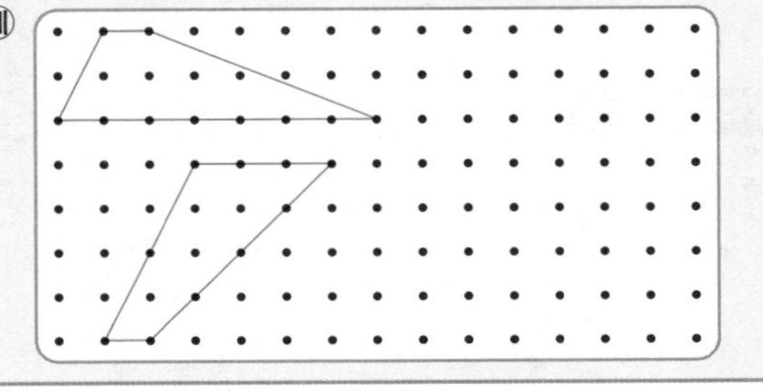

2 (3) 문제 1, 2에서 구한 넓이와 같습니다.

5 (1) $(10+13)\times\square\div2=69$, $23\times\square=138$
높이: 6 cm

(2) $(6+8)\times\square\div2=21$, $14\times\square=42$
높이: 3 cm

생각열기⑤

152~153쪽

1 (1) 630000 cm^2

(2) 예 수가 커서 기록하기 불편했습니다.

2 예 – 더 넓은 정사각형을 사용해 보자.
– 가로 1 m, 세로 1 m인 정사각형으로 교실을 채워 보자.

3 (1) 100000 cm

(2) 가로: 200000 cm, 세로: 100000 cm

(3) 20000000000 cm^2

4 예 우리 마을의 넓이, 우리나라의 넓이, 제주도의 넓이

5 – 더 큰 정사각형을 단위넓이로 사용하여 넓이를 구합니다.
– 가로, 세로가 각각 1 m인 정사각형 또는 1 km인 정사각형을 단위넓이로 사용하여 넓이를 나타냅니다.

1 (1) 9 m=900 cm, 7 m=700 cm이므로 교실의 넓이는 $900\times700=630000(cm^2)$입니다.

3 (3) $200000\times100000=20000000000$

선생님의 참견

넓이가 큰 경우 cm^2보다 더 큰 단위가 필요함을 알 수 있어요. 가로와 세로의 길이가 m 단위인 교실의 넓이와 가로와 세로가 km 단위인 논의 넓이를 cm^2로 구해 보는 활동을 통해 cm^2로 나타내면 어떤 점이 불편한지 알아보고 더 큰 단위로 나타내어 보세요.

개념활용 ❺-1

154~155쪽

1 (1) $10000\ cm^2$
(2) 100배
(3) $1000\ cm^2$

2 (1) 30
(2) 450
(3) 230000
(4) 53000

3 (1) 단위를 똑같이 만들어서 계산합니다.
(2) ① $6\ m^2$ ② $9\ m^2$ ③ $6\ m^2$

4 (1) 예 $6\ m^2$쯤 될 것 같습니다.
(2) 예 가로: 2.3 m, 세로: 3 m
(3) 예 $6.9\ m^2$
(4) 예 $69000\ cm^2$

5 넓이를 cm^2로 나타내면 m^2보다 정확하게 나타낼 수 있습니다. 넓이를 m^2로 나타내면 큰 넓이를 좀 더 편리하게 나타낼 수 있습니다.

3 (2) ② $300\ cm = 3\ m$
$3 \times 3 = 9$
③ $150\ cm = 1.5\ m$
$1.5 \times 4 = 6$

4 (3) $2.3 \times 3 = 6.9$
(4) $6.9\ m^2 = 69000\ cm^2$

개념활용 ❺-2

156~157쪽

1 (1) 1000 m
(2) $1000000\ m^2$
(3) 1000배

2 (1) 40
(2) 7.2
(3) 67000000
(4) 2800000

3 (1) 해설 참조
(2) km^2

4 (1) $20\ km^2$
(2) $5\ km^2$
(3) $1\ km^2$
(4) $1\ km^2$

3 (1)

지역	넓이(m^2)	넓이(km^2)
전국	106,108,800,000	106,108.8
서울	605,600,000	605.6
부산	993,500,000	993.5
대구	883,600,000	883.6
인천	1,156,800,000	1,156.8
광주	501,200,000	501.2
대전	539,600,000	539.6

4 (2) $2500\ m = 2.5\ km$, $2 \times 2.5 = 5$
(3) $500\ m = 0.5\ km$, $2 \times 0.5 = 1$
(4) $5000\ m = 5\ km$, $20000\ cm = 200\ m = 0.2\ km$,
➡ $0.2 \times 5 = 1$

표현하기

158~159쪽

스스로 정리

(1) (한 변의 길이), (변의 수)
(2) (가로), (세로), 2
(3) (한 변의 길이), 4
(4) (가로), (세로)
(5) (한 변의 길이), (한 변의 길이)
(6) (밑변의 길이), (높이)
(7) (밑변의 길이), (높이), 2
(8) (한 대각선의 길이), (다른 대각선의 길이), 2
(9) (윗변의 길이), (아랫변의 길이), (높이), 2

개념 연결

사각형 — 사다리꼴은 평행한 변이 한 쌍이라도 있는 사각형입니다. 네 사각형은 모두 평행한 변이 한 쌍 이상 있으므로 **가**, **나**, **다**, **라** 모두 사다리꼴입니다.

평행선 — 평행선의 한 직선에서 다른 직선에 수선을 그었을 때, 이 수선의 길이를 평행선 사이의 거리라고 합니다.

1 평행사변형의 넓이를 구하려면 밑변의 길이와 높이를 알아야 하는데 높이는 평행한 두 밑변 사이의 거리와 같아.

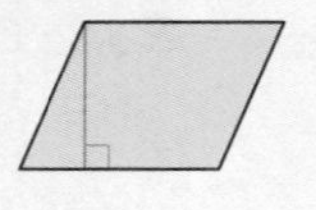

평행선의 한 직선에서 다른 직선에 수선을 그었을 때, 이 수선의 길이가 평행선 사이의 거리이므로 이 길이와 밑변의 길이를 재어서 곱하면 평행사변형의 넓이가 나와.

선생님 놀이

1 평행한 두 변 사이의 길이는 일정하고, 이 길이가 세 삼각형의 높이이므로 세 삼각형의 높이는 모두 같습니다. 세 삼각형은 밑변의 길이도 모두 같으므로 넓이도 모두 같습니다.

2 새로 만들어진 사각형은 두 쌍의 마주 보는 변이 평행하므로 평행사변형입니다.
(마름모의 넓이)=(한 대각선의 길이)×(다른 대각선의 길이)÷2이고, (평행사변형의 넓이)=(밑변의 길이)×(높이)인데, 마름모의 가로 대각선의 길이는 평행사변형의 밑변의 길이와 같고, 다른 대각선의 절반은 평행사변형의 높이와 같으므로 두 사각형의 넓이는 같습니다.

단원평가 기본 160~161쪽

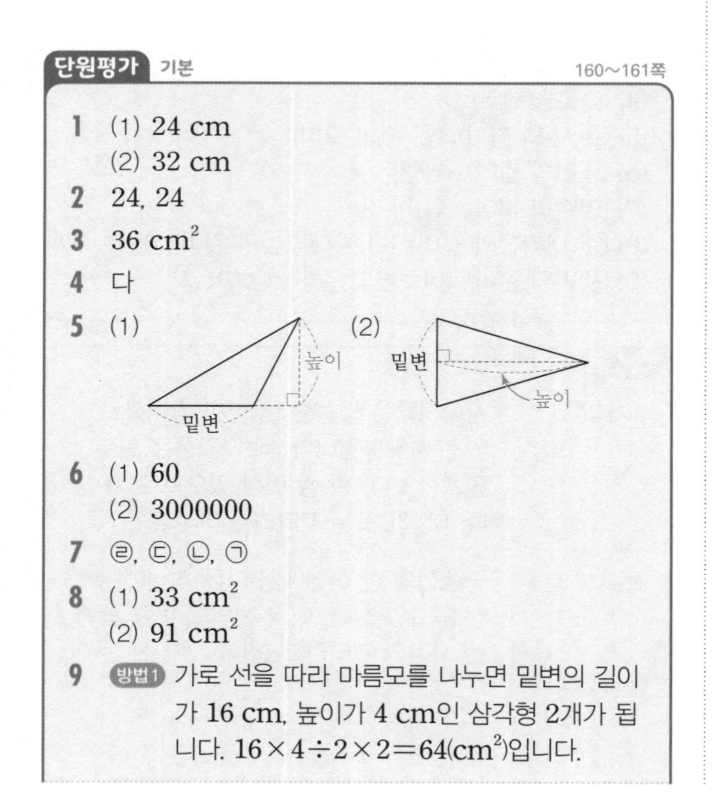

1 (1) 24 cm
(2) 32 cm

2 24, 24

3 36 cm^2

4 다

5 (1) (2)

6 (1) 60
(2) 3000000

7 ㉣, ㉢, ㉡, ㉠

8 (1) 33 cm^2
(2) 91 cm^2

9 방법1 가로 선을 따라 마름모를 나누면 밑변의 길이가 16 cm, 높이가 4 cm인 삼각형 2개가 됩니다. $16\times4\div2\times2=64(cm^2)$입니다.

방법2 마름모를 둘러싼 직사각형을 그리면 직사각형의 가로는 16 cm, 세로는 8 cm입니다.
따라서 직사각형의 넓이를 구하여 2로 나누면 $16\times8\div2=64(cm^2)$입니다.

10 해설 참조 / 13.5 cm^2

11 (1) 9
(2) 5
(3) 8

1 (1) $(5+7)\times2=24$
(2) $4\times8=32$

3 색칠된 부분은 가로 6 cm, 세로 6 cm인 정사각형이므로 넓이는 $6\times6=36(cm^2)$입니다.

7 ㉠ $620000\ m^2=0.62\ km^2$, ㉡ $5.8\ km^2$,
㉢ $7500000\ m^2=7.5\ km^2$, ㉣ $9\ km^2$

8 (1) $11\times6\div2=33(cm^2)$
(2) $7\times13=91(cm^2)$

10 (사다리꼴의 넓이)
=(윗변의 길이+아랫변의 길이)×높이÷2
$=(2+7)\times3\div2=13.5(cm^2)$

단원평가 심화 162~163쪽

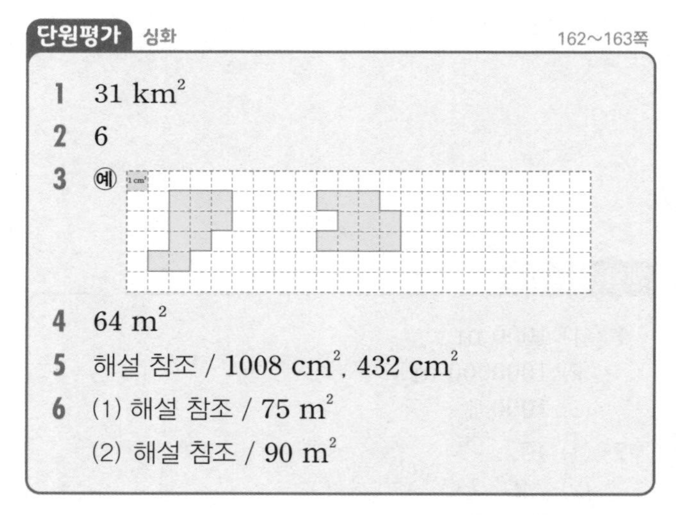

1 31 km^2

2 6

3 예

4 64 m^2

5 해설 참조 / 1008 cm^2, 432 cm^2

6 (1) 해설 참조 / 75 m^2
(2) 해설 참조 / 90 m^2

1

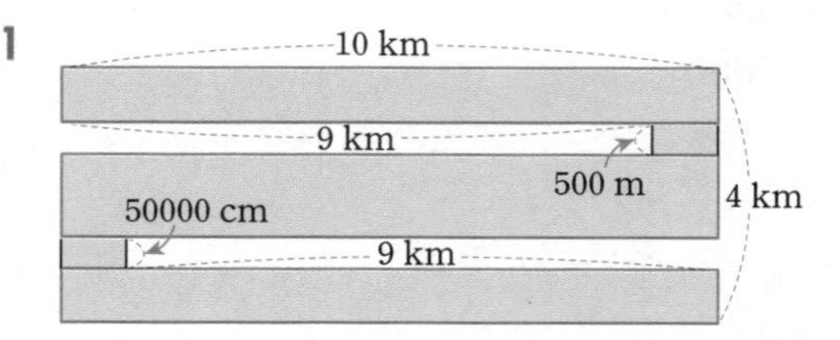

빨간 부분을 붙이면 가로 10 km, 세로 3 km인 직사각형이 됩니다. $10\times3=30(km^2)$
나머지 직사각형: $1(km)\times0.5(km)\times2(개)=1(km^2)$

2 평행사변형의 넓이: $3 \times 8 = 24(\text{cm}^2)$

$\square \times 4 = 24$, $\square = 6$

4 끈 32 m로 만들 수 있는 직사각형은 가로와 세로를 더한 값이 16 m입니다.

가로(m)	세로(m)	넓이(m^2)
1	15	15
2	14	28
5	11	55
7	9	63
8	8	64

5 – 파란색 부분의 넓이:

$(48-6) \times (30-6) = 42 \times 24 = 1008(\text{cm}^2)$

– 노란색 부분의 넓이:

$(6 \times 30) + (48 \times 6) - (6 \times 6)$

$= 180 + 288 - 36$

$= 432(\text{cm}^2)$

6 (1) 삼각형 부분의 넓이: $10 \times 6 \div 2 = 30(\text{m}^2)$

사다리꼴 부분이 넓이: $(8+10) \times 5 \div 2 = 45(\text{m}^2)$

(2) 도형을 파란색 점선으로 나누면 삼각형 2개가 됩니다.

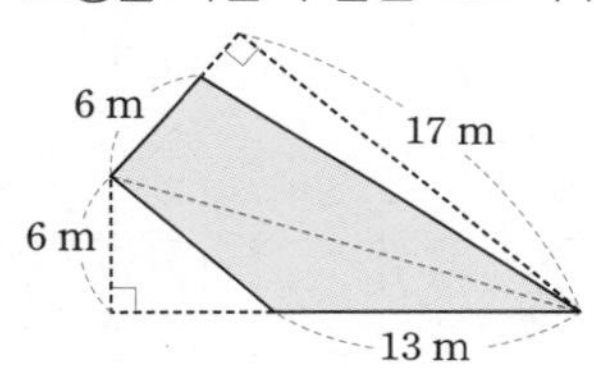

아래쪽 삼각형의 넓이: $13 \times 6 \div 2 = 39(\text{m}^2)$

위쪽 삼각형의 넓이: $6 \times 17 \div 2 = 51(\text{m}^2)$

MEMO

수학의 미래

초등 5-1

지은이 | 전국수학교사모임 미래수학교과서팀

초판 1쇄 인쇄일 2021년 1월 27일
초판 1쇄 발행일 2021년 2월 5일

발행인 | 한상준
편집 | 김민정 강탁준 손지원 송승민
삽화 | 조경규 홍카툰
디자인 | 디자인비따 한서기획 김미숙
마케팅 | 주영상
관리 | 김혜진

발행처 | 비아에듀(ViaEdu Publisher)
출판등록 | 제313-2007-218호
주소 | 서울시 마포구 월드컵북로6길 97 2층
전화 | 02-334-6123 **홈페이지** | viabook.kr
전자우편 | crm@viabook.kr

ISBN 979-11-91019-17-9 64410
ISBN 979-11-91019-08-7 (전12권)